JN065002

はじめに

Microsoft Office Specialist（以下MOSと記載）は、Officeの利用能力を証明する世界的な資格試験制度です。

本書は、MOS PowerPoint 365（一般レベル）に合格することを目的とした試験対策用教材です。出題範囲を網羅しており、的確な解説と練習問題で試験に必要なPowerPointの機能と操作方法を学習できます。

さらに、試験の出題傾向を分析して作成したオリジナルの模擬試験を5回分用意しています。模擬試験で、様々な問題に挑戦し、実力を試しながら、合格に必要なPowerPointのスキルを習得できます。

また、模擬試験プログラムを使うと、MOS 365の試験形式「**マルチプロジェクト**」を体験でき、試験システムに慣れることができます。試験結果は自動採点され、正答率や解答の正誤を表示できるばかりでなく、音声付きの動画で標準解答を確認することもできます。

本書をご活用いただき、MOS PowerPoint 365（一般レベル）に合格されますことを心よりお祈り申し上げます。

なお、基本操作の習得には、次のテキストをご利用ください。

- ●「**よくわかる Microsoft PowerPoint 2021基礎**」（FPT2213）
- ●「**よくわかる Microsoft PowerPoint 2021応用**」（FPT2214）

本書を購入される前に必ずご一読ください
本書に記載されている操作方法や模擬試験プログラムの動作は、2023年8月時点の次の環境で確認しております。
本書発行後のWindowsやMicrosoft 365のアップデートによって機能が更新された場合には、本書の記載のとおりに操作できなくなる可能性があります。ご了承のうえ、ご購入・ご利用ください。

- ・Windows 11（バージョン22H2　ビルド22621.2134）
- ・Microsoft 365（バージョン2307　ビルド16.0.16626.20170）

※本書掲載の画面図は、次の環境で取得しております。
- ・Windows 11（バージョン22H2　ビルド22621.1555）
- ・Microsoft 365（バージョン2304　ビルド16.0.16327.20200）

2023年10月5日
FOM出版

◆本教材は、個人がMOS試験に備える目的で利用するものであり、株式会社富士通ラーニングメディアが本教材の使用によりMOS試験の合格を保証するものではありません。

◆Microsoft、Excel、Microsoft 365、OneDrive、PowerPoint、Windowsは、マイクロソフトグループの企業の商標です。

◆QRコードは、株式会社デンソーウェーブの登録商標です。

◆その他、記載されている会社および製品などの名称は、各社の登録商標または商標です。

◆本文中では、TMや®は省略しています。

◆本文中のスクリーンショットは、マイクロソフトの許諾を得て使用しています。

◆本文およびデータファイルで題材として使用している個人名、団体名、商品名、ロゴ、連絡先、メールアドレス、場所、出来事などは、すべて架空のものです。実在するものとは一切関係ありません。

◆本書に掲載されているホームページやサービスは、2023年8月時点のもので、予告なく変更される可能性があります。

本書を使った学習の進め方

PowerPointの基礎知識を事前にチェック！

MOSの学習を始める前に、PowerPointの基礎知識の習得状況を確認し、足りないスキルを事前に習得しましょう。

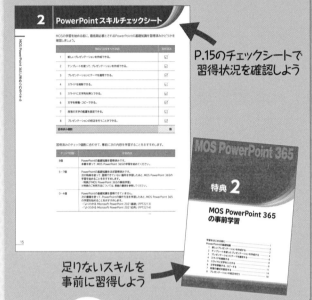

P.15のチェックシートで習得状況を確認しよう

足りないスキルを事前に習得しよう

学習計画を立てる！

目標とする受験日を設定し、その受験日に向けて、どのような日程で学習を進めるかを考えます。

1 **2** **3**

出題範囲の機能を理解し、操作方法をマスター！

出題範囲の機能を1つずつ理解し、その機能を実行するための操作方法を確実に習得しましょう。学習する順序は、前から順番どおりに進めなくてもかまいません。操作したことがある、興味があるといった機能から学習してみましょう。

機能の解説を理解したら、Lessonで実際に操作してみよう！

本書やご購入者特典には、試験合格に必要なPowerPointのスキルを習得するための秘密がたくさん詰まっています。ここでは、それらを上手に活用して、基本操作ができるレベルから試験に合格できるレベルまでスキルアップするための学習方法をご紹介します。
これを参考に、前提知識や学習期間に応じてアレンジし、自分にあったスタイルで学習を進めましょう。

正解できるようになるまで
繰り返し学習！

出題範囲の コマンドを暗記！

確実に合格するために、出題範囲の
コマンドとその使い方を確認してお
きましょう。

試験の合格を 目指して！

ここまでやれば試験対策はバッチリ！
自信を持って受験に臨みましょう。

Fight!

学習した内容を、模擬試験で力試し！

出題範囲をひととおり学習したら、模擬試験で実戦力を養います。模擬試験は、何度も繰り返し行って苦手な分野を克服しましょう。
間違えた問題はそのままにしないで、機能の解説に戻って復習しましょう。

機能の解説ページで
復習しよう　→　P.204,206

模擬試験プログラムを使って、
試験形式にも慣れておこう！

Contents 目次

Introduction 本書をご利用いただく前に

1 製品名の記載について

本書では、次の名称を使用しています。

正式名称	本書で使用している名称
Windows 11	Windows 11 または Windows
Microsoft 365 Apps	Microsoft 365

※主な製品を挙げています。その他の製品も略称を使用している場合があります。

2 本書の学習環境について

出題範囲の各Lessonを学習するには、次のソフトが必要です。
また、インターネットに接続できる環境で学習することを前提にしています。

> **Microsoft 365のPowerPoint、Excel、Word**

※模擬試験プログラムの動作環境については、裏表紙をご確認ください。

◆本書の開発環境

本書に記載されている操作方法や模擬試験プログラムの動作は、2023年8月時点の次の環境で確認しております。今後のWindowsやMicrosoft 365のアップデートによって機能が更新された場合には、本書の記載のとおりに操作できなくなる可能性があります。

OS	Windows 11 Pro（バージョン22H2　ビルド22621.2134）
アプリ	Microsoft 365 Apps for business （バージョン2307　ビルド16.0.16626.20170）
ディスプレイの解像度	1280×768ピクセル
その他	・WindowsにMicrosoftアカウントでサインインし、インターネットに接続した状態 ・OneDriveと同期していない状態

※本書掲載の画面図は、次の環境で取得しております。
・Windows 11（バージョン22H2　ビルド22621.1555）
・Microsoft 365（バージョン2304　ビルド16.0.16327.20200）

！Point

OneDriveの設定

WindowsにMicrosoftアカウントでサインインすると、同期が開始され、パソコンに保存したファイルがOneDriveに自動的に保存されます。初期の設定では、デスクトップ、ドキュメント、ピクチャの3つのフォルダーがOneDriveと同期するように設定されています。
本書はOneDriveと同期していない状態で操作しています。
OneDriveと同期している場合は、一時的に同期を停止すると、本書の記載と同じ手順で学習できます。
OneDriveとの同期を一時停止および再開する方法は、次のとおりです。

一時停止

◆通知領域の（OneDrive）→（ヘルプと設定）→《同期の一時停止》→停止する時間を選択
※時間が経過すると自動的に同期が開始されます。

再開

◆通知領域の（OneDrive）→（ヘルプと設定）→《同期の再開》

3 学習時の注意事項について

お使いの環境によっては、次のような内容について本書の記載と異なる場合があります。
ご確認のうえ、学習を進めてください。

◆ボタンの形状

本書に掲載しているボタンは、ディスプレイの解像度「1280×768ピクセル」、拡大率「100%」、ウィンドウを最大化した環境を基準にしています。ディスプレイの解像度や拡大率、ウィンドウのサイズなど、お使いの環境によっては、ボタンの形状やサイズ、位置が異なる場合があります。
ボタンの操作は、ポップヒントに表示されるボタン名を参考に操作してください。

ディスプレイの解像度が高い場合／ウィンドウのサイズが大きい場合

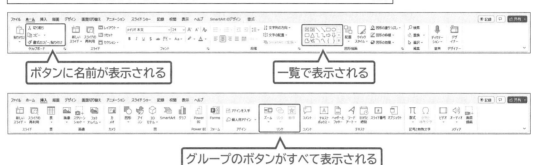

ボタンに名前が表示される　一覧で表示される

グループのボタンがすべて表示される

ディスプレイの解像度が低い場合／ウィンドウのサイズが小さい場合

ボタンだけが表示される　ボタンをクリックすると一覧が表示される

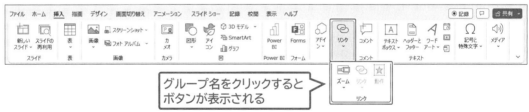

グループ名をクリックするとボタンが表示される

> **!Point**
>
> **《ファイル》タブの《その他》コマンド**
> 《ファイル》タブのコマンドは、画面の左側に一覧で表示されます。ディスプレイの解像度が低い、拡大率が高い、ウィンドウのサイズが小さいなど、お使いの環境によっては、下側のコマンドが《その他》にまとめられている場合があります。目的のコマンドが表示されていない場合は、《その他》をクリックしてコマンドを表示してください。
>
>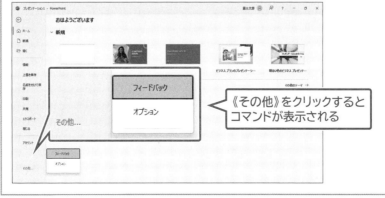
>
> 《その他》をクリックするとコマンドが表示される

! Point

ディスプレイの解像度と拡大率の設定

ディスプレイの解像度と拡大率を本書と同様に設定する方法は、次のとおりです。

解像度の設定

◆デスクトップの空き領域を右クリック→《ディスプレイ設定》→《ディスプレイの解像度》の∨→《1280×768》

※メッセージが表示される場合は、《変更の維持》をクリックします。

拡大率の設定

◆デスクトップの空き領域を右クリック→《ディスプレイ設定》→《拡大/縮小》の∨→《100%》

◆アップデートに伴う注意事項

WindowsやMicrosoft 365は、アップデートによって不具合が修正され、機能が向上する仕様となっています。そのため、アップデート後に、コマンドやスタイル、色などの名称が変更される場合があります。

本書に記載されているコマンドやスタイルなどの名称が表示されない場合は、掲載画面の色が付いている位置を参考に操作してください。

今後のアップデートによって機能が更新された場合には、本書の記載のとおりに操作できない、模擬試験プログラムの採点が正しく行われないなどの不整合が生じる可能性があります。

※本書の最新情報については、P.11に記載されているFOM出版のホームページにアクセスして確認してください。

! Point

お使いの環境のバージョンとビルド番号の確認方法

WindowsやMicrosoft 365はアップデートにより、バージョンやビルド番号が変わります。

お使いの環境のバージョン・ビルド番号を確認する方法は、次のとおりです。

Windows

◆ ■ (スタート)→《設定》→《システム》→《バージョン情報》

Microsoft 365

◆《ファイル》タブ→《アカウント》→《(アプリ名)のバージョン情報》

Microsoft® PowerPoint® for Microsoft 365 のバージョン情報　　　　　　　　×

Microsoft® PowerPoint® for Microsoft 365 MSO (バージョン 2307 ビルド 16.0.16626.20170) 64 ビット

ライセンス ID:

セッション ID:

サード パーティに関する通知

マイクロソフト ソフトウェア ライセンス条項

注意: お客様によるサブスクリプション サービスおよび本ソフトウェアの使用には、お客様が当該サブスクリプションのサインアップ時に同意され、本ソフトウェアのライセンスを取得された契約書の契約条件が適用されます。たとえば、

• ボリューム ライセンスのお客様の場合、本ソフトウェアを使用するには、ボリューム ライセンス契約書に従う必要があります。
• マイクロソフト オンライン サブスクリプションのお客様の場合、本ソフトウェアを使用するには、マイクロソフト オンライン サブスクリプション契約書に従う必要があります。

お客様は、マイクロソフトまたはその認定代理店からライセンスを正規に取得していない場合は、本サービスおよび本ソフトウェアを使用できません。

お客様の組織が Microsoft の顧客である場合、お客様の組織が、Office 365 の特定のコネクテッド サービスをユーザーが使えるようにしています。またお客様は、その他の Microsoft のコネクテッド サービスにアクセスすることもできます。これは別の使用条件とプライバシー コミットメントにより管理されます。Microsoft のその他のコネクテッド サービスに関する詳細情報は、https://support.office.com/article/92c234f1-dc91-4dc1-925d-6c90fc3816d8 をご覧ください。

4 学習ファイルについて

本書で使用する学習ファイルは、FOM出版のホームページで提供しています。ダウンロードしてご利用ください。

ホームページアドレス

https://www.fom.fujitsu.com/goods/

※アドレスを入力するとき、間違いがないか確認してください。

ホームページ検索用キーワード

FOM出版

1 学習ファイルのダウンロード

学習ファイルをダウンロードする方法は、次のとおりです。

①ブラウザーを起動し、FOM出版のホームページを表示します。
※アドレスを直接入力するか、キーワードでホームページを検索します。
②《ダウンロード》をクリックします。
③《資格》の《MOS》をクリックします。
④《MOS PowerPoint 365対策テキスト&問題集　FPT2304》をクリックします。
⑤《書籍学習用ファイル》の「fpt2304.zip」をクリックします。
⑥ダウンロードが完了したら、ブラウザーを終了します。
※ダウンロードしたファイルは、《ダウンロード》内に保存されます。

2 学習ファイルの解凍方法

ダウンロードした学習ファイルは圧縮されているので、解凍（展開）します。ダウンロードしたファイル「fpt2304.zip」を《ドキュメント》に解凍する方法は、次のとおりです。

①デスクトップ画面を表示します。
②タスクバーの ■ （エクスプローラー）をクリックします。
③左側の一覧から《ダウンロード》を選択します。
④ファイル「fpt2304」を右クリックします。
⑤《すべて展開》をクリックします。
⑥《参照》をクリックします。
⑦左側の一覧から《ドキュメント》を選択します。
⑧《フォルダーの選択》をクリックします。
⑨《ファイルを下のフォルダーに展開する》が「C:¥Users¥（ユーザー名）¥Documents」に変更されます。
⑩《完了時に展開されたファイルを表示する》を ☑ にします。
⑪《展開》をクリックします。
⑫ファイルが解凍され、《ドキュメント》が開かれます。
⑬フォルダー「MOS 365-PowerPoint（1）」と「MOS 365-PowerPoint（2）」が表示されていることを確認します。
※すべてのウィンドウを閉じておきましょう。

求められるスキル　出題範囲1　出題範囲2　出題範囲3　出題範囲4　出題範囲5　確認問題 標準解答

◆学習ファイルの一覧

《ドキュメント》の各フォルダーには、次のようなファイルが収録されています。

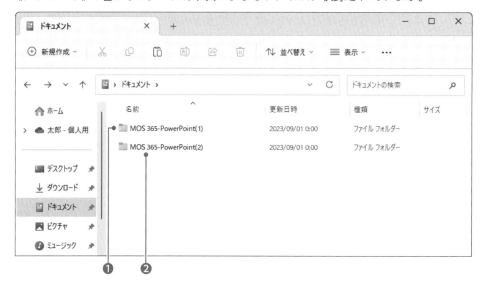

❶MOS 365-PowerPoint（1）

「**出題範囲1**」から「**出題範囲5**」の各Lessonで使用するファイルです。

これらのファイルは、「**出題範囲1**」から「**出題範囲5**」の学習に必要です。

Lessonを学習する前に対象のファイルを開き、学習後はファイルを保存せずに閉じてください。

❷MOS 365-PowerPoint（2）

「**模擬試験**」で使用するファイルです。

これらのファイルは、模擬試験プログラムで操作するファイルと同じです。

模擬試験プログラムを使用しないで学習する場合は、対象のプロジェクトのファイルを開いて操作します。

◆学習ファイル利用時の注意事項

学習ファイルの場所

本書では、学習ファイルの場所を《**ドキュメント**》内としています。《**ドキュメント**》以外の場所に解凍した場合は、フォルダーを読み替えてください。

編集を有効にする

ダウンロードした学習ファイルを開く際、そのファイルが安全かどうかを確認するメッセージが表示される場合があります。学習ファイルは安全なので、《**編集を有効にする**》をクリックして、編集可能な状態にしてください。

自動保存をオフにする

学習ファイルをOneDriveと同期されているフォルダーに保存すると、初期の設定では自動保存がオンになり、一定の時間ごとにファイルが自動的に上書き保存されます。自動保存によって、元のファイルを上書きしたくない場合は、自動保存をオフにしてください。

本書で使用する模擬試験プログラムは、FOM出版のホームページで提供しています。ダウンロードしてご利用ください。

ホームページアドレス

https://www.fom.fujitsu.com/goods/

※アドレスを入力するとき、間違いがないか確認してください。

ホームページ検索用キーワード

FOM出版

1 模擬試験プログラムのダウンロード

模擬試験プログラムをダウンロードする方法は、次のとおりです。
※模擬試験プログラムは、スマートフォンやタブレットではダウンロードできません。パソコンで操作してください。

①ブラウザーを起動し、FOM出版のホームページを表示します。
※アドレスを直接入力するか、キーワードでホームページを検索します。

②《ダウンロード》をクリックします。

③《資格》の《MOS》をクリックします。

④《MOS PowerPoint 365対策テキスト&問題集　FPT2304》をクリックします。

⑤《模擬試験プログラム ダウンロード》の《模擬試験プログラムのダウンロード》をクリックします。

⑥模擬試験プログラムの利用と使用許諾契約に関する説明を確認し、《OK》をクリックします。

⑦《模擬試験プログラム》の「fpt2304mogi_setup.exe」をクリックします。

※お使いの環境によってexeファイルがダウンロードできない場合は、「fpt2304mogi_setup.zip」をクリックしてダウンロードしてください。

⑧ダウンロードが完了したら、ブラウザーを終了します。

※ダウンロードしたファイルは、《ダウンロード》内に保存されます。

2 模擬試験プログラムのインストール

模擬試験プログラムのインストール方法は、次のとおりです。
※インストールは、管理者ユーザーのアカウントで行ってください。
※「fpt2304mogi_setup.zip」をダウンロードした場合は、ファイルを解凍（展開）し、ファイルの場所は解凍したフォルダーに読み替えて操作してください。

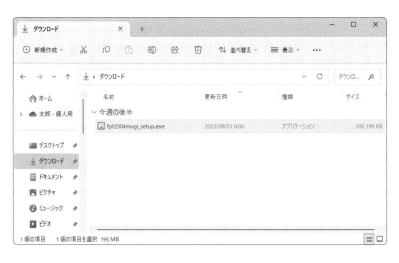

①デスクトップ画面を表示します。

②タスクバーの ▣ (エクスプローラー) をクリックします。

③左側の一覧から《ダウンロード》を選択します。

④「fpt2304mogi_setup.exe」をダブルクリックします。

※お使いの環境によっては、ファイルの拡張子「.exe」が表示されていない場合があります。

※《ユーザーアカウント制御》が表示される場合は、《はい》をクリックします。

⑤インストールウィザードが起動し、《ようこそ》が表示されます。

⑥《次へ》をクリックします。

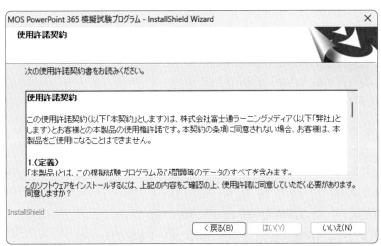

⑦《使用許諾契約》が表示されます。

⑧《はい》をクリックします。

※《いいえ》をクリックすると、セットアップが中止されます。

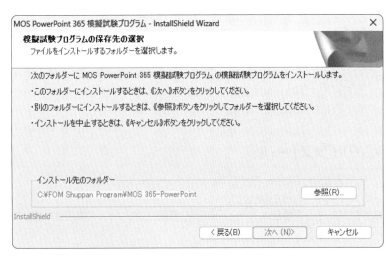

⑨《模擬試験プログラムの保存先の選択》が表示されます。

模擬試験のプログラムファイルのインストール先を指定します。

⑩《インストール先のフォルダー》を確認します。

※ほかの場所にインストールする場合は、《参照》をクリックします。

⑪《次へ》をクリックします。

⑫インストールが開始されます。

⑬インストールが完了したら、図のようなメッセージが表示されます。

⑭《完了》をクリックします。

※模擬試験プログラムの使い方については、P.245を参照してください。

❗ Point

管理者以外のユーザーがインストールする場合

管理者以外のユーザーアカウントでインストールすると、管理者ユーザーのパスワードを要求するメッセージが表示されます。パスワードがわからない場合は、インストールができません。

本書の学習を開始する前に、パソコンにプリンターが設定されていることを確認してください。
プリンターが設定されていないと、印刷やページ設定に関する問題を解答したり、模擬試験プログラムで試験結果レポートを印刷したりできません。プリンターの取扱説明書を確認して、プリンターを設定しておきましょう。
パソコンに設定されているプリンターの確認方法は、次のとおりです。

① ⊞ （スタート）をクリックします。

②《設定》をクリックします。

③左側の一覧から《Bluetoothとデバイス》を選択します。

④《プリンターとスキャナー》をクリックします。

⑤《プリンターとスキャナー》に接続されているプリンターが表示されていることを確認します。

> **❗Point**
>
> **通常使うプリンターの設定**
> 初期の設定では、最後に使用したプリンターが通常使うプリンターとして設定されます。
> 通常使うプリンターを固定する方法は、次のとおりです。
> ◆《Windowsで通常使うプリンターを管理する》をオフにする→プリンターを選択→《既定として設定する》

> **❗Point**
>
> **仮のプリンターの設定**
> 本書の学習には、実際のプリンターがパソコンに接続されていなくてもかまいませんが、Windows上でプリンターが設定されている必要があります。また、プリンターの種類によって印刷できる範囲などが異なるため、本書の記載のとおりに操作できない場合があります。そのような場合には、「Microsoft Print to PDF」を通常使うプリンターに設定して操作してください。
> 設定方法は、次のとおりです。
> ◆ ⊞ （スタート）→《設定》→《Bluetoothとデバイス》→《プリンターとスキャナー》→《Windowsで通常使うプリンターを管理する》をオフにする→《Microsoft Print to PDF》を選択→《既定として設定する》

本書の見方は、次のとおりです。

1 出題範囲

❶理解度チェック

学習前後の理解度を把握するために使います。本書を学習する前にすでに理解している項目は「**学習前**」に、本書を学習してから理解できた項目は「**学習後**」にチェックを付けます。「**試験直前**」は試験前の最終確認用です。

❷解説

出題範囲で求められている機能を解説しています。

　操作 Microsoft 365での操作方法です。

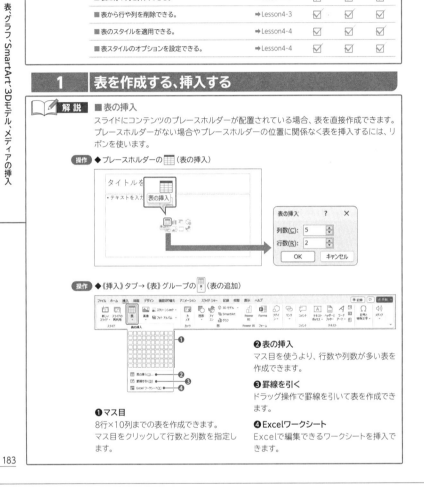

1 表を挿入する、書式設定する

理解度チェック	習得すべき機能	参照Lesson	学習前	学習後	試験直前
	■表を挿入できる。	➡Lesson4-1	☑	☑	☑
	■Excelの表をPowerPointのスライドに貼り付けできる。	➡Lesson4-2	☑	☑	☑
	■表に行や列を挿入できる。	➡Lesson4-3	☑	☑	☑
	■表から行や列を削除できる。	➡Lesson4-3	☑	☑	☑
	■表のスタイルを適用できる。	➡Lesson4-4	☑	☑	☑
	■表スタイルのオプションを設定できる。	➡Lesson4-4	☑	☑	☑

1 表を作成する、挿入する

解説 ■表の挿入

スライドにコンテンツのプレースホルダーが配置されている場合、表を直接作成できます。プレースホルダーがない場合やプレースホルダーの位置に関係なく表を挿入するには、リボンを使います。

操作 ◆プレースホルダーの ▦（表の挿入）

操作 ◆《挿入》タブ→《表》グループの ▦（表の追加）

❷表の挿入
マス目を使うより、行数や列数が多い表を作成できます。

❸罫線を引く
ドラッグ操作で罫線を引いて表を作成できます。

❶マス目
8行×10列までの表を作成できます。マス目をクリックして行数と列数を指定します。

❹Excelワークシート
Excelで編集できるワークシートを挿入できます。

183

🚫 Point

本書の記述について

操作の説明のために使用している記号には、次のような意味があります。

記述	意味	例
⬚	キーボード上のキーを示します。	Shift　Esc
⬚+⬚	複数のキーを押す操作を示します。	Ctrl + V（Ctrl を押しながら V を押す）
《　　》	ダイアログボックス名やタブ名、項目名など画面の表示を示します。	《OK》をクリックします。《デザイン》タブを選択します。
「　　」	重要な語句や機能名、画面の表示、入力する文字などを示します。	「スライドショー」といいます。「FOMスポーツクラブ」と入力します。

※本書に掲載しているボタンは、ディスプレイの解像度を「1280×768ピクセル」、ウィンドウを最大化した環境を基準にしています。

❸Lesson
出題範囲で求められている機能が習得できているかどうかを確認する練習問題です。

❹Hint
問題を解くためのヒントです。

❺操作方法
一般的かつ効率的と考えられる操作方法です。

❻その他の方法
操作方法で紹介している以外の方法がある場合に記載しています。

❼※印
補助的な内容や注意すべき内容を記載しています。

❽Point
用語の解説や知っていると効率的に操作できる内容など、実力アップにつながる内容を記載しています。

❾確認問題
各出題範囲で学習した内容を復習できる確認問題です。試験と同じような出題形式で学習できます。

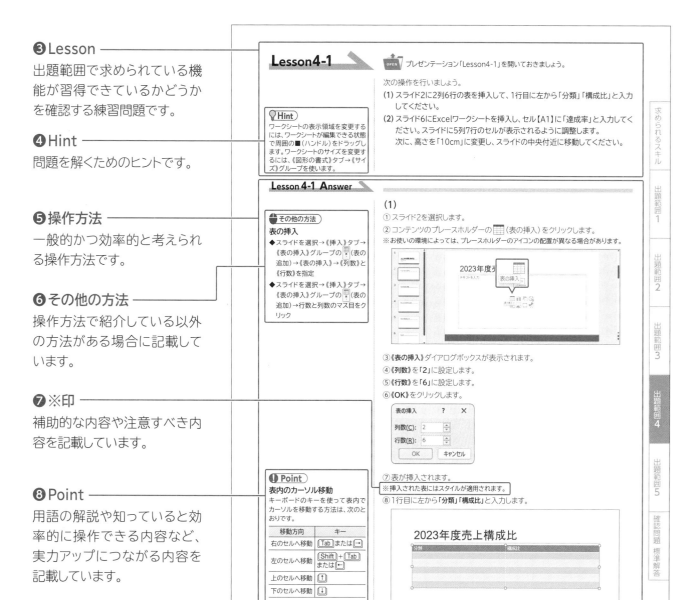

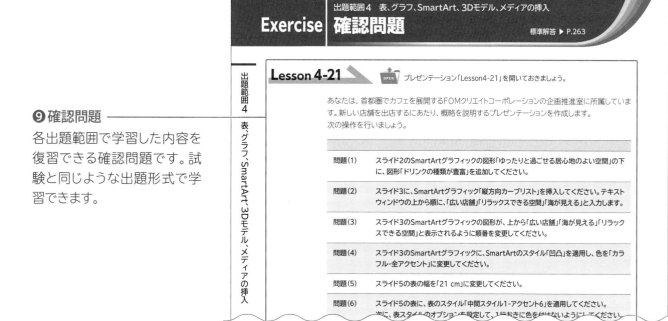

2 模擬試験

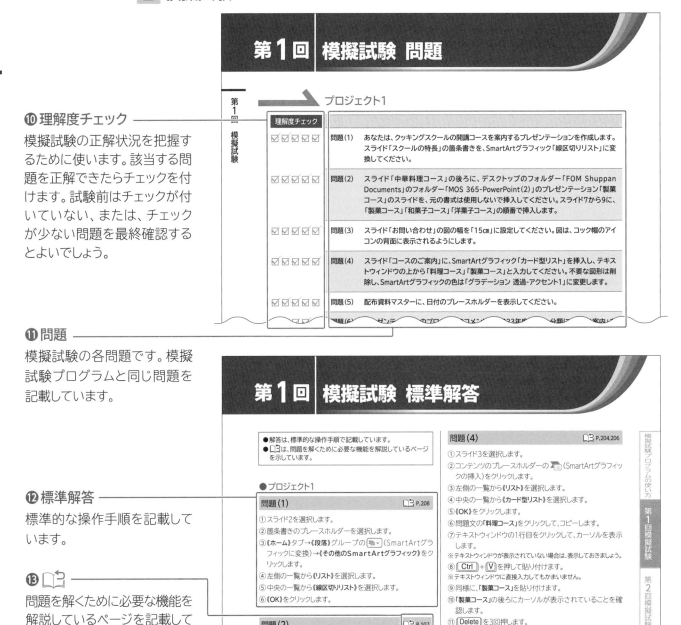

❿理解度チェック
模擬試験の正解状況を把握するために使います。該当する問題を正解できたらチェックを付けます。試験前はチェックが付いていない、または、チェックが少ない問題を最終確認するとよいでしょう。

⓫問題
模擬試験の各問題です。模擬試験プログラムと同じ問題を記載しています。

⓬標準解答
標準的な操作手順を記載しています。

⓭📖
問題を解くために必要な機能を解説しているページを記載しています。間違えた問題は、機能の解説に戻って復習しましょう。

8 本書の最新情報について

本書に関する最新のQ&A情報や訂正情報、重要なお知らせなどについては、FOM出版のホームページでご確認ください。

ホームページアドレス

https://www.fom.fujitsu.com/goods/

※アドレスを入力するとき、間違いがないか確認してください。

ホームページ検索用キーワード

FOM出版

MOS PowerPoint 365

MOS PowerPoint 365
に求められるスキル

MOS PowerPoint 365（一般レベル）の出題範囲は、次のとおりです。

プレゼンテーションの管理

スライド、配布資料、ノートのマスターを変更する	• スライドマスターのテーマや背景の要素を変更する • スライドマスターのコンテンツを変更する • スライドのレイアウトを作成する • スライドのレイアウトを変更する • 配布資料マスターを変更する • ノートマスターを変更する
プレゼンテーションのオプションや表示を変更する	• スライドのサイズを変更する • プレゼンテーションの表示を変更する • プレゼンテーションの組み込みプロパティを変更する
プレゼンテーションの印刷設定を行う	• スライドを印刷する • ノートを印刷する • 配布資料を印刷する
スライドショーを設定する、実行する	• 目的別スライドショーを作成する • スライドショーのオプションを設定する • スライドショーのリハーサル機能を使用する • スライドショーの記録のオプションを設定する • 発表者ツールを使用してスライドショーを発表する
共同作業と配付のためにプレゼンテーションを準備する	• 編集を制限する • パスワードを使用してプレゼンテーションを保護する • プレゼンテーションを検査して問題を修正する • コメントを管理する • プレゼンテーションの内容を保持する • プレゼンテーションを別の形式にエクスポートする

スライドの管理

スライドを挿入する	• Wordのアウトラインをインポートする • ほかのプレゼンテーションからスライドを挿入する • スライドを挿入し、スライドのレイアウトを選択する • サマリーズームのスライドを挿入する • スライドを複製する
スライドを変更する	• スライドを表示する、非表示にする • 個々のスライドの背景を変更する • スライドのヘッダー、フッター、ページ番号を挿入する
スライドを並べ替える、グループ化する	• セクションを作成する • スライドやセクションの順番を変更する • セクション名を変更する

テキスト、図形、画像の挿入と書式設定

テキストを書式設定する	• テキストに書式設定やスタイルを適用する • テキストに段組みを設定する • 箇条書きや段落番号を作成する
リンクを挿入する	• ハイパーリンクを挿入する • セクションズームやスライドズームのリンクを挿入する

図を挿入する、書式設定する	• 図のサイズを変更する、図をトリミングする • 図に組み込みスタイルや効果を適用する • スクリーンショットや画面の領域を挿入する
グラフィック要素を挿入する、書式設定する	• グラフィック要素を挿入する • デジタルインクを使用して描画する • グラフィック要素にテキストを追加する • グラフィック要素のサイズを変更する • グラフィック要素の書式を設定する • グラフィック要素に組み込みスタイルを適用する • アクセシビリティ向上のため、グラフィック要素に代替テキストを追加する
スライド上のコンテンツを並べ替える、配置する、グループ化する	• スライド上のコンテンツを並べ替える • スライド上のコンテンツを配置する • スライド上のコンテンツをグループ化する • 配置用のツールを表示する

表、グラフ、SmartArt、3Dモデル、メディアの挿入

表を挿入する、書式設定する	• 表を作成する、挿入する • 表に行や列を挿入する、削除する • 表の組み込みスタイルを適用する
グラフを挿入する、変更する	• グラフを作成する、挿入する • グラフを変更する
SmartArtを挿入する、書式設定する	• SmartArtを作成する • SmartArtを箇条書きに、箇条書きをSmartArtに変換する • SmartArtにコンテンツを追加する、変更する
3Dモデルを挿入する、変更する	• 3Dモデルを挿入する • 3Dモデルの見た目を変更する
メディアを挿入する、管理する	• サウンドやビデオを挿入する • 画面録画を作成する、挿入する • メディアの再生オプションを設定する

画面切り替えやアニメーションの適用

画面切り替えを適用する、設定する	• 基本および3Dの画面切り替えを適用する • 画面切り替えの効果とタイミングを設定する
スライドのコンテンツにアニメーションを設定する	• テキストやグラフィック要素にアニメーションを適用する • 3D要素にアニメーションを適用する • アニメーションの効果とタイミングを設定する • アニメーションの軌道効果を設定する • 同じスライドにあるアニメーションの順序を並べ替える

参考 | MOS公式サイト

MOS公式サイトでは、MOS試験の出題範囲が公開されています。出題範囲のPDFファイルをダウンロードすることもできます。また、試験の実施方法や試験環境の確認、試験の申し込みもできます。
試験の最新情報については、MOS公式サイトをご確認ください。

https://mos.odyssey-com.co.jp/

求められるスキル

出題範囲1

出題範囲2

出題範囲3

出題範囲4

出題範囲5

確認問題 標準解答

MOSの学習を始める前に、最低限必要とされるPowerPointの基礎知識を習得済みかどうかを確認しましょう。

	事前に習得すべき項目	習得済み
1	新しいプレゼンテーションを作成できる。	☑
2	テンプレートを使って、プレゼンテーションを作成できる。	☑
3	プレゼンテーションにテーマを適用できる。	☑
4	スライドを削除できる。	☑
5	スライドに文字列を挿入できる。	☑
6	文字を移動・コピーできる。	☑
7	段落の文字の配置を設定できる。	☑
8	プレゼンテーションの校正を行うことができる。	☑
習得済み個数		個

習得済みのチェック個数に合わせて、事前に次の内容を学習することをおすすめします。

チェック個数	学習内容
8個	PowerPointの基礎知識を習得済みです。 本書を使って、MOS PowerPoint 365の学習を始めてください。
5~7個	PowerPointの基礎知識をほぼ習得済みです。 次の特典を使って、習得できていない箇所を学習したあと、MOS PowerPoint 365の学習を始めることをおすすめします。 ・特典2「MOS PowerPoint 365の事前学習」 ※特典のご利用方法については、表紙の裏側を参照してください。
0~4個	PowerPointの基礎知識を習得できていません。 次の書籍を使って、PowerPointの操作方法を学習したあと、MOS PowerPoint 365の学習を始めることをおすすめします。 ・「よくわかる Microsoft PowerPoint 2021基礎」(FPT2213) ・「よくわかる Microsoft PowerPoint 2021応用」(FPT2214)

出題範囲 **1**

プレゼンテーションの管理

1 プレゼンテーションのオプションや表示を変更する

 理解度チェック

習得すべき機能	参照Lesson	学習前	学習後	試験直前
■ スライドのサイズを変更できる。	➡Lesson1-1	☑	☑	☑
■ スライドショーを実行できる。	➡Lesson1-2	☑	☑	☑
■ 表示モードを切り替えることができる。	➡Lesson1-2	☑	☑	☑
■ スライドをグレースケールや白黒で表示し、オブジェクトの色調を調整できる。	➡Lesson1-3	☑	☑	☑
■ プレゼンテーションのプロパティを設定できる。	➡Lesson1-4	☑	☑	☑

1 スライドのサイズを変更する

解説

■スライドのサイズ変更

スライドのサイズは、「**ワイド画面（16：9）**」や「**標準（4：3）**」などに変更できます。また、《**ユーザー設定のスライドのサイズ**》を使うと、用紙サイズや画面の比率で指定したり、幅や高さを数値で指定したり、スライドの向きを変更したりすることもできます。オブジェクトが挿入されているスライドのサイズを変更すると、オブジェクトのサイズの調整方法を選択する画面が表示されます。

※「オブジェクト」とは、図（画像）や図形、SmartArtグラフィックなどの総称です。

操作 ◆《**デザイン**》タブ→《**ユーザー設定**》グループの ⬚（スライドのサイズ）

Lesson 1-1

 プレゼンテーション「Lesson1-1」を開いておきましょう。

Hint

スライドのサイズを「画面に合わせる（16:10）」に変更するには、《ユーザー設定のスライドのサイズ》を使います。

次の操作を行いましょう。

(1) スライドのサイズを「画面に合わせる（16：10）」、スライドの向きを「横」に変更してください。コンテンツはスライドのサイズに合わせて調整します。

Lesson 1-1 Answer

(1)

① 《**デザイン**》タブ→《**ユーザー設定**》グループの （スライドのサイズ）→《**ユーザー設定のスライドのサイズ**》をクリックします。

②《スライドのサイズ》ダイアログボックスが表示されます。

③《スライドのサイズ指定》の ∨ をクリックし、一覧から《画面に合わせる（16：10）》を
選択します。

④《スライド》の《横》を ⦿ にします。

⑤《OK》をクリックします。

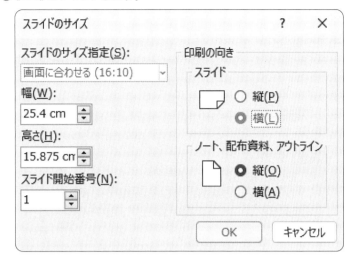

💡 Point
スライドのサイズを数値で指定
《幅》や《高さ》を指定して、スライドのサイズを変更できます。
《幅》や《高さ》は、⊟ (スピンボタン)を使ったり、ボックスに数値を直接入力したりして設定します。
小数点以下第2位など、⊟ では設定できない場合は、数値を直接入力します。

💡 Point
コンテンツの拡大縮小
❶最大化
変更したスライドのサイズに合わせて、オブジェクトをできるだけ大きく配置します。
❷サイズに合わせて調整
変更したスライドのサイズに収まるように、オブジェクトを縮小して表示します。

⑥《サイズに合わせて調整》をクリックします。

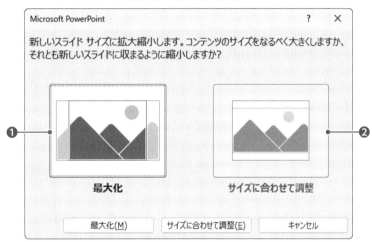

⑦ スライドのサイズが変更されます。

💡 Point
テーマの個別設定
テーマのフォント、配色、効果、背景のスタイルを個別に設定している場合、スライドのサイズを変更すると、それらの設定がクリアされるため、設定し直す必要があります。
※テーマについては、P.45を参照してください。

求められるスキル

出題範囲1

出題範囲2

出題範囲3

出題範囲4

出題範囲5

確認問題 標準解答

2　プレゼンテーションの表示を変更する

解説 ■表示モードの切り替え

PowerPointには、5つの表示モードが用意されています。プレゼンテーションの作業に合わせて、表示モードを切り替えます。

操作 ◆ステータスバーのボタン

◆《表示》タブ→《プレゼンテーションの表示》グループのボタン

ステータスバー

《表示》タブ

❶ 回（標準）／標準（標準表示）

左側のサムネイル（縮小版）の一覧で選択したスライドを中央に表示し、スライドを編集できます。サムネイルの一覧でスライドの順番の入れ替えなどもできます。

❷ アウトライン表示（アウトライン表示）

すべてのスライドのタイトルと箇条書きを表示します。プレゼンテーションの構成を確認しながら、スライドを編集できます。

❸ 88（スライド一覧）／スライド一覧（スライド一覧表示）

すべてのスライドのサムネイルを表示します。プレゼンテーション全体の構成を確認しながら、スライドを並べ替えるのに適しています。

❹ ノート（ノート表示）

スライドの下に補足説明などを入力するノートを表示します。スライドの内容を確認しながら、ノートを編集できます。

❺ 閲覧（閲覧表示）／閲覧表示（閲覧表示）

設定しているアニメーションや画面切り替えなどを確認できます。

■スライドショーの実行

スライドを画面全体に表示して、順番に閲覧していくことを**「スライドショー」**といいます。

操作 ◆ステータスバーの 旦 （スライドショー）

◆《スライドショー》タブ→《スライドショーの開始》グループのボタン

ステータスバー

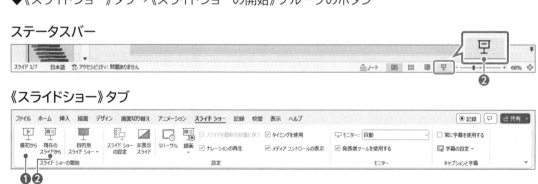

《スライドショー》タブ

❶ 最初から（先頭から開始）

スライド1からスライドショーを開始します。

❷ 旦 （スライドショー）／現在のスライドから（このスライドから開始）

選択されているスライドからスライドショーを開始します。

Lesson 1-2

 プレゼンテーション「Lesson1-2」を開いておきましょう。

次の操作を行いましょう。

(1) スライドショーを実行し、最後のスライドまで表示してください。

(2) スライド一覧に切り替えてください。

Lesson 1-2 Answer

(1)

① ステータスバーの （スライドショー）をクリックします。

② スライドショーが実行され、スライドが画面全体に表示されます。

③ クリックします。

④ 次のスライドが表示されます。

⑤ スライドショーを最後まで実行します。

※「スライドショーの最後です。クリックすると終了します。」とメッセージが表示されるので、クリックしてスライドショーを終了しておきましょう。

① Point

スライドショーの中断
スライドショーを途中で終了するには、[Esc]を押します。

(2)

① ステータスバーの （スライド一覧）をクリックします。

② スライド一覧の表示に切り替わります。

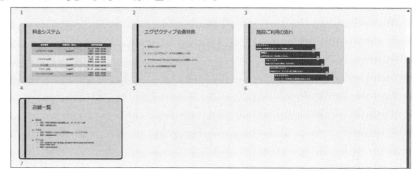

求められるスキル

出題範囲1

出題範囲2

出題範囲3

出題範囲4

出題範囲5

確認問題 標準解答

 **解説** ■カラー/グレースケール/白黒の切り替え

カラーで作成したスライドをグレースケールや白黒で印刷すると、色の組み合わせによっては、文字やオブジェクトが見づらくなる場合があります。グレースケールや白黒で印刷する際は、表示を切り替えて、見づらい箇所がないかを確認するとよいでしょう。

操作 ◆《表示》タブ→《カラー/グレースケール》グループのボタン

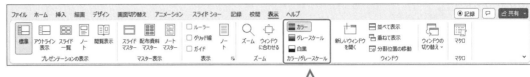

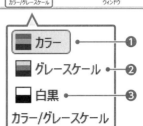

❶ カラー （カラー）

スライドをカラーで表示します。

❷ グレースケール （グレースケール）

スライドを白から黒の階調で表示します。

❸ 白黒 （白黒）

スライドを白と黒で表示します。

■プレースホルダーやオブジェクトの色調の調整

グレースケールや白黒の表示に切り替えて、見づらい箇所があった場合は、プレースホルダーやオブジェクトごとに、明るさを調整したり白黒を反転したりして、色調を調整します。

操作 ◆《グレースケール》タブ／《白黒》タブ→《選択したオブジェクトの変更》グループのボタン

《グレースケール》タブ

《白黒》タブ

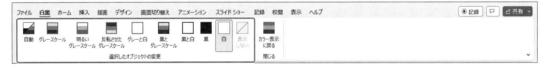

Lesson 1-3

 プレゼンテーション「Lesson1-3」を開いておきましょう。

次の操作を行いましょう。

(1) スライドを白黒で表示し、スライド3に配置されている4つの角丸四角形の図形を、「反転させたグレースケール」に変更してください。

Lesson 1-3 Answer

(1)

①《表示》タブ→《カラー/グレースケール》グループの 白黒 （白黒）をクリックします。

②スライドが白黒で表示されます。

③スライド3を選択します。

④1つ目の角丸四角形を選択します。

⑤ Shift を押しながら、その他の角丸四角形を選択します。

※ Shift を使うと、複数の図形を選択できます。

⑥《白黒》タブ→《選択したオブジェクトの変更》グループの (反転させたグレースケール) をクリックします。

求められるスキル

出題範囲1

出題範囲2

出題範囲3

出題範囲4

出題範囲5

確認問題 標準解答

Point

複数のオブジェクトの選択

◆1つ目のオブジェクトを選択→ Shift を押しながら、2つ目以降のオブジェクトを選択

◆すべてのオブジェクトを囲むようにドラッグ

※マウスポインターが ℕ の状態でドラッグします。

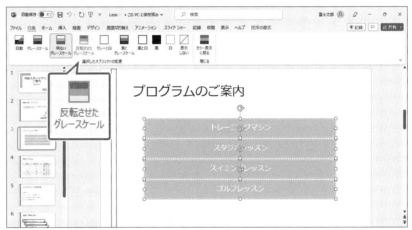

⑦角丸四角形の表示が変更されます。

⑧《白黒》タブ→《閉じる》グループの (カラー表示に戻る) をクリックします。

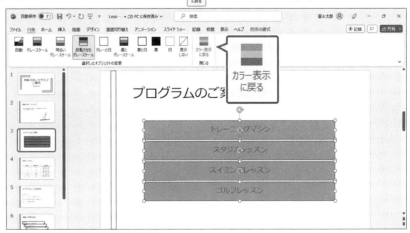

⑨スライドがカラー表示に戻ります。

📖✏ **解説** ■プレゼンテーションのプロパティの変更

「**プロパティ**」は一般に「**属性**」といわれ、性質や特性を表す言葉です。プレゼンテーションのプロパティには、ファイルサイズや作成日時、更新日時などがあります。

プレゼンテーションにプロパティを設定しておくと、Windowsのエクスプローラーでプロパティの内容を表示したり、プロパティの値をもとにプレゼンテーションを検索したりできます。

操作 ◆《ファイル》タブ→《情報》

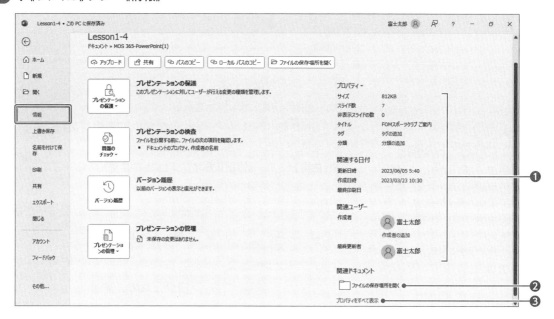

❶プロパティの一覧

主なプロパティを一覧で表示します。

「**タイトル**」や「**タグ**」などはポイントすると、テキストボックスが表示されるので、直接入力して、プロパティの値を変更できます。

タグや分類などのプロパティに複数の要素を設定する場合は、「**；（セミコロン）**」で区切って入力します。

❷ファイルの保存場所を開く

プレゼンテーションが保存されている場所を開きます。

❸プロパティをすべて表示

プロパティの一覧にすべてのプロパティを表示します。

出題範囲1　プレゼンテーションの管理

Lesson 1-4

  プレゼンテーション「Lesson1-4」を開いておきましょう。

次の操作を行いましょう。

(1) プレゼンテーションのプロパティのコメントに「202309」、分類に「案内資料」、会社に「FOMスポーツクラブ」を設定してください。

Lesson 1-4 Answer

(1)

① 《ファイル》タブを選択します。

② 《情報》→《プロパティをすべて表示》をクリックします。

※表示されていない場合は、スクロールして調整します。

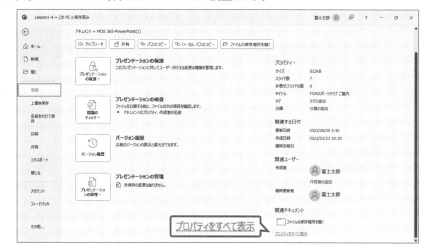

③ 《コメントの追加》をクリックし、「**202309**」と入力します。

④ 《分類の追加》をクリックし、「**案内資料**」と入力します。

⑤ 《会社名の指定》をクリックし、「**FOMスポーツクラブ**」と入力します。

⑥ 《会社名の指定》以外の場所をクリックします。

※入力内容が確定されます。

⑦ プロパティの一覧に設定したプロパティが表示されていることを確認します。

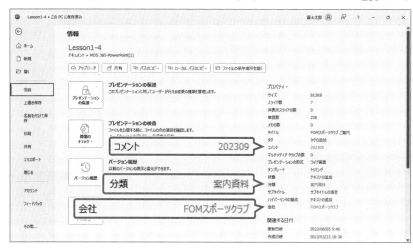

※標準の表示に戻しておきましょう。

! Point

タイトル

タイトルスライドに入力した内容は、プロパティの《タイトル》としても設定されます。

! Point

詳細プロパティ

プロパティの値は、《プロパティ》ダイアログボックスを使って変更することもできます。

《プロパティ》ダイアログボックスを表示する方法は、次のとおりです。

◆《ファイル》タブ→《情報》→《プロパティ》→《詳細プロパティ》

! Point

標準の表示に戻す場合

プロパティを設定後、標準の表示に戻すには Esc を押します。

求められるスキル

出題範囲1

出題範囲2

出題範囲3

出題範囲4

出題範囲5

確認問題 標準解答

2

プレゼンテーションの印刷設定を行う

☑ 理解度チェック	習得すべき機能	参照Lesson	学習前	学習後	試験直前
■印刷対象を設定してスライドを印刷できる。	➡Lesson1-5 ➡Lesson1-6	☑	☑	☑
■グレースケールや白黒でスライドを印刷できる。	➡Lesson1-7	☑	☑	☑
■配布資料を印刷できる。	➡Lesson1-8	☑	☑	☑
■ノートを印刷できる。	➡Lesson1-9	☑	☑	☑

1 スライドを印刷する

 **解説** ■印刷対象の設定

プレゼンテーションを印刷する際、印刷対象を設定できます。例えば、すべてのスライドをまとめて印刷したり、特定のスライドやセクションを指定して印刷したりできます。

操作 ◆《ファイル》タブ→《印刷》→《すべてのスライドを印刷》

❶ **すべてのスライドを印刷**

プレゼンテーション全体を印刷します。

❷ **選択した部分を印刷**

サムネイルの一覧で選択しているスライドを印刷します。

❸ **現在のスライドを印刷**

標準の表示で表示しているスライドを印刷します。

❹ **ユーザー設定の範囲**

特定のスライドを印刷します。

設定例	説明
2-4	スライド2からスライド4までを印刷します。
2,4	スライド2とスライド4を印刷します。

❺ **セクション**

一覧から選択したセクションを印刷します。
※「セクション」については、P.123を参照してください。

❻ **非表示スライドを印刷する**

コマンド名の前に ✔ が付いているときは、非表示スライドが印刷されます。コマンド名をクリックするごとに、✔ のオン／オフが切り替わります。
※プレゼンテーション内に非表示スライドがない場合は、淡色で表示され選択できません。
※非表示スライドについては、P.115を参照してください。

Lesson 1-5

プレゼンテーション「Lesson1-5」を開いておきましょう。

求められるスキル

出題範囲1

出題範囲2

出題範囲3

出題範囲4

出題範囲5

確認問題　標準解答

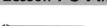

1部ずつ印刷されるようにするには、《部単位で印刷》を使います。

次の操作を行いましょう。

(1) プレゼンテーション全体を、2部印刷してください。1部ずつ印刷されるようにします。

Lesson 1-5 Answer

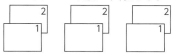

印刷
◆ [Ctrl] + [P]

(1)

① 《ファイル》タブを選択します。

② 《印刷》をクリックします。

③ 《すべてのスライドを印刷》になっていることを確認します。

④ 《部数》を「2」に設定します。

⑤ 《部単位で印刷》になっていることを確認します。

⑥ 《印刷》をクリックします。

部単位・ページ単位で印刷
複数スライドを複数部数で印刷するには、次の2種類から選択します。

●部単位で印刷
1、2ページ目を1部印刷したあとに、2部目の1、2ページ目、3部目の1、2ページ目…という順に印刷します。

●ページ単位で印刷
1ページ目を3部印刷したあとに、2ページ目を3部…という順に印刷します。

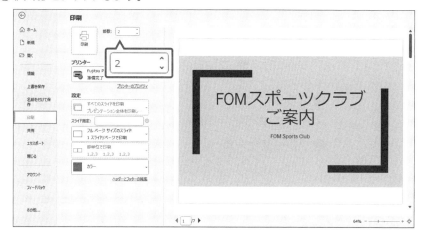

⑦ プレゼンテーション全体が2部、部単位で印刷されます。

Lesson 1-6

プレゼンテーション「Lesson1-6」を開いておきましょう。

次の操作を行いましょう。

(1) スライド2からスライド4までを印刷してください。

Lesson 1-6 Answer

(1)

① 《ファイル》タブを選択します。

② 《印刷》→《スライド指定》に「2-4」と入力します。

※半角で入力します。

③ 印刷対象が《ユーザー設定の範囲》に変更されます。

④ 《印刷》をクリックします。

印刷レイアウト
初期の設定では、印刷レイアウトが《フルページサイズのスライド》に設定されており、1枚の用紙全体に1枚のスライドが印刷されます。

印刷しない場合
印刷を実行すると、標準の表示に自動的に戻ります。印刷をしないで標準の表示に戻すには、[Esc]を押します。

⑤ スライド2からスライド4までが印刷されます。

 **解説** ■カラー、グレースケール、白黒で印刷

カラーで作成したプレゼンテーションを、グレースケールや白黒で印刷できます。

操作 ◆《ファイル》タブ→《印刷》→《カラー》

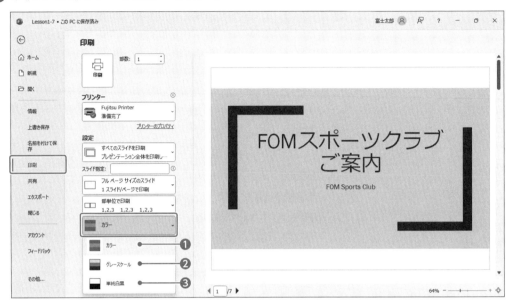

❶カラー

スライドをカラーで印刷します。

❷グレースケール

スライドを白から黒の階調で印刷します。

❸単純白黒

スライドを白と黒で印刷します。

Lesson 1-7

 プレゼンテーション「Lesson1-7」を開いておきましょう。

次の操作を行いましょう。
(1) スライドを単純白黒で印刷してください。

Lesson 1-7 Answer

(1)

①《ファイル》タブを選択します。

②《印刷》をクリックします。

③《カラー》→《単純白黒》をクリックします。

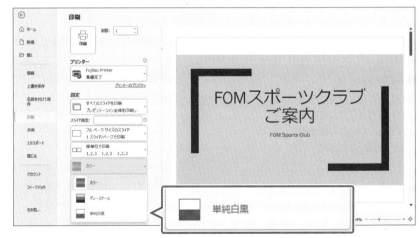

④《印刷》をクリックします。

⑤スライドが白黒で印刷されます。

❶ Point

モノクロプリンターを使った印刷

パソコンに接続されているモノクロプリンターによっては、初期の設定で《グレースケール》になる場合があります。

2 配布資料を印刷する

解説 ■配布資料の印刷

印刷レイアウトを「**配布資料**」にすると、1ページに1枚または複数枚のスライドを印刷できます。配布資料の1ページに印刷できるスライドの枚数は、「**1枚**」「**2枚**」「**3枚**」「**4枚**」「**6枚**」「**9枚**」から選択できます。3枚を選択すると、スライドの右側にメモ欄が印刷されます。

操作 ◆《ファイル》タブ→《印刷》→《フルページサイズのスライド》→《配布資料》のレイアウト

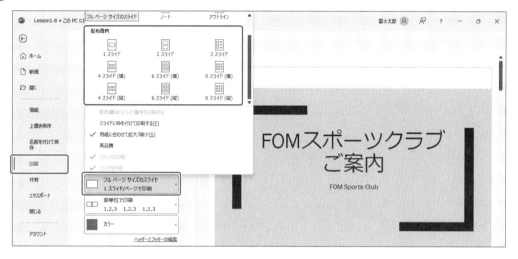

Lesson 1-8

 プレゼンテーション「Lesson1-8」を開いておきましょう。

次の操作を行いましょう。

(1) すべてのスライドを配布資料として印刷してください。配布資料のレイアウトは「3スライド」とします。

Lesson 1-8 Answer

(1)

①《ファイル》タブを選択します。

②《印刷》をクリックします。

③《すべてのスライドを印刷》になっていることを確認します。

④《フルページサイズのスライド》→《配布資料》の《3スライド》をクリックします。

⑤印刷イメージにスライド3枚とメモ欄が表示されます。

⑥《印刷》をクリックします。

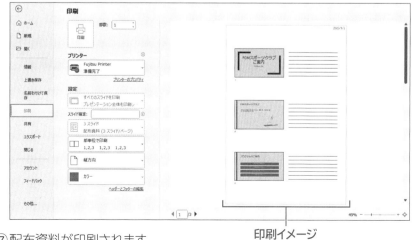

印刷イメージ

⑦配布資料が印刷されます。

求められるスキル

出題範囲1

出題範囲2

出題範囲3

出題範囲4

出題範囲5

確認問題 標準解答

28

3 ｜ ノートを印刷する

 解説 ■ノートの印刷

印刷レイアウトを「**ノート**」にすると、ノートに入力した内容とスライドを1枚の用紙に印刷できます。

操作 ◆《ファイル》タブ→《印刷》→《フルページサイズのスライド》→《ノート》

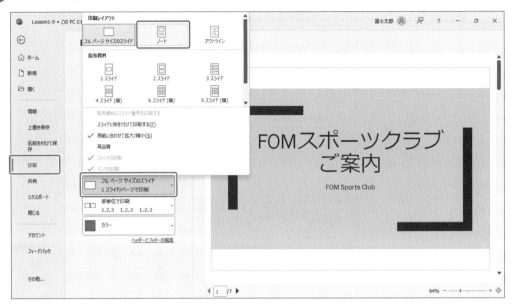

Lesson 1-9

 プレゼンテーション「Lesson1-9」を開いておきましょう。

次の操作を行いましょう。

(1) スライド1のノートに、「皆さまの健康のためのお手伝いをするFOMスポーツクラブをご案内します。」と入力してください。

(2) スライド1をノートとして印刷してください。

Lesson 1-9 Answer

(1)

① スライド1を選択します。

② ステータスバーの （ノート）をクリックします。

その他の方法

ノートの入力

◆《表示》タブ→《プレゼンテーションの表示》グループの（ノート表示）→本文のプレースホルダーに入力

⚠ Point

ノートペインの表示／非表示

ノートペインの表示／非表示は、ステータスバーの（ノート）で切り替えます。

出題範囲 1

出題範囲 2

出題範囲 3

出題範囲 4

出題範囲 5

確認問題　標準解答

!) Point

ノートペインのサイズ変更

スライドとノートペインの境界線を
ドラッグすると、ノートペインのサイズ
を変更できます。

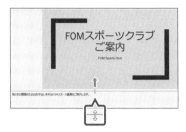

③ノートペインが表示されます。

④ノートペインに「**皆さまの健康のためのお手伝いをするFOMスポーツクラブをご案内
します。**」と入力します。

ノートペイン

(2)

①《**ファイル**》タブを選択します。

②《**印刷**》→《**スライド指定**》に「**1**」と入力します。

※半角で入力します。

③印刷対象が《**ユーザー設定の範囲**》に変更されます。

④《**フルページサイズのスライド**》→《**印刷レイアウト**》の《**ノート**》をクリックします。

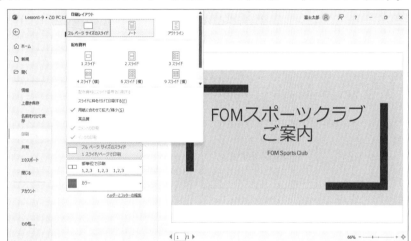

⑤印刷イメージに、スライドとノートに入力した内容が表示されます。

⑥《**印刷**》をクリックします。

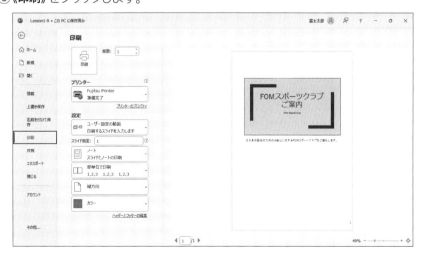

⑦ノートが印刷されます。

3 スライドショーを設定する、実行する

☑ 理解度チェック

習得すべき機能	参照Lesson	学習前	学習後	試験直前
■目的別スライドショーを作成し、実行できる。	➡Lesson1-10	☑	☑	☑
■スライドショーのオプションを設定できる。	➡Lesson1-11	☑	☑	☑
■リハーサルを実行できる。	➡Lesson1-12	☑	☑	☑
■スライドショーを録画できる。	➡Lesson1-13	☑	☑	☑
■発表者ツールを使用してスライドショーを実行できる。	➡Lesson1-14 ➡Lesson1-15	☑	☑	☑

1 目的別スライドショーを作成する

 解説　■目的別スライドショー

「**目的別スライドショー**」とは、既存のプレゼンテーションをもとに、目的に合わせて必要なスライドだけを選択したり、表示順序を入れ替えたりして独自のスライドショーを実行できる機能です。発表時間や出席者などに合わせて、スライドショーのパターンをいくつか用意する場合に便利です。目的別スライドショーは、もとになるプレゼンテーション内に名前を付けて登録しておくことができます。

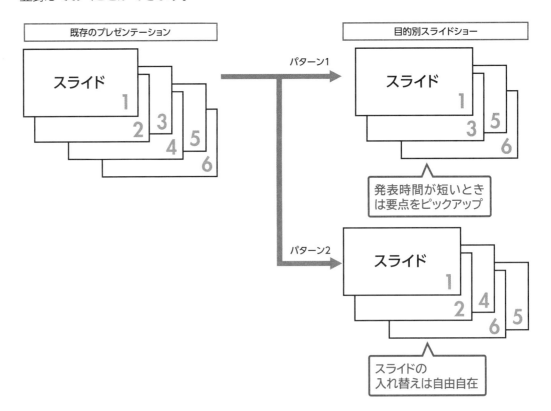

操作　◆《スライドショー》タブ→《スライドショーの開始》グループの　（目的別スライドショー）

Lesson 1-10

 プレゼンテーション「Lesson1-10」を開いておきましょう。

次の操作を行いましょう。

(1) スライド1、3、4、6を選択して、「短縮版」という名前の目的別スライドショーを作成してください。

(2) 目的別スライドショー「短縮版」を実行してください。

Lesson 1-10 Answer

(1)

①《スライドショー》タブ→《スライドショーの開始》グループの [目的別スライドショー] (目的別スライドショー)→《目的別スライドショー》をクリックします。

②《目的別スライドショー》ダイアログボックスが表示されます。

③《新規作成》をクリックします。

④《目的別スライドショーの定義》ダイアログボックスが表示されます。

⑤《スライドショーの名前》に「短縮版」と入力します。

⑥《プレゼンテーション中のスライド》の一覧から「1. FOMスポーツクラブ ご案内」を ☑ にします。

⑦ 同様に、「3. プログラムのご案内」「4. 料金システム」「6. 施設ご利用の流れ」を ☑ にします。

⑧《追加》をクリックします。

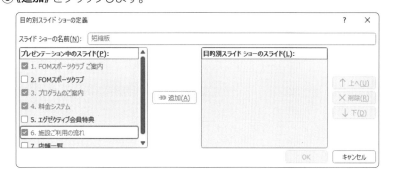

求められるスキル

出題範囲1

出題範囲2

出題範囲3

出題範囲4

出題範囲5

確認問題 標準解答

> **① Point**
>
> **《目的別スライドショー》**
>
> **❶新規作成**
> 新しい目的別スライドショーを作成します。
>
> **❷編集**
> 選択したスライドショーを編集します。スライドの追加や削除、スライドの順番の入れ替え、名前の変更などの編集ができます。
>
> **❸削除**
> 選択したスライドショーを削除します。
>
> **❹コピー**
> 選択したスライドショーをコピーして、別のスライドショーを作成します。
>
> **❺開始**
> 選択したスライドショーを開始します。

⑨《**目的別スライドショーのスライド**》に選択したスライドが表示されます。

※スライド番号は自動的に振り直されます。

⑩《**OK**》をクリックします。

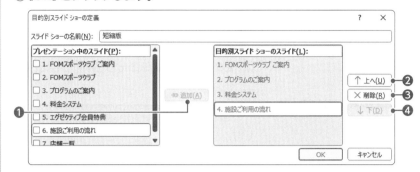

⑪《**目的別スライドショー**》ダイアログボックスに戻ります。

⑫一覧に「**短縮版**」が作成されていることを確認します。

⑬《**閉じる**》をクリックします。

⑭目的別スライドショーが作成されます。

(2)

①《**スライドショー**》タブ→《**スライドショーの開始**》グループの ⬜（目的別スライドショー）→「**短縮版**」をクリックします。

②目的別スライドショーが実行され、スライド1が画面全体に表示されます。

③クリックします。

④次のスライドが表示されます。

⑤スライドショーを最後まで実行します。

!Point

《目的別スライドショーの定義》

❶追加
目的別スライドショーにスライドを追加します。

❷上へ
選択したスライドの順番を1つ前にします。

❸削除
選択したスライドを目的別スライドショーから削除します。

❹下
選択したスライドの順番を1つ後ろにします。

🖱 その他の方法

目的別スライドショーの実行

◆《スライドショー》タブ→《スライドショーの開始》グループの ⬜（目的別スライドショー）→《目的別スライドショー》→一覧から選択→《開始》

2 | スライドショーのオプションを設定する

■**解説** ■スライドショーのオプションの設定

スライドショーの設定では、スライドショーの種類や表示するスライド、スライドの切り替え方法などを変更できます。

操作 ◆《スライドショー》タブ→《設定》グループの ![アイコン]（スライドショーの設定）

Lesson 1-11

 プレゼンテーション「Lesson1-11」を開いておきましょう。
※プレゼンテーション「Lesson1-11」には、画面切り替えのタイミングとアニメーションが設定されています。

次の操作を行いましょう。

(1) スライドショーの種類を「自動プレゼンテーション」に設定してください。すべてのスライドが表示されるようにします。

Lesson 1-11 Answer

(1)

①《スライドショー》タブ→《設定》グループの ![アイコン]（スライドショーの設定）をクリックします。

②《スライドショーの設定》ダイアログボックスが表示されます。

③《種類》の《自動プレゼンテーション（フルスクリーン表示）》を ⦿ にします。

④《スライドの表示》の《すべて》が ⦿ になっていることを確認します。

⑤《OK》をクリックします。

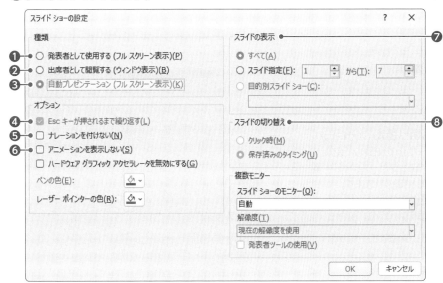

⑥スライドショーのオプションが設定されます。

※スライドショーを実行して、スライドショーが繰り返し実行されることを確認しておきましょう。

Point

《スライドショーの設定》

❶**発表者として使用する**
画面全体にスライドショーが実行されます。

❷**出席者として閲覧する**
PowerPointのウィンドウ内でスライドショーが実行されます。

❸**自動プレゼンテーション**
画面全体にスライドショーが繰り返し実行されます。有効にするには、すべてのスライドに画面切り替えのタイミングを設定しておきます。

※画面切り替えのタイミングについては、P.237を参照してください。

❹**Escキーが押されるまで繰り返す**
[Esc]が押されるまで、スライドショーを繰り返します。

❺**ナレーションを付けない**
☑にすると、ナレーションが再生されません。

❻**アニメーションを表示しない**
☑にすると、アニメーションが再生されません。

❼**スライドの表示**
スライドショーで表示するスライドや目的別スライドショーを指定します。

❽**スライドの切り替え**
スライドショーでのスライドの切り替え方法を選択します。

求められるスキル

出題範囲1

出題範囲2

出題範囲3

出題範囲4

出題範囲5

確認問題 標準解答

3 スライドショーのリハーサル機能を使用する

📖✏ **解 説** ■リハーサルの実行

「**リハーサル**」を使うと、スライドショーを実行しながら各スライドを表示した時間を記録し、スライドショー全体の所要時間を確認できます。各スライドの表示時間は、画面切り替えのタイミングとして記録されます。

操作 ◆《スライドショー》タブ→《設定》グループの （リハーサル）

Lesson 1-12

OPEN プレゼンテーション「Lesson1-12」を開いておきましょう。

次の操作を行いましょう。

(1) リハーサルを実行して、スライドショーの切り替えのタイミングを記録してください。スライドショーは、各スライドのタイトルを読み上げて最後まで実行します。

Lesson 1-12 Answer

❗ Point
《記録中》ツールバー

❶次へ
次のスライドに切り替えます。

❷記録の一時停止
リハーサルを一時停止します。

❸スライド表示時間
現在のスライドの表示時間をカウントします。

❹繰り返し
再度カウントし直します。

❺所要時間
全体の所要時間が表示されます。

❗ Point
画面切り替えのタイミング

リハーサルで記録した画面切り替えのタイミングは、スライド一覧に切り替えると確認できます。

❗ Point
記録したタイミングのクリア

◆《スライドショー》タブ→《設定》グループの （このスライドから録画）の ▾→《クリア》→《現在のスライドのタイミングをクリア》／《すべてのスライドのタイミングをクリア》

(1)

①《**スライドショー**》タブ→《**設定**》グループの （リハーサル）をクリックします。

②リハーサルが開始され、画面の左上に《**記録中**》ツールバーが表示されます。

③スライド1のタイトルを読み上げて、クリックします。

④各スライドのタイトルを読み上げながら、スライドショーを最後まで実行します。

⑤スライドショーが終了すると、メッセージが表示されます。

⑥所要時間を確認し、《**はい**》をクリックします。

※Enter や→などキーボードのキーを使ってスライドを切り替えると、マウスポインターが表示されなくなる場合があります。その場合は、Enterを押して《はい》を選択します。

⑦リハーサルが終了します。

※スライドショーを実行し、記録したタイミングでスライドが自動的に切り替わることを確認しておきましょう。

4　スライドショーの記録のオプションを設定する

**解説**　■スライドショーの録画

スライドショーの様子を録画することができます。スライドショーを録画すると、スライドの切り替えやアニメーションのタイミングなどが保存されます。

パソコン内蔵や外付けのカメラやマイクを使って、発表者が話す様子や音声も録画できます。音声はナレーションとしても利用できます。

操作　◆《スライドショー》タブ→《設定》グループの  （このスライドから録画）

■スライドショーの録画画面の構成

スライドショーの録画画面の各部の名称と役割は、次のとおりです。

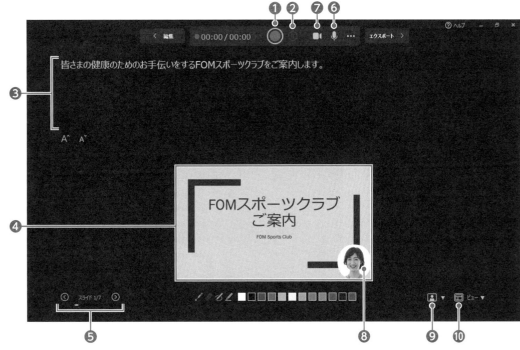

❶ 🔘（記録を開始）

3秒のカウントダウン後、録画を開始します。
※録画中は🔘（記録を停止します）に変わります。

❷ ⏸（記録を一時停止します）

録画を中断します。
※一時停止中は▶（記録を再開します）に変わります。

❸ ノート

ノートを表示します。カメラ目線でノートが確認できます。
※お使いの環境によっては、ノートの表示位置が異なる場合があります。

❹ スライド

現在表示されているスライドです。

❺ 🔘（前のスライドに戻る）／🔘（次のスライドを表示）

前のスライドや次のスライドを表示します。
※🔘（前のスライドに戻る）は録画中は利用できません。

❻ 🎤（マイクをオンにする／マイクをオフにする）

マイクを使った録音のオンとオフを切り替えます。オフにすると、ボタンに斜線が表示されます。

❼ 📹（カメラを有効にする／カメラを無効にする）

カメラを使った録画のオンとオフを切り替えます。オフにすると、ボタンに斜線が表示されます。

❽ カメラのプレビュー

カメラを有効にすると、映像が表示されます。

❾ 🖼▼（カメラモードの選択）

映像の背景を表示したり、ぼかしたりします。

❿ 🔲 ビュー▼（ビューの選択）

録画画面のビューを切り替えます。初期の設定では「テレプロンプター」のビューが選択されています。

Lesson 1-13

 プレゼンテーション「Lesson1-13」を開いておきましょう。

次の操作を行いましょう。

(1) スライドショーを録画してください。スライドショーは、カメラとマイクをオンにし、スライド1から各スライドのノートを読み上げて最後まで実行します。ビデオには、エクスポートしないで終了します。

Lesson 1-13 Answer

🖱 その他の方法

スライドショーの録画

◆《記録》タブ→《録画》グループの (先頭から記録)／ (このスライドから録画)

◆《スライドショー》タブ→《設定》グループの (このスライドから録画)

◆画面右上の ⦿記録 (記録)

(1)

① 《スライドショー》タブ→《設定》グループの (このスライドから録画) の →《先頭から》をクリックします。

② スライドショーの録画画面が表示されます。

※《魅力的なプレゼンテーションをいつでも配信する》が表示された場合は、閉じておきましょう。

③ カメラとマイクがオンになっていることを確認し、 (記録を開始) をクリックします。

④ 3秒のカウントダウンの後、録画が開始されます。

⑤ スライド1のノートを読み上げて、 (次のスライドを表示) をクリックします。

求められるスキル

出題範囲1

出題範囲2

出題範囲3

出題範囲4

出題範囲5

確認問題 標準解答

Point

カメオ

「カメオ」を使うと、スライドにカメラの映像を表示する枠を挿入できます。枠には、円以外に四角形や六角形などのスタイルを適用できます。
カメオには、スライドショー中の映像をリアルタイムで表示できます。発表者の顔を出してプレゼンテーションを実施する場合などに便利です。
カメオを挿入する方法は、次のとおりです。

◆《挿入》タブ→《カメラ》グループの（カメオの挿入）
※お使いの環境によっては、ボタンがと表示される場合があります。

カメオ

> スライドショーでカメラをオンにすると映像が表示される

Point

ビデオにエクスポート

❶ファイル名
ビデオのファイル名を指定します。

❷参照
ビデオの保存先を指定します。

❸ビデオのエクスポート
録画したスライドショーをビデオとしてエクスポートします。

❹エクスポートのカスタマイズ
エクスポートの画面を表示して、ビデオを作成します。
※ビデオの作成については、P.95を参照してください。

Point

録画のクリア

再度録画する場合は、前に録画した内容を削除する必要があります。
録画した内容を削除する方法は、次のとおりです。

◆《記録》タブ→《編集》グループの（録画をクリア）→《現在のスライドのレコーディングをクリア》／《すべてのスライドのレコーディングをクリア》

---

⑥スライド2が表示されます。

⑦同様に、各スライドのノートを読み上げながら、スライドショーを最後まで実行します。

⑧ 🔘 (ビデオのエクスポートに進む) をクリックします。

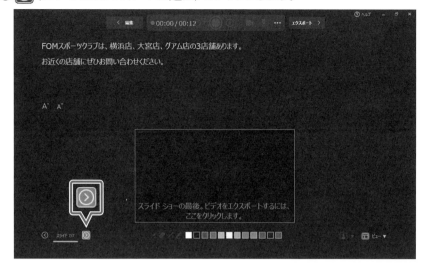

⑨《ビデオにエクスポート》が表示されます。

⑩ 終了 > (プレゼンテーションを編集する) をクリックします。

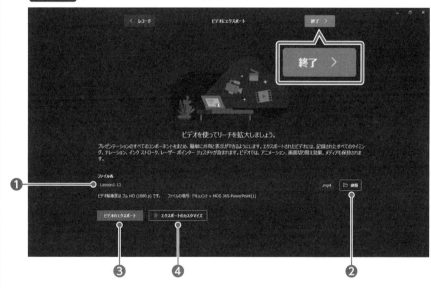

⑪メッセージを確認し、《終了》をクリックします。

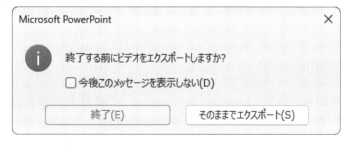

⑫スライドショーの記録が終了し、標準の表示に戻ります。

5 発表者ツールを使用してスライドショーを発表する

📖✎ **解 説** ■発表者ツールの使用

「発表者ツール」は、パソコンにプロジェクターや外部モニターを接続して、プレゼンテーションを実施するような場合に使用します。出席者が見るスクリーンや画面にはスライドショーが表示され、発表者が見る画面には発表者ツールが表示されます。
発表者ツールには、ノートやスライドショーの経過時間などが表示されます。出席者が見るスライドショーには表示されないため、発表者だけがプレゼンテーションを実施しながら確認できます。

操作 ◆《スライドショー》タブ→《モニター》グループの《☑発表者ツールを使用する》

☑ 発表者ツールを使用する

■発表者ツールの画面構成

発表者ツールの各部の名称と役割は、次のとおりです。

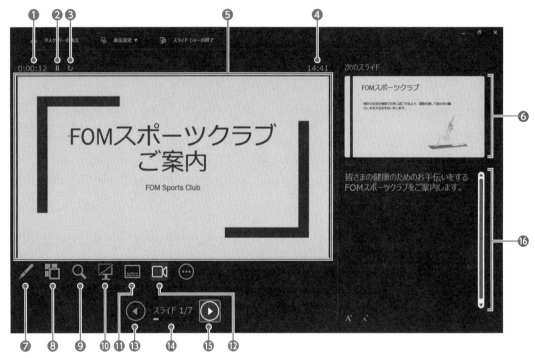

❶タイマー

スライドショーの経過時間が表示されます。

❷ ⏸ (タイマーを停止します)

タイマーのカウントを一時的に停止します。
※一時停止中は ▶ (タイマーを再開します) に変わります。

❸ ↻ (タイマーを再スタートします)

タイマーをリセットして、「0:00:00」に戻します。

❹現在の時刻

現在の時刻が表示されます。

❺現在のスライド

スクリーンに表示されているスライドです。

❻次のスライド

次に表示されるスライドです。

❼ ✒ (ペンとレーザーポインターツール)

ペンや蛍光ペンを使って、スライドに書き込みできます。
※ペンや蛍光ペンを解除するには、Escを押します。

❽ ⊞ (すべてのスライドを表示します)

すべてのスライドを一覧で表示します。
※一覧から元の画面に戻るには、Escを押します。

❾ 🔍 (スライドを拡大します)

スクリーンにスライドの一部を拡大して表示します。
※拡大した画面から元の画面に戻るには、Escを押します。

⑩ 🖼（スライドショーをカットアウト/カットイン（ブラック）します）

画面を黒くして、表示中のスライドを一時的に非表示にします。
※黒い画面から元の画面に戻るには、[Esc]を押します。

⑪ 🖥（字幕の切り替え）

マイクを使ってスライドに字幕を表示します。

⑫ 🎥（カメラの切り替え）

スライドにカメオが挿入されている場合、カメラのオンとオフを切り替えます。

⑬ ◀（前のアニメーションまたはスライドに戻る）

前のアニメーションやスライドを表示します。

⑭ スライド番号

現在のスライドのスライド番号とすべてのスライドの枚数が表示されます。
クリックすると、すべてのスライドを一覧で表示します。
※一覧から元の画面に戻るには、[Esc]を押します。

⑮ ▶（次のアニメーションまたはスライドに進む）

次のアニメーションやスライドを表示します。

⑯ ノート

ノートを表示します。

Lesson 1-14

 プレゼンテーション「Lesson1-14」を開いておきましょう。

パソコンにプロジェクターまたは外付けモニターを接続して、次の操作を行いましょう。

(1) 発表者ツールを使って、スライド1からスライドショーを実行してください。
※環境がない場合は操作できません。操作手順を確認しておきましょう。

Lesson 1-14 Answer

🖱 **その他の方法**

発表者ツールの使用

◆《スライドショー》タブ→《設定》グループの 🖥（スライドショーの設定）→《複数モニター》の《☑発表者ツールの使用》

🖱 **その他の方法**

スライド1からスライドショーを実行

◆スライド1を選択→《スライドショー》タブ→《スライドショーの開始》グループの 🖥（このスライドから開始）
◆《スライドショー》タブ→《スライドショーの開始》グループの 🖥（先頭から開始）
◆[F5]

(1)

①《スライドショー》タブ→《モニター》グループの《発表者ツールを使用する》を ☑ にします。

②スライド1を選択します。

③ステータスバーの 🖥（スライドショー）をクリックします。

④プロジェクターまたは外付けモニターにスライドショーが表示され、パソコンに発表者ツールが表示されます。

⑤▶（次のアニメーションまたはスライドに進む）をクリックします。

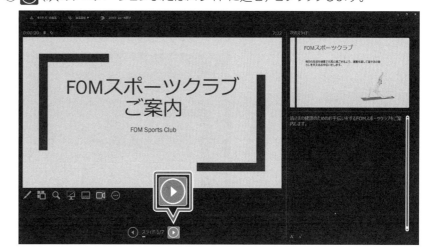

⑥次のスライドが表示されます。

⑦スライドショーを最後まで実行します。
※《発表者ツール》の設定を元に戻しておきましょう。

求められるスキル

出題範囲1

出題範囲2

出題範囲3

出題範囲4

出題範囲5

確認問題 標準解答

Lesson 1-15

 プレゼンテーション「Lesson1-15」を開いておきましょう。

🔆Hint

プロジェクターまたは外付けモニターがない環境で、発表者ツールを表示するには、スライドショーの実行中にスライドを右クリック→《発表者ツールを表示》をクリックします。

パソコンにプロジェクターまたは外付けモニターが接続されていない状態で、次の操作を行いましょう。

(1) 発表者ツールを使って、スライドショーを実行してください。スライド1から各スライドのノートを読み上げて実行し、スライド7の「横浜店」をペンで囲みます。ペンで書き込んだ内容は保持します。

Lesson 1-15 Answer

(1)

① スライド1を選択します。

② ステータスバーの 🖵 （スライドショー）をクリックします。

③ スライドショーが実行され、スライド1が画面全体に表示されます。

④ スライドを右クリックします。

⑤ 《発表者ツールを表示》をクリックします。

⑥ 発表者ツールが表示されます。

⑦ スライド1のノートを読み上げて、▶ （次のアニメーションまたはスライドに進む）をクリックします。

その他の方法

ペンの利用

◆スライドを右クリック→《ポインターオプション》→《ペン》

⑧同様に、各スライドのノートを読み上げながら、スライド7を表示します。

⑨ ✎ (ペンとレーザーポインターツール) をクリックします。

⑩《ペン》をクリックします。

※マウスポインターの形が・に変わります。

⑪「横浜店」の周囲をドラッグします。

⑫ [Esc] を押して、ペンを解除します。

※マウスポインターの形が 🖰 に戻ります。

⑬スライドショーを最後まで実行します。

⑭メッセージを確認し、《保持》をクリックします。

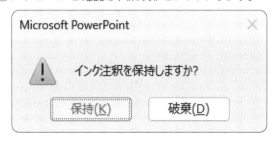

⑮発表者ツールが閉じられ、標準の表示に戻ります。

❶ Point

インク注釈

ペンで書き込んだ内容は、「インク注釈」としてスライドに保持できます。インク注釈を保持しておくと、再度、スライドショーを実行したときに、同じ書き込みを利用できます。
保持したインク注釈は、図形などのオブジェクトと同様に、[Delete] で削除できます。

4 スライド、配布資料、ノートのマスターを変更する

☑ 理解度チェック	習得すべき機能	参照Lesson	学習前	学習後	試験直前
■スライドマスターにテーマや背景のスタイルを適用できる。	➡Lesson1-16	☑	☑	☑
■スライドマスターを編集できる。	➡Lesson1-17	☑	☑	☑
■スライドマスターのレイアウトを編集できる。	➡Lesson1-18	☑	☑	☑
■スライドマスターにレイアウトを作成できる。	➡Lesson1-19	☑	☑	☑
■スライドマスターのレイアウトを複製できる。	➡Lesson1-20	☑	☑	☑
■配布資料マスターを編集できる。	➡Lesson1-21	☑	☑	☑
■ノートマスターを編集できる。	➡Lesson1-22	☑	☑	☑

1 スライドマスターのテーマや背景の要素を変更する

 **解説**

■スライドマスター

「スライドマスター」とは、プレゼンテーション内のすべてのスライドのもとになるデザインです。スライドマスターには、タイトルや箇条書きなどの文字の書式、プレースホルダーの位置やサイズ、背景のデザインなどが含まれます。

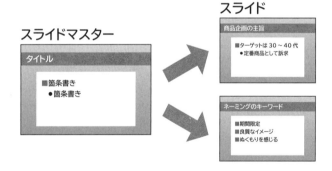

■スライドマスターの構成要素

スライドマスターは、すべてのスライドを管理するマスターと、レイアウトごとに管理するマスターから構成されています。

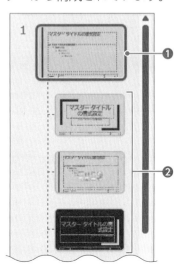

❶全スライド共通のスライドマスター

すべてのスライドのデザインを管理します。これを編集すると、基本的にプレゼンテーション内のすべてのスライドに変更が反映されます。
単に**「スライドマスター」**ともいいます。

❷各レイアウトのスライドマスター

スライドのレイアウトごとにデザインを管理します。
これを編集すると、そのレイアウトが適用されているスライドだけに変更が反映されます。
「レイアウトマスター」ともいいます。

■ スライドマスターの編集

すべてのスライドで共通してタイトルのフォントサイズを変更したい場合や、すべてのスライドに会社のロゴを挿入したい場合に、スライドを1枚ずつ修正していると時間がかかったり、スライドによってずれが生じたりしてしまいます。全スライド共通のスライドマスターを編集すれば、すべてのスライドのデザインを一括して変更できます。
スライドマスターを編集する手順は、次のとおりです。

❶ スライドマスター表示に切り替える

スライドマスター表示に切り替えるには、《表示》タブ→《マスター表示》グループの ▤（スライドマスター表示）を使います。

❷ スライドマスターを選択する

サムネイルの一番上のスライドマスターを選択します。

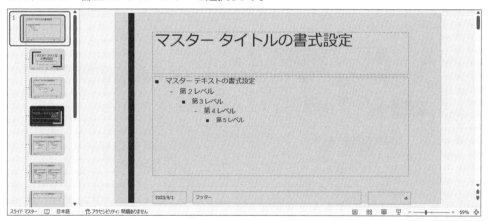

❸ スライドマスターを編集する

スライドマスターのテーマや背景を設定したり、「マスタータイトルの書式設定」や「マスターテキストの書式設定」などのプレースホルダーを選択して書式を設定したりします。また、プレースホルダーの位置やサイズを変更したり、図形や画像を挿入したりします。

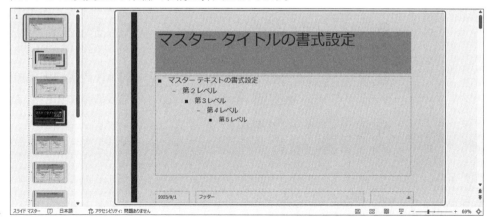

❹ スライドマスター表示を閉じる

スライドマスター表示を閉じるには、《スライドマスター》タブ→《閉じる》グループの ⊠（マスター表示を閉じる）を使います。

求められるスキル

出題範囲1

出題範囲2

出題範囲3

出題範囲4

出題範囲5

確認問題 標準解答

 **解説** ■テーマの適用

「**テーマ**」とは、色、フォント、効果、背景のスタイルなどのデザインを組み合わせたものです。スライドマスターにテーマを適用すると、すべてのスライドのデザインが変更されます。

操作 ◆《スライドマスター》タブ→《テーマの編集》グループ→ （テーマ）

■テーマのカスタマイズ

適用されているテーマの色やフォント、効果、背景のスタイルをカスタマイズできます。

操作 ◆《スライドマスター》タブ→《背景》グループのボタン

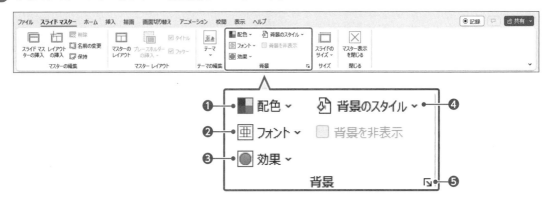

❶ ■配色 ～ （テーマの色）
テーマの色を変更します。

❷ 亜 フォント ～ （テーマのフォント）
テーマのフォントを変更します。

❸ ● 効果 ～ （テーマの効果）
テーマの効果を変更します。

❹ 背景のスタイル ～ （背景のスタイル）
テーマの背景を変更します。

❺ ［↘］（背景の書式設定）
《背景の書式設定》作業ウィンドウを表示します。背景の色を変更したり、背景にグラデーションやパターン、画像を設定したりできます。

Lesson 1-16

OPEN プレゼンテーション「Lesson1-16」を開いておきましょう。

次の操作を行いましょう。
(1) スライドマスターに、テーマ「イオン」を適用してください。次に、テーマの色を「青」に変更してください。
(2) スライドマスターに、背景のスタイル「スタイル2」を適用してください。

求められるスキル

出題範囲1

出題範囲2

出題範囲3

出題範囲4

出題範囲5

確認問題 標準解答

その他の方法

スライドマスター表示

◆ [Shift] を押しながら、ステータス
バーの □ (標準) をクリック

！ Point

スライドマスターの種類の確認

サムネイルの一覧をポイントすると、
「名前 スライドマスターの種類：適用
されているスライド」がポップヒント
で表示されます。確認してから選択
するようにしましょう。

(1)

①《表示》タブ→《マスター表示》グループの 🗔 (スライドマスター表示) をクリックし
ます。

②スライドマスター表示に切り替わります。

③サムネイルの一覧から《Officeテーマ スライドマスター：スライド1-4で使用され
る》(上から1番目) を選択します。

④《スライドマスター》タブ→《テーマの編集》グループの 🗔 (テーマ) →《Office》の
《イオン》をクリックします。

※一覧に《イオン》が複数表示されている場合は、どちらを選択してもかまいません。

⑤テーマが適用されます。

⑥《スライドマスター》タブ→《背景》グループの ■配色▾ (テーマの色) →《青》をク
リックします。

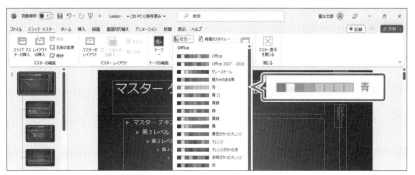

⑦テーマの色が変更されます。

(2)

①サムネイルの一覧から《**イオン スライドマスター：スライド1-4で使用される**》（上から1番目）が選択されていることを確認します。

※設定したテーマに合わせて、先頭の名前が変更されます。

②《**スライドマスター**》タブ→《**背景**》グループの 背景のスタイル ▼ （背景のスタイル）→《**スタイル2**》をクリックします。

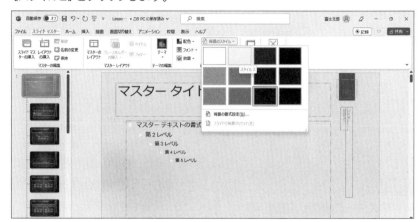

③背景のスタイルが適用されます。

④《**スライドマスター**》タブ→《**閉じる**》グループの （マスター表示を閉じる）をクリックします。

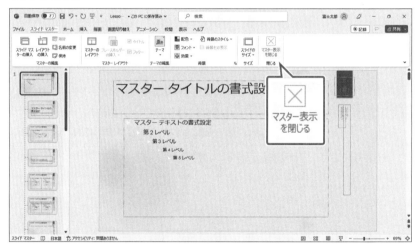

⑤スライドマスター表示が閉じられ、標準の表示に戻ります。

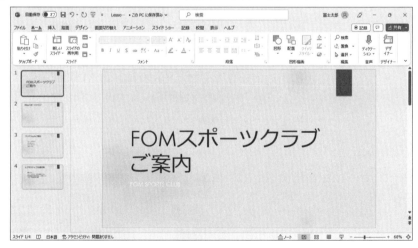

※スライドマスターで設定したテーマ、テーマの色、背景のスタイルが、スライドに反映していることを確認しておきましょう。

⚠ Point

スライドマスターへの画像の挿入

スライドマスターに会社のロゴなどの画像を挿入すると、すべてのスライドに同じ画像を表示できます。
スライドマスターで挿入した画像は、スライド上ではサイズや位置の変更、削除などはできません。

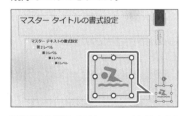

※画像の挿入方法については、P.144を参照してください。

 **解説** ■ スライドマスターの書式の変更

スライドマスターに配置されているプレースホルダーや図形、背景などの書式を変更すると、すべてのスライドの書式を一括で変更できます。

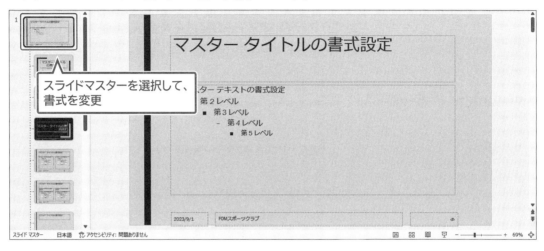

■ スライドマスターのコンテンツの表示／非表示

スライドマスターに配置されている「**タイトル**」「**テキスト（箇条書き）**」「**日付**」「**スライド番号**」「**フッター**」のプレースホルダーの表示／非表示を切り替えます。

操作 ◆《スライドマスター》タブ→《マスターレイアウト》グループの [マスターのレイアウト]（マスターのレイアウト）

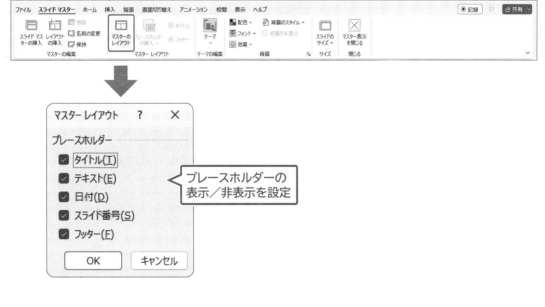

求められるスキル

出題範囲1

出題範囲2

出題範囲3

出題範囲4

出題範囲5

確認問題 標準解答

48

Lesson 1-17

 プレゼンテーション「Lesson1-17」を開いておきましょう。

次の操作を行いましょう。

(1) スライドマスターのタイトルに、太字、文字の影を設定してください。

(2) スライドマスターの左側の図形に、塗りつぶしの色「濃い緑、アクセント4」を設定してください。

(3) スライドマスターの日付を非表示にし、フッターを表示してください。次に、フッターのフォントサイズを「18」、フォントの色を「黒、テキスト1」に変更してください。

Lesson 1-17 Answer

(1)

① 《**表示**》タブ→《**マスター表示**》グループの（スライドマスター表示）をクリックします。

② スライドマスター表示に切り替わります。

③ サムネイルの一覧から《**トリミング スライドマスター：スライド1-4で使用される**》（上から1番目）を選択します。

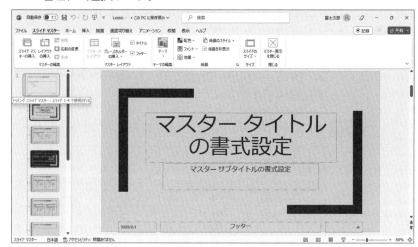

④ タイトルのプレースホルダーを選択します。

※ プレースホルダー内をクリックし、枠線をクリックします。

⑤ 《**ホーム**》タブ→《**フォント**》グループの B （太字）をクリックします。

⑥ 《**ホーム**》タブ→《**フォント**》グループの S （文字の影）をクリックします。

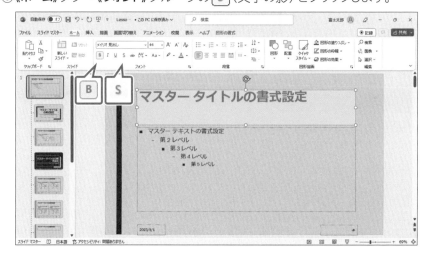

⑦ タイトルの書式が変更されます。

(2)

① サムネイルの一覧から《トリミング スライドマスター：スライド1-4で使用される》（上から1番目）が選択されていることを確認します。

② 左側の図形を選択します。

③ 《図形の書式》タブ→《図形のスタイル》グループの 図形の塗りつぶし ▾ （図形の塗りつぶし）→《テーマの色》の《濃い緑、アクセント4》をクリックします。

④ 図形の色が変更されます。

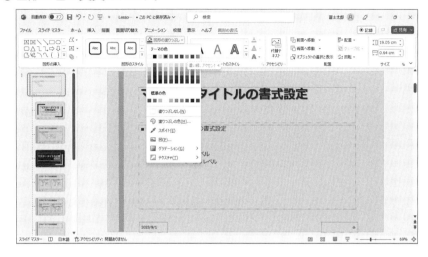

(3)

① サムネイルの一覧から《トリミング スライドマスター：スライド1-4で使用される》（上から1番目）が選択されていることを確認します。

② 《スライドマスター》タブ→《マスターレイアウト》グループの 🔲 （マスターのレイアウト）をクリックします。

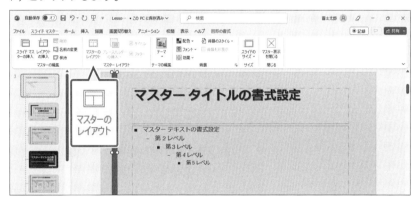

③ 《マスターレイアウト》ダイアログボックスが表示されます。

④ 《日付》を ☐ にします。

⑤ 《フッター》を ✓ にします。

⑥ 《OK》をクリックします。

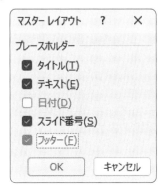

! Point

マスターのレイアウト

🔲 （マスターのレイアウト）を使うには、サムネイルの一覧の一番上のスライドマスターを選択しておく必要があります。

🖱 その他の方法

スライドマスターのプレースホルダーの非表示

◆ スライドマスターを表示→プレースホルダーを選択→ Delete

求められるスキル

出題範囲1

出題範囲2

出題範囲3

出題範囲4

出題範囲5

確認問題 標準解答

⑦日付が非表示になり、フッターが表示されます。

⑧フッターのプレースホルダーを選択します。

⑨《ホーム》タブ→《フォント》グループの 12 ▾ （フォントサイズ）の ▾ →《18》をクリックします。

⑩《ホーム》タブ→《フォント》グループの A ▾ （フォントの色）の ▾ →《黒、テキスト1》をクリックします。

⑪フッターの書式が変更されます。

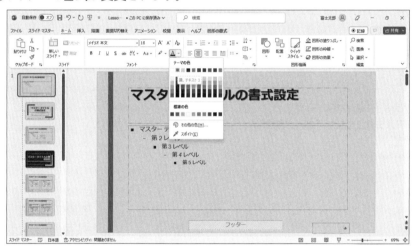

⑫《スライドマスター》タブ→《閉じる》グループの （マスター表示を閉じる）をクリックします。

⑬スライドマスター表示が閉じられ、標準の表示に戻ります。

※すべてのスライドのタイトルに、太字と文字の影が設定されていることを確認しておきましょう。

※スライド2〜4の図形の色が変更されていることを確認しておきましょう。

※（3）で設定したフッターのフォントサイズ、フォントの色は、スライドにフッターを挿入すると確認できます。フッターの挿入方法は、P.119を参照してください。

Point

スライドマスターの コンテンツの表示／非表示

スライドマスターに配置されているタイトルや日付、スライド番号、フッターなどのプレースホルダーの表示／非表示の設定は、既存のレイアウトには反映されません。次に新しいレイアウトを作成したときに反映されます。

※レイアウトの作成については、P.55を参照してください。

3　スライドのレイアウトを変更する

 解説

■レイアウトの編集

スライドマスターのレイアウトごとに、スライドのデザインを変更できます。各レイアウトに配置されているプレースホルダーや図形、背景などの書式を変更すると、同じレイアウトのスライドの書式を一括で変更できます。

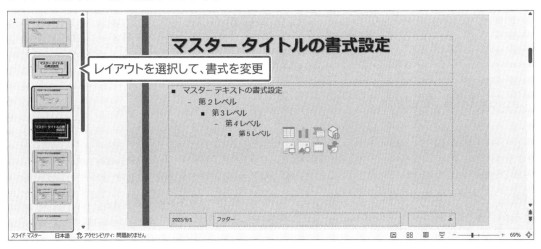

■レイアウトのコンテンツの追加

レイアウトにプレースホルダーを追加したり、配置されているプレースホルダーの表示／非表示を切り替えたりすることもできます。

操作 ◆《スライドマスター》タブ→《マスターレイアウト》グループのボタン

❶ [プレースホルダーの挿入] **（コンテンツ）**

新しいプレースホルダーを追加します。

※ボタンの絵柄やボタン名は、直前に追加したプレースホルダーの種類が表示されます。

❷タイトル

タイトルのプレースホルダーの表示／非表示を切り替えます。

❸フッター

フッターにある日付、フッター、スライド番号のプレースホルダーの表示／非表示を切り替えます。

■レイアウトの背景の変更

レイアウトごとに背景をカスタマイズできます。

操作 ◆《スライドマスター》タブ→《背景》グループのボタン

❶背景のスタイル

背景のスタイルや、背景の色などの書式を設定します。

❷背景を非表示

画像や図形などの背景グラフィックの表示／非表示を切り替えます。

Lesson 1-18

OPEN　プレゼンテーション「Lesson1-18」を開いておきましょう。

次の操作を行いましょう。

(1) スライドマスターの「タイトルのみ」レイアウトに、背景のスタイル「スタイル1」を適用してください。次に、背景グラフィックを非表示にしてください。

(2) スライドマスターの「2つのコンテンツ」レイアウトに配置されている2つのコンテンツのプレースホルダーに、図形のスタイル「枠線のみ-ベージュ、アクセント6」を適用してください。

(3) スライドマスターの「白紙」レイアウトを変更して、フッターにあるプレースホルダーを非表示にしてください。

Lesson 1-18 Answer

❗ Point

スライドマスターの表示

編集するレイアウトが適用されているスライドを選択してからスライドマスター表示に切り替えると、選択したスライドに適用されているレイアウトが表示されます。

(1)

①《**表示**》タブ→《**マスター表示**》グループの [スライドマスター] (スライドマスター表示)をクリックします。

②スライドマスター表示に切り替わります。

③サムネイルの一覧から《**タイトルのみ レイアウト：スライド2で使用される**》（上から7番目）を選択します。

④《**スライドマスター**》タブ→《**背景**》グループの [背景のスタイル ▾] (背景のスタイル)→《**スタイル1**》をクリックします。

⑤背景のスタイルが適用されます。

⑥《**スライドマスター**》タブ→《**背景**》グループの《**背景を非表示**》を ✔ にします。

⑦背景グラフィックが非表示になります。

(2)

①サムネイルの一覧から《**2つのコンテンツ レイアウト：スライド7で使用される**》（上から5番目）を選択します。

🖱 その他の方法

背景グラフィックの非表示

◆スライドマスターのレイアウトを選択→《スライドマスター》タブ→《背景》グループの [背景のスタイル ▾] (背景のスタイル)→《背景の書式設定》→《塗りつぶし》の《✔背景グラフィックを表示しない》

② 1つ目のコンテンツのプレースホルダーを選択します。

③ ⌈Shift⌋を押しながら、2つ目のコンテンツのプレースホルダーを選択します。

※ ⌈Shift⌋を使うと、複数のプレースホルダーを選択できます。

④《図形の書式》タブ→《図形のスタイル》グループの◯→《テーマスタイル》の《**枠線のみ-ベージュ、アクセント6**》をクリックします。

⑤ プレースホルダーにスタイルが適用されます。

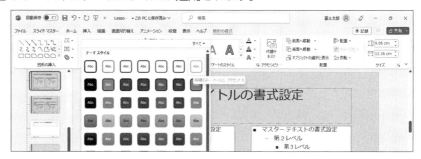

(3)

① サムネイルの一覧から《**白紙　レイアウト：どのレイアウトでも使用されない**》（上から8番目）を選択します。

② フッターにあるプレースホルダーが表示されていることを確認します。

③《**スライドマスター**》タブ→《**マスターレイアウト**》グループの《**フッター**》を◯にします。

④ フッターにあるプレースホルダーが非表示になります。

⑤《**スライドマスター**》タブ→《**閉じる**》グループの◯（マスター表示を閉じる）をクリックします。

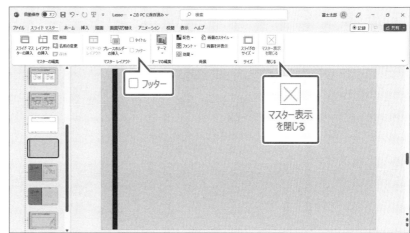

⑥ スライドマスター表示が閉じられ、標準の表示に戻ります。

※ スライド2の背景のスタイルが変更され、左側の図形が非表示になっていることを確認しておきましょう。

※ スライド7の箇条書きのプレースホルダーに、スタイルが適用されていることを確認しておきましょう。

求められるスキル

出題範囲1

出題範囲2

出題範囲3

出題範囲4

出題範囲5

確認問題 標準解答

4 | スライドのレイアウトを作成する

 解説

■ユーザー設定のレイアウトの作成

スライドマスターには、既定のレイアウトが用意されていますが、ユーザーが新しいレイアウトを作成して、追加することもできます。

スライドマスターにユーザー設定のレイアウトを作成する手順は、次のとおりです。

① スライドマスター表示に切り替える

② スライドマスターに新しいレイアウトを挿入する

スライドマスターに新しいレイアウトを挿入するには、《スライドマスター》タブ→《マスターの編集》グループの □ (レイアウトの挿入)を使います。

③ 新しいレイアウトを作成する

新しいレイアウトにプレースホルダーを挿入したり、図形や画像を挿入したりして、オリジナルのレイアウトを作成します。

プレースホルダーを挿入するには、《スライドマスター》タブ→《マスターレイアウト》グループの □ (コンテンツ)を使います。

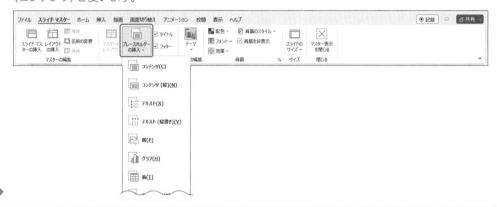

④ レイアウト名を設定する

スライドマスターに追加したレイアウトには、初期の設定で「ユーザー設定レイアウト」という名前が付けられています。

レイアウト名を設定するには、《スライドマスター》タブ→《マスターの編集》グループの □ 名前の変更 (名前の変更)を使います。

⑤ スライドマスター表示を閉じる

Lesson 1-19

 プレゼンテーション「Lesson1-19」を開いておきましょう。

次の操作を行いましょう。

(1) スライドマスターの「タイトルとコンテンツ」レイアウトの後ろに、「表とグラフ」という名前のレイアウト作成し、左側に表のプレースホルダー、右側にグラフのプレースホルダーを配置してください。プレースホルダーの詳細な位置とサイズは任意とします。

Lesson 1-19 Answer

(1)

① 《**表示**》タブ→《**マスター表示**》グループの （スライドマスター表示）をクリックします。

② スライドマスター表示に切り替わります。

③ サムネイルの一覧から《**タイトルとコンテンツ レイアウト：スライド3-4で使用される**》（上から3番目）を選択します。

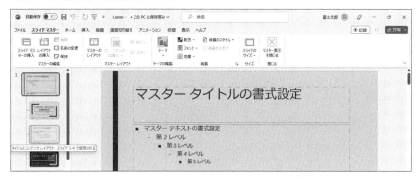

④ 《**スライドマスター**》タブ→《**マスターの編集**》グループの（レイアウトの挿入）をクリックします。

⑤ 選択しているレイアウトの後ろに、新しいレイアウトが挿入されます。

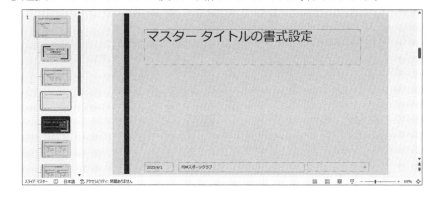

💡 その他の方法

レイアウトの挿入

◆ スライドマスター表示に切り替え→サムネイルのレイアウトを右クリック→《レイアウトの挿入》

※右クリックしたレイアウトの下に挿入されます。

求められるスキル

出題範囲1

出題範囲2

出題範囲3

出題範囲4

出題範囲5

確認問題 標準解答

⑥新しいレイアウトが選択されていることを確認します。

⑦《スライドマスター》タブ→《マスターレイアウト》グループの (コンテンツ) の → 《表》をクリックします。

※マウスポインターの形が＋に変わります。

⑧図のように、始点から終点までドラッグします。

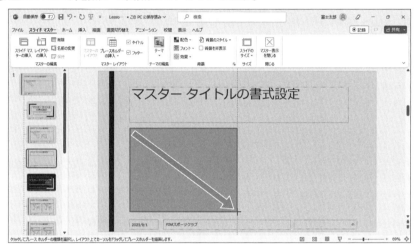

⑨表のプレースホルダーが挿入されます。

⑩《スライドマスター》タブ→《マスターレイアウト》グループの (表) の → 《グラフ》をクリックします。

※マウスポインターの形が＋に変わります。

Point

プレースホルダーの削除

◆プレースホルダーを選択→
[Delete]

⑪ 図のように、始点から終点までドラッグします。

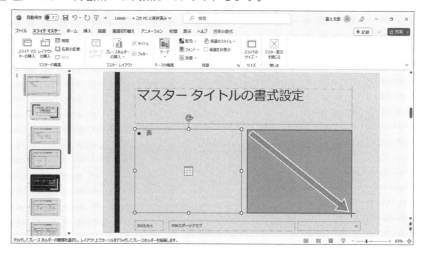

⑫ グラフのプレースホルダーが挿入されます。

⑬《スライドマスター》タブ→《マスターの編集》グループの [名前の変更] (名前の変更) をクリックします。

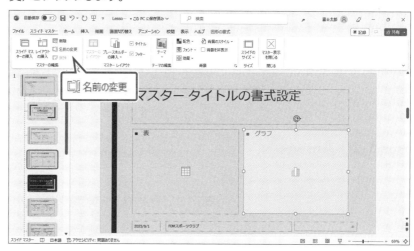

⑭《レイアウト名の変更》ダイアログボックスが表示されます。

⑮《レイアウト名》に「表とグラフ」と入力します。

⑯《名前の変更》をクリックします。

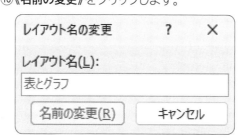

⑰《スライドマスター》タブ→《閉じる》グループの [マスター表示を閉じる] (マスター表示を閉じる) をクリックします。

⑱ スライドマスター表示が閉じられ、標準の表示に戻ります。

※《ホーム》タブ→《スライド》グループの [新しいスライド] (新しいスライド) の [新しいスライド] をクリックして、「表とグラフ」レイアウトが追加されていることを確認しておきましょう。

その他の方法

レイアウト名の変更

◆ スライドマスター表示に切り替え →サムネイルのレイアウトを右クリック→《レイアウト名の変更》

Point

レイアウトの削除

◆ スライドマスター表示に切り替え →サムネイルのレイアウトを右クリック→《レイアウトの削除》

※ スライドに適用されているレイアウトは、削除できません。

Point

作成したレイアウトの利用

作成したレイアウトは、スライドを挿入したり、レイアウトを変更したりする一覧に追加されます。

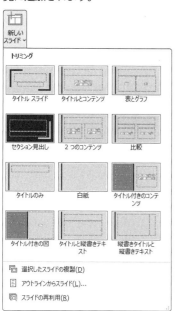

求められるスキル

出題範囲1

出題範囲2

出題範囲3

出題範囲4

出題範囲5

確認問題 標準解答

 **解説**　■レイアウトの複製

既存のレイアウトと同じようなレイアウトを作成する場合、レイアウトを複製すると効率的です。

操作　◆サムネイルのレイアウトを右クリック→《レイアウトの複製》

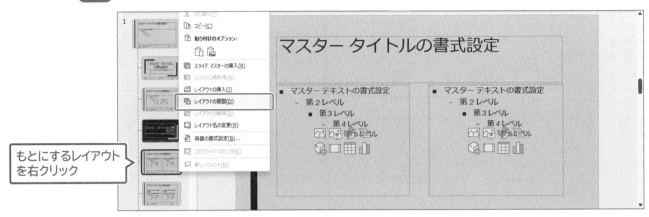

もとにするレイアウト
を右クリック

Lesson 1-20

OPEN　プレゼンテーション「Lesson1-20」を開いておきましょう。

次の操作を行いましょう。

(1) スライドマスターに、「2つのコンテンツ」レイアウトをもとに、「段落番号と箇
条書き」という名前のレイアウトを作成してください。左側に配置されている
コンテンツのプレースホルダーのマスターテキストの第1レベルを段落番号
「1.2.3.」に変更します。

Lesson 1-20 Answer

(1)

①《表示》タブ→《マスター表示》グループの （スライドマスター表示）をクリックし
ます。

②スライドマスター表示に切り替わります。

③サムネイルの一覧から《**2つのコンテンツ レイアウト：スライド7で使用される**》（上か
ら5番目）を右クリックします。

④《**レイアウトの複製**》をクリックします。

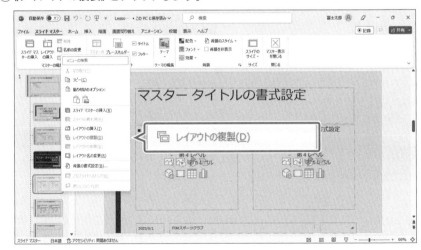

⑤レイアウトが複製されます。

⑥複製されたレイアウトが選択されていることを確認します。

⑦左側に配置されているコンテンツのプレースホルダーの《マスターテキストの書式
設定》の段落をクリックして、カーソルを表示します。

※段落内であれば、どこでもかまいません。

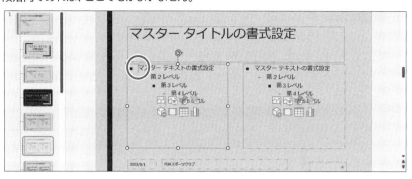

⑧《ホーム》タブ→《段落》グループの（段落番号）の→《1.2.3.》をクリック
します。

⑨マスターテキストの書式が設定されます。

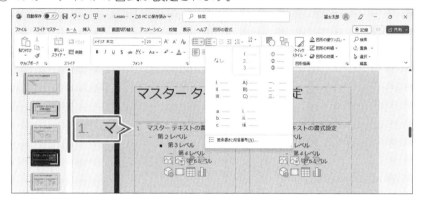

⑩《スライドマスター》タブ→《マスターの編集》グループの 名前の変更 （名前の変
更）をクリックします。

⑪《レイアウト名の変更》ダイアログボックスが表示されます。

⑫《レイアウト名》に「段落番号と箇条書き」と入力します。

⑬《名前の変更》をクリックします。

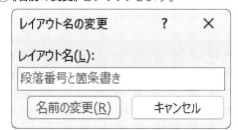

⑭《スライドマスター》タブ→《閉じる》グループの（マスター表示を閉じる）をク
リックします。

⑮スライドマスター表示が閉じられ、標準の表示に戻ります。

※《ホーム》タブ→《スライド》グループの（新しいスライド）のをクリックして、「段落番
号と箇条書き」レイアウトが追加されていることを確認しておきましょう。

求められるスキル

出題範囲1

出題範囲2

出題範囲3

出題範囲4

出題範囲5

確認問題 標準解答

5 ｜ 配布資料マスターを変更する

 解説

■配布資料マスターの編集

「**配布資料マスター**」とは、配布資料として印刷するときのデザインを管理するマスターです。
ページの向きやヘッダー、フッター、背景などを設定できます。
配布資料マスターを編集する手順は、次のとおりです。

① 配布資料マスター表示に切り替える

配布資料マスター表示に切り替えるには、《表示》タブ→《マスター表示》グループの ▦ （配布資料マスター表示）を使います。

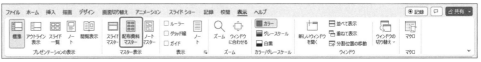

② 配布資料マスターを編集する

印刷したいイメージに合わせて、ページの向きや背景などを設定します。
ヘッダーやフッターには直接文字を入力することができます。
配布資料マスターを編集するには、《配布資料マスター》タブのボタンを使います。

③ 配布資料マスター表示を閉じる

配布資料マスター表示を閉じるには、《配布資料マスター》タブ→《閉じる》グループの ☒ （マスター表示を閉じる）を使います。

■配布資料のページ設定

配布資料のページの向きや1ページあたりのスライドの数などを設定します。

操作 ◆《配布資料マスター》タブ→《ページ設定》グループのボタン

❶ ▦ （配布資料の向き）

配布資料のページの向きを設定します。

❷ ▭ （スライドのサイズ）

スライドのサイズを変更します。
※配布資料のスライドのサイズだけでなく、プレゼンテーションのスライドのサイズが変更されます。

❸ ▦ （1ページあたりのスライド数）

配布資料に表示する1ページあたりのスライド数を設定します。

■配布資料のコンテンツの表示／非表示

配布資料に配置されているプレースホルダーの表示／非表示を切り替えます。

操作 ◆《配布資料マスター》タブ→《プレースホルダー》グループのボタン

Lesson 1-21

 プレゼンテーション「Lesson1-21」を開いておきましょう。

次の操作を行いましょう。

(1) 配布資料マスターのフッターに「FOMスポーツクラブ」を表示してください。

(2) 配布資料のページの向きを横に変更し、日付のプレースホルダーを非表示にしてください。

Lesson 1-21 Answer

(1)

①《表示》タブ→《マスター表示》グループの ▦ (配布資料マスター表示) をクリックします。

②配布資料マスター表示に切り替わります。

③フッターのプレースホルダーを選択します。

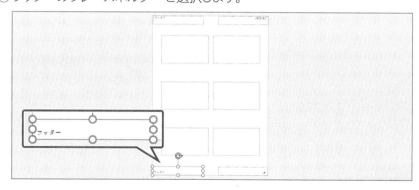

④「**FOMスポーツクラブ**」と入力します。

※フッター以外をクリックして選択を解除しておきましょう。

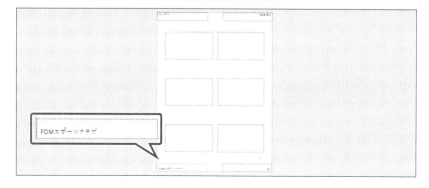

● その他の方法

フッターの入力

◆《挿入》タブ→《テキスト》グループの ▤ (ヘッダーとフッター) →《ノートと配布資料》タブ→《☑ フッター》→文字を入力

求められるスキル

出題範囲1

出題範囲2

出題範囲3

出題範囲4

出題範囲5

確認問題 標準解答

!Point

配布資料マスターの枠
配布資料マスターのページには、スライドの位置の目安となる枠が表示されています。枠の位置やサイズは変更できません。

🖱 その他の方法

配布資料マスターのプレースホルダーの非表示
◆配布資料マスターを表示→配布資料を右クリック→《配布資料マスターのレイアウト》→プレースホルダーを □ にする
◆配布資料マスターを表示→プレースホルダーを選択→ Delete

!Point

配布資料の印刷イメージ
配布資料マスターで設定した内容や、1ページあたりのスライドのレイアウトなど、実際の印刷結果を確認するには、印刷イメージを表示します。
配布資料の印刷イメージを表示する方法は、次のとおりです。
◆《ファイル》タブ→《印刷》→《フルページサイズのスライド》→《配布資料》の一覧からレイアウトを選択
例：レイアウト「3スライド」

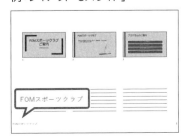

(2)

① 《**配布資料マスター**》タブ→《**ページ設定**》グループの 🔲 （配布資料の向き）→《**横**》をクリックします。

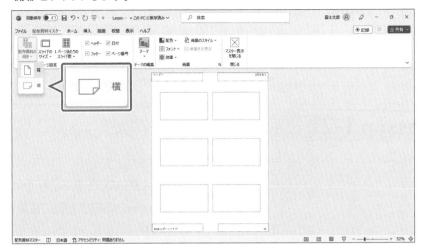

② ページの向きが変更されます。

③ 《**配布資料マスター**》タブ→《**プレースホルダー**》グループの《**日付**》を □ にします。

④ 《**日付**》のプレースホルダーが非表示になります。

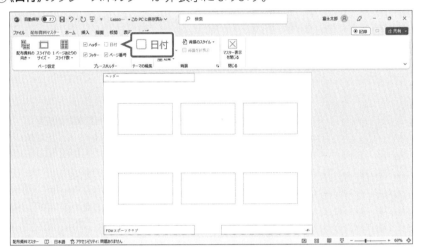

⑤ 《**配布資料マスター**》タブ→《**閉じる**》グループの 🔲 （マスター表示を閉じる）をクリックします。

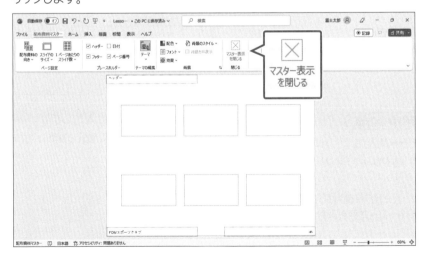

⑥ 配布資料マスター表示が閉じられ、標準の表示に戻ります。

※印刷イメージで、編集した内容を確認しておきましょう。

6 ノートマスターを変更する

解説 ■ノートマスターの編集

「**ノートマスター**」とは、ノートとして印刷するときのデザインを管理するマスターです。ページ
の向きやヘッダー、フッター、背景などを設定できます。
ノートマスターを編集する手順は、次のとおりです。

❶ ノートマスター表示に切り替える

ノートマスター表示に切り替えるには、《表示》タブ→《マスター表示》グループの ![ノートマスター] (ノートマスター
表示) を使います。

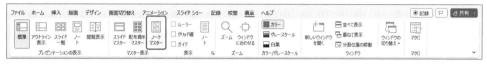

❷ ノートマスターを編集する

印刷したいイメージに合わせて、ページの向きや背景などを設定します。
ヘッダーやフッターには直接文字を入力したり、書式を設定したりできます。
ノートマスターを編集するには、《ノートマスター》タブのボタンを使います。

❸ ノートマスター表示を閉じる

ノートマスター表示を閉じるには、《ノートマスター》タブ→《閉じる》グループの ![マスター表示を閉じる] (マスター表示を
閉じる) を使います。

Lesson 1-22

 プレゼンテーション「Lesson1-22」を開いておきましょう。

次の操作を行いましょう。

(1) ノートマスターの本文のプレースホルダーを「黒、テキスト1」の枠線で囲んで
ください。次に、ページ番号のフォントサイズを「24」に変更してください。

Lesson 1-22 Answer

(1)

①《**表示**》タブ→《**マスター表示**》グループの ![ノートマスター] (ノートマスター表示)をクリックします。

求められるスキル

出題範囲1

出題範囲2

出題範囲3

出題範囲4

出題範囲5

確認問題 標準解答

! Point

《ノートマスター》タブ

❶ （ノートのページの向き）
ノートのページの向きを設定します。

❷ 《プレースホルダー》グループ
□ にすると、それぞれのプレースホルダーが非表示になります。

② ノートマスター表示に切り替わります。

③ 本文のプレースホルダーを選択します。

④ 《図形の書式》タブ→《図形のスタイル》グループの 図形の枠線 ✓ （図形の枠線）→
《テーマの色》の《黒、テキスト1》をクリックします。

⑤ 本文のプレースホルダーが枠線で囲まれます。

⑥ ページ番号のプレースホルダーを選択します。

※ページ番号のプレースホルダーには「<#>」が表示されています。

⑦ 《ホーム》タブ→《フォント》グループの 12 ✓ （フォントサイズ）の ✓ →《24》をクリックします。

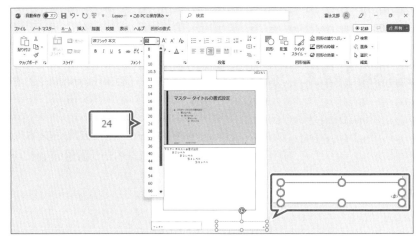

⑧ ページ番号のフォントサイズが変更されます。

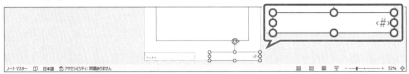

⑨ 《ノートマスター》タブ→《閉じる》グループの （マスター表示を閉じる）をクリックします。

⑩ ノートマスター表示が閉じられ、標準の表示に戻ります。

※印刷イメージで、設定した内容を確認しておきましょう。

! Point

ノートの印刷イメージ

ノートマスターで設定した内容を確認するには、ノートの印刷イメージを表示します。
ノートの印刷イメージを表示する方法は、次のとおりです。

◆《ファイル》タブ→《印刷》→《フルページサイズのスライド》→《印刷レイアウト》の《ノート》

5

共同作業と配付のためにプレゼンテーションを準備する

 理解度チェック

習得すべき機能	参照Lesson	学習前	学習後	試験直前
■プレゼンテーションを最終版にできる。	➡Lesson1-23	☑	☑	☑
■プレゼンテーションを常に読み取り専用として開くように設定できる。	➡Lesson1-24	☑	☑	☑
■プレゼンテーションをパスワードで保護できる。	➡Lesson1-25	☑	☑	☑
■ドキュメント検査を実行できる。	➡Lesson1-26	☑	☑	☑
■アクセシビリティチェックを実行できる。	➡Lesson1-27	☑	☑	☑
■読み上げ順序を変更できる。	➡Lesson1-28	☑	☑	☑
■互換性チェックを実行できる。	➡Lesson1-29	☑	☑	☑
■コメントを挿入できる。	➡Lesson1-30	☑	☑	☑
■コメントを確認して、返信できる。	➡Lesson1-31	☑	☑	☑
■コメントを削除したり、解決したりできる。	➡Lesson1-31	☑	☑	☑
■プレゼンテーション内のビデオやオーディオを圧縮できる。	➡Lesson1-32	☑	☑	☑
■プレゼンテーションにフォントを埋め込むように設定できる。	➡Lesson1-33	☑	☑	☑
■プレゼンテーションをもとにPDFファイルやXPSファイルを作成できる。	➡Lesson1-34	☑	☑	☑
■プレゼンテーションをもとにビデオを作成できる。	➡Lesson1-35	☑	☑	☑
■プレゼンテーションをもとにWord文書を作成できる。	➡Lesson1-36	☑	☑	☑

1　編集を制限する

解説　■最終版にする

プレゼンテーションを最終版にすると、プレゼンテーションが読み取り専用になり、内容を変更できなくなります。プレゼンテーションが完成して、これ以上変更を加えない場合は、最終版にしておくと、内容が書き換えられることを防止できます。

操作 ◆《ファイル》タブ→《情報》→《プレゼンテーションの保護》→《最終版にする》

Lesson 1-23

 プレゼンテーション「Lesson1-23」を開いておきましょう。

次の操作を行いましょう。
(1) プレゼンテーションを最終版として保存してください。

Lesson 1-23 Answer

(1)

①《ファイル》タブを選択します。

②《情報》→《プレゼンテーションの保護》→《最終版にする》をクリックします。

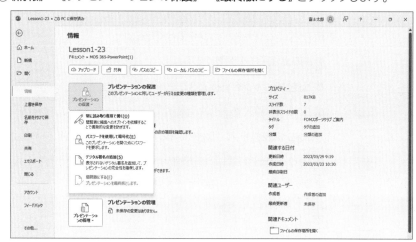

③メッセージを確認し、《OK》をクリックします。

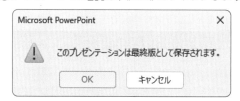

④メッセージを確認し、《OK》をクリックします。

⑤プレゼンテーションが最終版として上書き保存されます。

⑥《最終版》のメッセージバーが表示され、タイトルバーに《読み取り専用》が表示されます。

! Point

最終版のプレゼンテーションの編集

最終版にしたプレゼンテーションを編集できる状態に戻すには、メッセージバーの《編集する》をクリックします。

 **解説** ■プレゼンテーションを常に読み取り専用で開く

プレゼンテーションを読み取り専用で開くように設定すると、閲覧者が誤って内容を書き換えたり文字を削除したりすることを防止できます。

操作 ◆《ファイル》タブ→《情報》→《プレゼンテーションの保護》→《常に読み取り専用で開く》

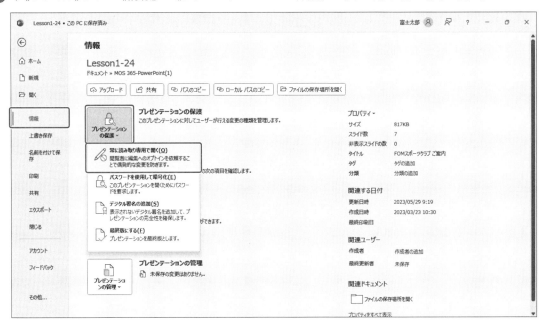

求められるスキル

出題範囲1

出題範囲2

出題範囲3

出題範囲4

出題範囲5

確認問題 標準解答

Lesson 1-24

 プレゼンテーション「Lesson1-24」を開いておきましょう。

次の操作を行いましょう。

(1) プレゼンテーションを常に読み取り専用で開くように設定してください。
次に、「Lesson1-24読み取り専用」と名前を付けて、フォルダー「MOS 365-PowerPoint(1)」に保存してください。

(2) プレゼンテーション「Lesson1-24読み取り専用」を閉じて、再度開いてください。

Lesson 1-24 Answer

(1)

①《ファイル》タブを選択します。

②《情報》→《プレゼンテーションの保護》→《常に読み取り専用で開く》をクリックします。

③読み取り専用に設定されます。

④《名前を付けて保存》→《参照》をクリックします。

名前を付けて保存

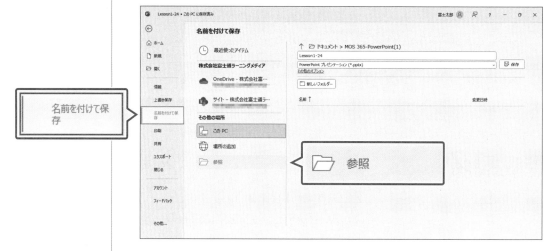

⑤《名前を付けて保存》ダイアログボックスが表示されます。

⑥フォルダー「MOS 365-PowerPoint（1）」を開きます。

※《ドキュメント》→「MOS 365-PowerPoint（1）」を選択します。

⑦ファイル名に「Lesson1-24読み取り専用」と入力します。

⑧《保存》をクリックします。

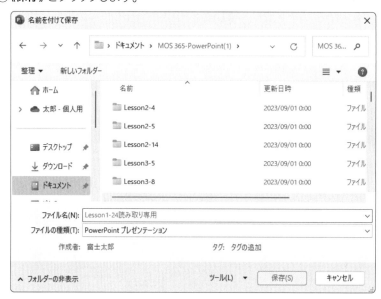

⑨プレゼンテーションが保存されます。

(2)

①《ファイル》タブを選択します。

②《閉じる》をクリックします。

③プレゼンテーションが閉じられます。

④《ファイル》タブを選択します。

⑤《開く》→《参照》をクリックします。

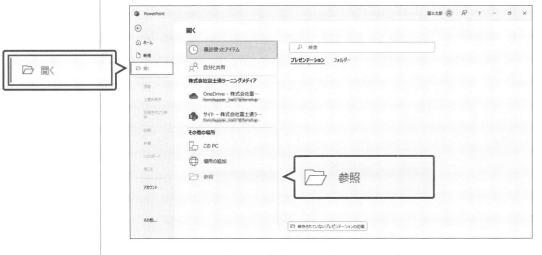

⑥《ファイルを開く》ダイアログボックスが表示されます。

⑦フォルダー「MOS 365-PowerPoint(1)」を開きます。

※《ドキュメント》→「MOS 365-PowerPoint(1)」を選択します。

⑧一覧から「Lesson1-24読み取り専用」を選択します。

⑨《開く》をクリックします。

⑩プレゼンテーションが読み取り専用で開かれます。

⑪《読み取り専用》のメッセージバーが表示され、タイトルバーに《読み取り専用》が表示されます。

🤚 Point

読み取り専用の解除

読み取り専用に設定したプレゼンテーションには、《読み取り専用》のメッセージバーが表示されます。メッセージバーの《編集する》をクリックすると、読み取り専用が解除されます。

求められるスキル

出題範囲1

出題範囲2

出題範囲3

出題範囲4

出題範囲5

確認問題 標準解答

2 パスワードを使用してプレゼンテーションを保護する

解説 ■パスワードを使用して暗号化

プレゼンテーションをパスワードで保護すると、プレゼンテーションを開くときにパスワードの入力が求められます。パスワードを知っているユーザーしかプレゼンテーションを開くことができなくなるので、機密性を高めることができます。

操作 ◆《ファイル》タブ→《情報》→《プレゼンテーションの保護》→《パスワードを使用して暗号化》

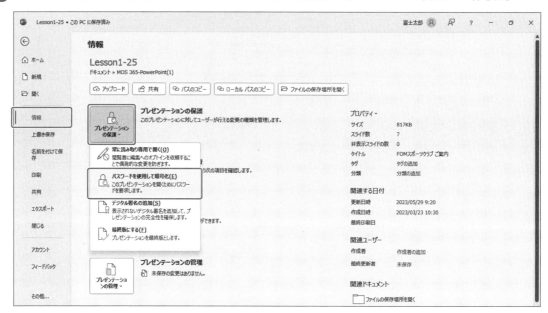

Lesson 1-25

 プレゼンテーション「Lesson1-25」を開いておきましょう。

次の操作を行いましょう。

(1) 開いているプレゼンテーションにパスワード「password」を付けて暗号化してください。次に、プレゼンテーションに「Lesson1-25パスワード保護」と名前を付けて、フォルダー「MOS 365-PowerPoint(1)」に保存してください。

(2) プレゼンテーション「Lesson1-25パスワード保護」を一度閉じて、再度開いてください。

Lesson 1-25 Answer

その他の方法

パスワードの設定

◆《ファイル》タブ→《名前を付けて保存》→《参照》→《ツール》→《全般オプション》→《読み取りパスワード》にパスワードを入力→《OK》→《読み取りパスワードをもう一度入力してください》にパスワードを入力→《OK》→《保存》

(1)

①《ファイル》タブを選択します。

②《情報》→《プレゼンテーションの保護》→《パスワードを使用して暗号化》をクリックします。

③《ドキュメントの暗号化》ダイアログボックスが表示されます。

④《パスワード》に「password」と入力します。

※入力したパスワードは「●」で表示されます。

※大文字と小文字は区別されます。

⑤《OK》をクリックします。

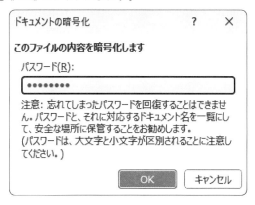

⑥《パスワードの確認》ダイアログボックスが表示されます。

⑦《パスワードの再入力》に再度「password」と入力します。

⑧《OK》をクリックします。

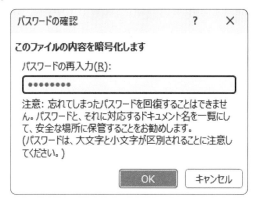

⑨ パスワードが設定されます。

⑩《名前を付けて保存》→《参照》をクリックします。

⑪《名前を付けて保存》ダイアログボックスが表示されます。

⑫「MOS 365-PowerPoint(1)」を開きます。

※《ドキュメント》→「MOS 365-PowerPoint(1)」を選択します。

⑬《ファイル名》に「Lesson1-25パスワード保護」と入力します。

⑭《保存》をクリックします。

⑮ プレゼンテーションが保存されます。

求められるスキル

出題範囲1

出題範囲2

出題範囲3

出題範囲4

出題範囲5

確認問題 標準解答

(2)

① 《ファイル》タブを選択します。

② 《閉じる》をクリックします。

③ プレゼンテーションが閉じられます。

④ 《ファイル》タブを選択します。

⑤ 《開く》→《参照》をクリックします。

⑥ 《ファイルを開く》ダイアログボックスが表示されます。

⑦ フォルダー「MOS 365-PowerPoint(1)」を開きます。

※《ドキュメント》→「MOS 365-PowerPoint(1)」を選択します。

⑧ 一覧から「Lesson1-25パスワード保護」を選択します。

⑨ 《開く》をクリックします。

⑩ 《パスワード》ダイアログボックスが表示されます。

⑪ 《パスワード》に「password」と入力します。

⑫ 《OK》をクリックします。

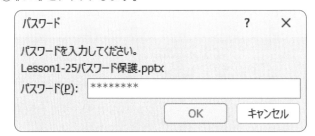

⑬ プレゼンテーションが開かれます。

🄿 Point

パスワードの種類

プレゼンテーションに設定できるパスワードには、「読み取りパスワード」と「書き込みパスワード」の2種類があります。

種類	説明
読み取りパスワード	パスワードを知っているユーザーだけがプレゼンテーションを開いて編集できます。パスワードを知らないユーザーはプレゼンテーションを開けません。
書き込みパスワード	パスワードを知っているユーザーだけがプレゼンテーションを開いて編集できます。パスワードを知らないユーザーは読み取り専用（編集できない状態）でプレゼンテーションを開くことができます。

「パスワードを使用して暗号化」を使って設定したパスワードは、読み取りパスワードになります。

書き込みパスワードを設定する方法は、次のとおりです。

◆《ファイル》タブ→《名前を付けて保存》→《参照》→《ツール》→《全般オプション》→《書き込みパスワード》に設定

※パスワードを削除すると、パスワードが解除されます。

🄿 Point

読み取りパスワードの解除

◆《ファイル》タブ→《情報》→《プレゼンテーションの保護》→《パスワードを使用して暗号化》→《パスワード》のパスワードを削除

解 説 ■ドキュメント検査

「**ドキュメント検査**」を使うと、プレゼンテーションに個人情報や知られたくない情報などが含まれていないかどうかをチェックして、必要に応じてそれらの情報を削除できます。作成したプレゼンテーションを社内で共有したり、顧客や取引先など社外の人に配布したりするような場合、事前にドキュメント検査を行うと、情報漏えいの防止につながります。
ドキュメント検査では、次のような内容をチェックします。

内容	説明
コメント	コメントには、それを入力したユーザー名や内容そのものが含まれています。 ※コメントについては、P.82を参照してください。
プロパティ	プロパティには、作成者の情報などが含まれています。
インク	スライドに書き加えたペンや蛍光ペンがある場合、知られたくない情報が含まれている可能性があります。
スライド上の非表示の内容	スライド上のプレースホルダーやオブジェクトを非表示にしている場合、非表示の部分に知られたくない情報が含まれている可能性があります。
スライド外のコンテンツ	スライドの周りに配置されたプレースホルダーやオブジェクトがある場合、知られたくない情報が含まれている可能性があります。
ノート	ノートには、発表者の情報や知られたくない情報が含まれている可能性があります。

操作 ◆《ファイル》タブ→《情報》→《問題のチェック》→《ドキュメント検査》

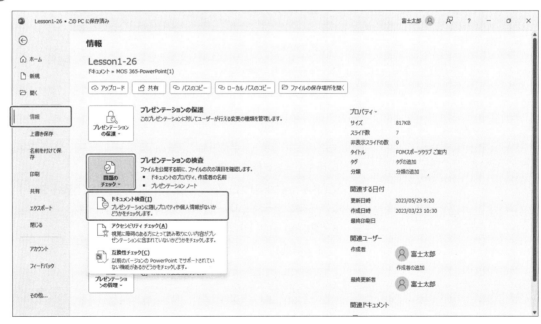

求められるスキル
出題範囲1
出題範囲2
出題範囲3
出題範囲4
出題範囲5
確認問題 標準解答

Lesson 1-26

 プレゼンテーション「Lesson1-26」を開いておきましょう。
※プレゼンテーション「Lesson1-26」には、ノートが入力されています。また、プレゼンテーションのプロパティにタイトルや作成者が設定されています。

次の操作を行いましょう。

(1) ドキュメント検査を実行し、ドキュメントのプロパティと個人情報を削除してください。その他の項目は削除しないようにします。

Lesson 1-26 Answer

(1)

①《ファイル》タブを選択します。

②《情報》→《問題のチェック》→《ドキュメント検査》をクリックします。

※ファイルの保存に関するメッセージが表示される場合は、《はい》をクリックしておきましょう。

③《ドキュメントの検査》ダイアログボックスが表示されます。

④《ドキュメントのプロパティと個人情報》が ✔ になっていることを確認します。

⑤《検査》をクリックします。

⑥ドキュメント検査が実行されます。

⑦《ドキュメントのプロパティと個人情報》の《すべて削除》をクリックします。

※《プレゼンテーションノート》は削除しません。

⑧《閉じる》をクリックします。

⑨ドキュメントのプロパティと個人情報が削除されます。

 **解説** ■アクセシビリティチェック

「**アクセシビリティ**」とは、すべての人が不自由なく情報を手に入れられるかどうか、使いこなせるかどうかを表す言葉です。

「**アクセシビリティチェック**」を使うと、視覚に障がいのある方などが、読み取りにくい情報や判別しにくい情報が含まれていないかどうかをチェックできます。

アクセシビリティチェックでは、次のような内容を検査します。

内容	説明
代替テキスト	図やSmartArtグラフィックなどのオブジェクトに代替テキストが設定されているかどうかをチェックします。オブジェクトの内容を代替テキストで示しておくと、情報を理解しやすくなります。
文字と背景のコントラスト	文字の色が背景の色と酷似していないかどうかをチェックします。コントラストの差を付けることで、文字が読み取りやすくなります。
表のタイトル行	表の最初の行がタイトル行として設定されているかどうかをチェックします。適切な項目名を付けると、表の内容を理解しやすくなります。
表の構造	表に結合されたセルが含まれていないかどうかなどをチェックします。音声読み上げソフト（スクリーンリーダー）を利用するときに、作成者の意図したとおりにデータが読み上げられ、表の内容を理解しやすくなります。
読み上げ順序	スライド内のコンテンツを読み上げる順序をチェックします。読み上げ順序を正しく設定することで、情報を伝えやすくなります。

操作 ◆《ファイル》タブ→《情報》→《問題のチェック》→《アクセシビリティチェック》

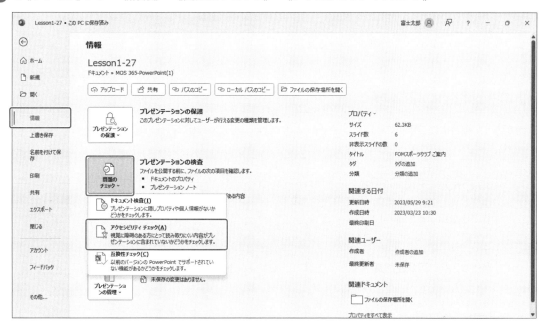

求められるスキル

出題範囲1

出題範囲2

出題範囲3

出題範囲4

出題範囲5

確認問題 標準解答

Lesson 1-27

次の操作を行いましょう。

(1) アクセシビリティチェックを実行し、結果を確認してください。

次に、おすすめアクションから、タイトル行のない表に最初の行をタイトル行として設定し、代替テキストがないSmartArtグラフィックに代替テキスト「施設ご利用の流れ」を設定してください。

Lesson 1-27 Answer

(1)

① 《**ファイル**》タブを選択します。

② 《**情報**》→《**問題のチェック**》→《**アクセシビリティチェック**》をクリックします。

③ アクセシビリティチェックが実行され、《**アクセシビリティ**》作業ウィンドウに検査結果が表示されます。

※エラーが2つ表示されます。

④ 《**エラー**》の《**テーブルヘッダーがありません**》をクリックします。

⑤ 《**コンテンツプレースホルダー2（スライド3）**》をクリックします。

⑥ スライド3の表が選択されたことを確認します。

⑦ 《**おすすめアクション**》の《**最初の行をヘッダーとして使用**》をクリックします。

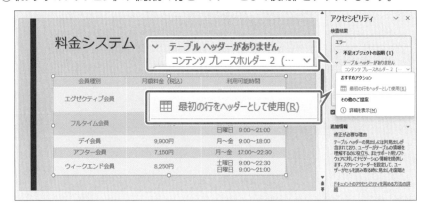

● その他の方法

アクセシビリティチェックの実行

◆《校閲》タブ→《アクセシビリティ》グループの ☐☆ （アクセシビリティチェック）

◆ステータスバーの《アクセシビリティ》

● Point

アクセシビリティチェックの結果

アクセシビリティチェックを実行して、問題があった場合には、次の3つのレベルに分類して表示されます。

レベル	説明
エラー	障がいがある方にとって、理解が難しい、または理解できないことを意味します。
警告	障がいがある方にとって、理解できない可能性が高いことを意味します。
ヒント	障がいがある方にとって、理解はできるが改善した方がよいことを意味します。

⑧《アクセシビリティ》作業ウィンドウの《検査結果》から表のエラーの表示がなくなります。

⑨《エラー》の《不足オブジェクトの説明》をクリックします。

⑩《コンテンツプレースホルダー2（スライド5）》をクリックします。

⑪スライド5のSmartArtグラフィックが選択されたことを確認します。

⑫《おすすめアクション》の《説明を追加》をクリックします。

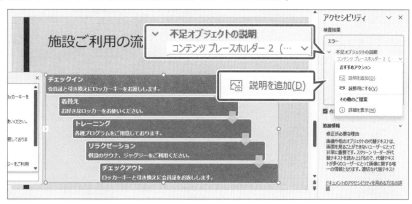

⑬《代替テキスト》作業ウィンドウが表示されます。

⑭ボックスに「施設ご利用の流れ」と入力します。

⑮ 🔍 （アクセシビリティ）をクリックします。

! Point
《代替テキスト》

❶代替テキスト
「代替テキスト」とは、音声読み上げソフトがプレゼンテーション内の画像や図形などのオブジェクトの代わりに読み上げる文字列のことです。
代替テキストが設定されていないと、エラーとして表示されます。

❷装飾用にする
見栄えを整えるために使用し、音声読み上げソフトで特に読み上げる必要がない線や図形などのオブジェクトは、装飾用として設定します。

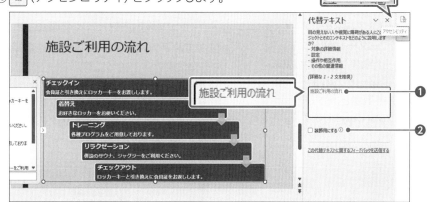

⑯《アクセシビリティ》作業ウィンドウからエラーの表示がなくなったことを確認します。

※《アクセシビリティ》と《代替テキスト》作業ウィンドウを閉じておきましょう。

求められるスキル

出題範囲1

出題範囲2

出題範囲3

出題範囲4

出題範囲5

確認問題 標準解答

Lesson 1-28

 プレゼンテーション「Lesson1-28」を開いておきましょう。

次の操作を行いましょう。

(1) アクセシビリティチェックを実行し、結果を確認してください。おすすめアクションから、スライド5の読み上げ順を「チェックイン」「着替え」「トレーニング」「リラクゼーション」「チェックアウト」の順に変更し、矢印は読み上げないように装飾用に設定します。

Lesson 1-28 Answer

(1)

①《ファイル》タブを選択します。

②《情報》→《問題のチェック》→《アクセシビリティチェック》をクリックします。

③アクセシビリティチェックが実行され、《アクセシビリティ》作業ウィンドウに検査結果が表示されます。

※警告が1つ表示されます。

④《警告》の《読み取り順を確認してください》をクリックします。

⑤《スライド5》をクリックします。

⑥スライド5が選択されたことを確認します。

⑦《おすすめアクション》の《オブジェクトの順序を確認する》をクリックします。

🖱 その他の方法

読み上げ順序の確認

◆《アクセシビリティ》タブ→《スクリーンリーダー》グループの （読み上げ順序ウィンドウの表示）

※《アクセシビリティ》作業ウィンドウが表示されると、《アクセシビリティ》タブが表示されます。

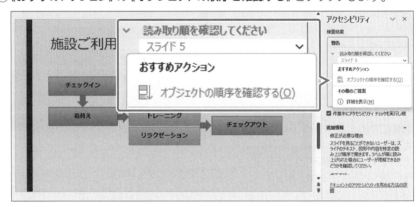

Point

《読み上げ順序》

❶ ∧（上に移動）
選択したオブジェクトの読み上げ順序を1つ上に移動します。

❷ ∨（下に移動）
選択したオブジェクトの読み上げ順序を1つ下に移動します。

❸ チェックボックス
✔にすると、オブジェクトは読み上げの対象になります。□にすると、オブジェクトは装飾用になり、読み上げの対象外になります。

その他の方法

読み上げ順序の調整

◆《読み上げ順序》作業ウィンドウ内のオブジェクトをドラッグして移動

⑧《読み上げ順序》作業ウィンドウが表示されます。

⑨《5　正方形/長方形6：チェックアウト》をクリックします。

⑩ ∨（下に移動）をクリックします。

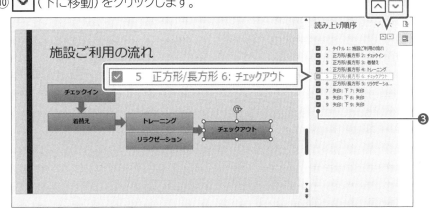

⑪読み上げ順が変更されます。

⑫《7》～《9》の矢印を□にします。

⑬矢印が装飾用に変更されます。

※「装飾用」のオブジェクトは読み上げの対象外になります。

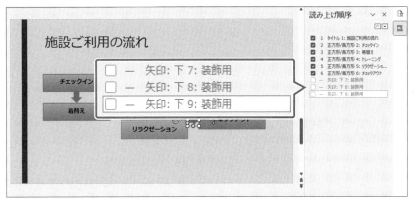

⑭ 🗋（アクセシビリティ）をクリックします。

⑮《アクセシビリティ》作業ウィンドウから警告の表示がなくなったことを確認します。

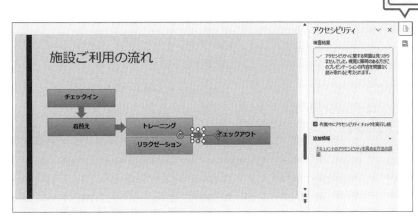

※《アクセシビリティ》と《読み上げ順序》作業ウィンドウを閉じておきましょう。

解説 ■互換性チェック

ほかのユーザーとファイルをやり取りしたり、複数のパソコンでファイルをやり取りしたりする場合、ファイルの互換性を考慮する必要があります。

「互換性チェック」を使うと、作成中のプレゼンテーションに、以前のバージョンのPowerPointでサポートされていない機能が含まれているかどうかをチェックできます。

操作 ◆《ファイル》タブ→《情報》→《問題のチェック》→《互換性チェック》

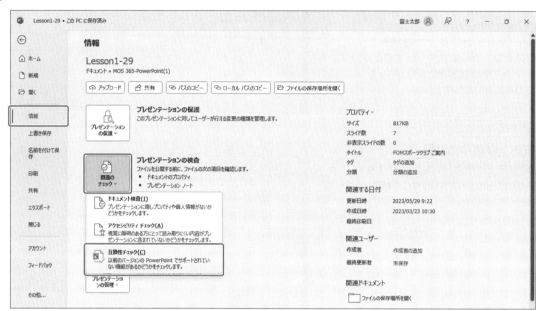

Lesson 1-29

OPEN プレゼンテーション「Lesson1-29」を開いておきましょう。

次の操作を行いましょう。

(1) プレゼンテーションの互換性をチェックしてください。

Lesson 1-29 Answer

(1)
① 《ファイル》タブを選択します。

② 《情報》→《問題のチェック》→《互換性チェック》をクリックします。

③ 《Microsoft PowerPoint 互換性チェック》ダイアログボックスが表示されます。

④ 《概要》にサポートされていない機能が表示されます。

⑤ 《OK》をクリックします。

 Point

《Microsoft PowerPoint
互換性チェック》

❶概要と出現数
チェック結果の概要とプレゼンテーション内の該当箇所の数を表示します。

❷PowerPoint 97-2003形式で保存するときに互換性を確認する
☑にすると、PowerPoint 97-2003
形式で保存する際、常に互換性チェックが行われます。

4 | コメントを管理する

解説 ■コメントの挿入

「**コメント**」を使うと、スライドに注釈を付けることができます。

自分がスライドを作成しているときに、あとで調べようと思ったことをコメントとしてメモしたり、ほかの人が作成したプレゼンテーションについて修正してほしいことや気になったことを書き込んだりするときに使うと便利です。コメントは、複数のユーザー間で会話のようにやり取りできるスレッド形式で表示されます。

操作 ◆《校閲》タブ→《コメント》グループの (コメントの挿入)

■コメントの入力

コメントを挿入すると、《**コメント**》作業ウィンドウにコメントが表示されます。 ![▷] (コメントを投稿する) をクリックすると、入力したコメントが確定されます。

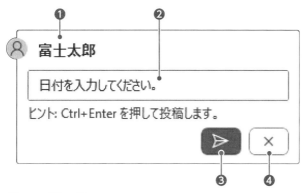

❶ユーザー名

ユーザー名が表示されます。

❷コメント

コメントの内容を入力します。

❸ ▷ (コメントを投稿する)

入力したコメントを確定します。

❹ × (キャンセル)

入力したコメントをキャンセルします。

求められるスキル

出題範囲1

出題範囲2

出題範囲3

出題範囲4

出題範囲5

確認問題 標準解答

Lesson 1-30

OPEN プレゼンテーション「Lesson1-30」を開いておきましょう。

次の操作を行いましょう。

(1) スライド1に、コメント「日付を入力してください。」を挿入してください。

Lesson 1-30 Answer

(1)

①スライド1を選択します。

②《校閲》タブ→《コメント》グループの  (コメントの挿入) をクリックします。

● その他の方法

コメントの挿入
◆《挿入》タブ→《コメント》グループの (コメントの挿入)
◆スライドまたはオブジェクトを右クリック→《新しいコメント》
◆《コメント》作業ウィンドウの 新規 (新しいコメント)

---

③《コメント》作業ウィンドウが表示されます。

④「日付を入力してください。」と入力します。

⑤ ▷ (コメントを投稿する) をクリックします。

● その他の方法

コメントの投稿
◆ Ctrl + Enter

⑥コメントが挿入されます。

※コメントが挿入されているスライドのサムネイルには、コメントの件数が **1** のように表示されます。

！ Point

コメントの挿入対象
コメントは、スライドに対して挿入するほか、スライド上のプレースホルダーやオブジェクトに対して挿入することもできます。

※《コメント》作業ウィンドウを閉じておきましょう。

**解 説** ■コメントの表示

プレゼンテーションに挿入されているコメントを確認するには、《コメント》作業ウィンドウを表示します。

操作 ◆《校閲》タブ→《コメント》グループのボタン

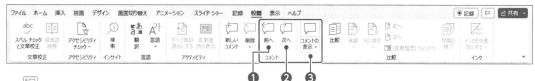

❶ [前へ] （前のコメント）

前のコメントへ移動します。

❷ [次へ] （次のコメント）

次のコメントへ移動します。

❸ [コメントの表示] （コメントウィンドウ）

《コメント》作業ウィンドウを表示します。

※《コメントウィンドウ》が《コメントの表示》と表示される場合があります。

■コメントの編集

《コメント》作業ウィンドウを使うと、コメントに返信したり、不要なコメントを削除したりできます。また、コメントを解決済みとしてマークすることもできます。

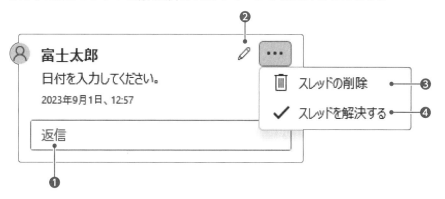

❶返信

挿入されているコメントに対して返信します。

❷ [✎] （コメントを編集）

コメントを編集状態にします。

※自分が投稿したコメントに表示されます。

❸スレッドの削除

スレッドを削除します。

❹スレッドを解決する

スレッドを解決済みにします。解決済みにすると、コメントがグレーで表示されます。

求められるスキル

出題範囲1

出題範囲2

出題範囲3

出題範囲4

出題範囲5

確認問題 標準解答

Lesson 1-31

OPEN プレゼンテーション「Lesson1-31」を開いておきましょう。
※プレゼンテーション「Lesson1-31」には、コメントが挿入されています。

次の操作を行いましょう。

(1) プレゼンテーションに挿入されているすべてのコメントを確認してください。

(2) スライド2のコメントを削除してください。

(3) スライド3のコメントのスレッドを解決してください。

(4) スライド7のコメントに、「6月30日に直接グアム店に確認しました。」と返信してください。

Lesson 1-31 Answer

(1)

①《校閲》タブ→《コメント》グループの [□] (コメントウィンドウ) をクリックします。

※《コメントウィンドウ》が《コメントの表示》と表示される場合があります。

🖱 **その他の方法**

《コメント》作業ウィンドウの表示

◆《校閲》タブ→ 🗒(コメントウィンドウ)の[コメントの表示▾]→《コメントウィンドウ》

◆サムネイルの **1** をクリック

◆コメントが挿入されているスライドを表示

②《コメント》作業ウィンドウが表示されます。

③《校閲》タブ→《コメント》グループの [🗒] (次のコメント) をクリックします。

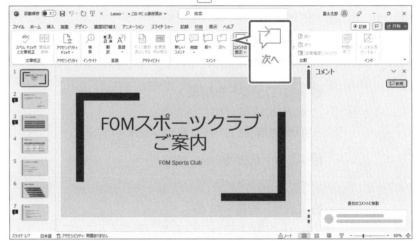

🖱 **その他の方法**

次のコメントを表示

◆《コメント》作業ウィンドウの《その他のコメントを表示》

④1つ目のコメントに移動します。

⑤コメントを確認します。

⑥《校閲》タブ→《コメント》グループの 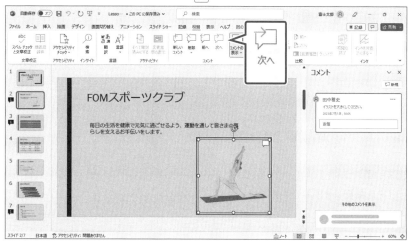 （次のコメント）をクリックします。

⑦2つ目のコメントに移動します。

⑧コメントを確認します。

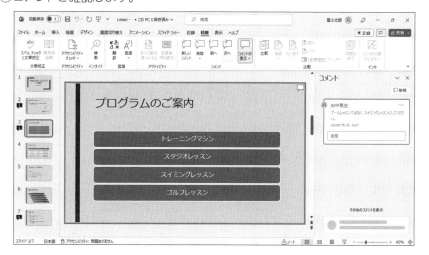

⑨同様に、3つ目のコメントを確認します。

求められるスキル

出題範囲1

出題範囲2

出題範囲3

出題範囲4

出題範囲5

確認問題 標準解答

その他の方法

コメントの削除

◆コメントを選択→《校閲》タブ→
　《コメント》グループの🗔(コメン
　トの削除)

Point

すべてのコメントの削除

スライド内やプレゼンテーション内
の複数のコメントを一度に削除でき
ます。

選択しているスライド

◆スライドを選択→《校閲》タブ→
　《コメント》グループの🗔(コメント
　の削除)の│削除│→《スライド上のす
　べてのコメントを削除》

プレゼンテーション内

◆《校閲》タブ→《コメント》グループ
　の🗔(コメントの削除)の│削除│→
　《このプレゼンテーションからすべ
　てのコメントを削除》

※プレゼンテーション内のどのスライ
　ドが選択されていてもかまいませ
　ん。

Point

解決済みのスレッドを元に戻す

解決済みのコメントを元の状態に戻
すには、│↺│(もう一度開く)をクリッ
クします。

(2)

①スライド2を選択します。

②コメントの │ … │ (その他のスレッド操作)→《スレッドの削除》をクリックします。

③コメントが削除されます。

(3)

①スライド3を選択します。

②コメントの │ … │ (その他のスレッド操作)→**《スレッドを解決する》**をクリックします。

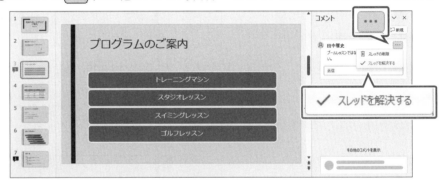

③《**コメント**》作業ウィンドウに《**解決済み**》と表示されます。

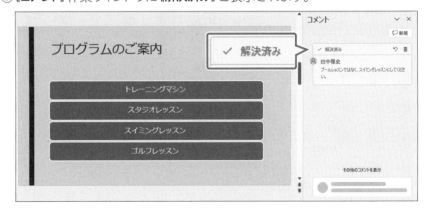

(4)

①スライド7を選択します。

②コメントの《返信》をクリックします。

③「6月30日に直接グアム店に確認しました。」と入力します。

④ ▷ （返信を投稿する）をクリックします。

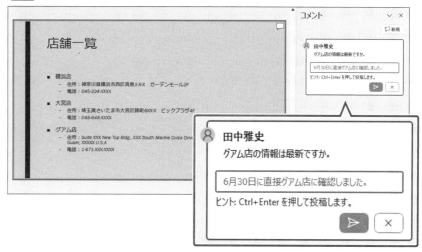

⑤返信が確定されます。

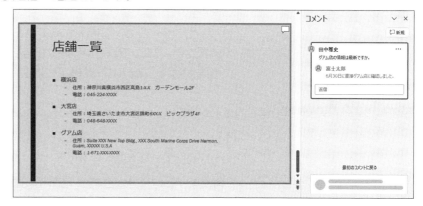

※《コメント》作業ウィンドウを閉じておきましょう。

求められるスキル

出題範囲1

出題範囲2

出題範囲3

出題範囲4

出題範囲5

確認問題 標準解答

! Point

宛名付きコメント

「@（メンション）」を使うと、宛先を指定してコメントを投稿できます。宛先のユーザーには、コメントへのリンクが挿入されたメールが届きます。

※Microsoft 365にサインインし、SharePointライブラリ、または共有のOneDriveにプレゼンテーションが保存されている必要があります。

5 プレゼンテーションの内容を保持する

 解説 ■ビデオ／オーディオの圧縮

ビデオやオーディオをスライドに挿入すると、プレゼンテーション全体のファイルサイズが大きくなってしまいます。ファイルサイズが大きくなると、電子メールに添付できない、外部記憶媒体などにコピーするのに時間がかかるなどの支障が出ることがあります。
スライドに挿入されているビデオやオーディオは、圧縮してファイルサイズを小さくすることができます。

操作 ◆《ファイル》タブ→《情報》→《メディアの圧縮》

Lesson 1-32

OPEN プレゼンテーション「Lesson1-32」を開いておきましょう。

次の操作を行いましょう。

(1) プレゼンテーションに挿入されているビデオを、「標準（480p）」で圧縮してください。次に、プレゼンテーションに「Lesson1-32メール配信用」という名前を付けて、フォルダー「MOS 365-PowerPoint（1）」に保存してください。

Lesson 1-32 Answer

(1)

①《ファイル》タブを選択します。

②《情報》→《メディアの圧縮》→《標準（480p）》をクリックします。

① Point

メディアの品質

❶フルHD（1080p）
品質を最大限維持して圧縮します。

❷HD（720p）
インターネットで配信できる程度に圧縮します。

❸標準（480p）
電子メールで送信できる程度に圧縮します。ファイルサイズは小さくなります。

Point

《メディアの圧縮》

❶スライド
ビデオやオーディオが挿入されているスライド番号が表示されます。

❷名前
ビデオやオーディオの名前が表示されます。

❸初期サイズ
ビデオやオーディオの圧縮前のファイルサイズが表示されます。

❹状態
圧縮処理の進み具合が表示されます。

③《メディアの圧縮》ダイアログボックスが表示されます。

④自動的に圧縮が開始されます。

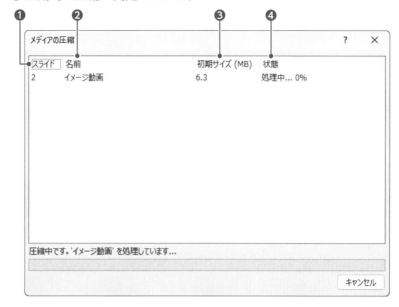

⑤しばらくすると、「**圧縮が完了しました。0.72MB節約できました。**」と表示されます。
※お使いの環境によっては、圧縮されるサイズが異なる場合があります。

⑥《**閉じる**》をクリックします。

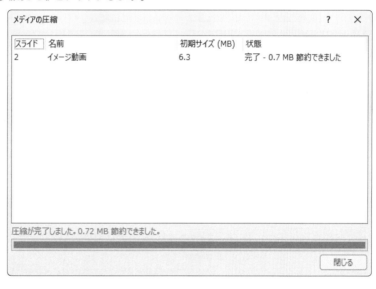

⑦《**名前を付けて保存**》→《**参照**》をクリックします。

⑧《**名前を付けて保存**》ダイアログボックスが表示されます。

⑨「**MOS 365-PowerPoint（1）**」を開きます。

※《ドキュメント》→「MOS 365-PowerPoint（1）」を選択します。

⑩《**ファイル名**》に「**Lesson1-32メール配信用**」と入力します。

⑪《**保存**》をクリックします。

⑫プレゼンテーションが保存されます。

※プレゼンテーション「Lesson1-32」とプレゼンテーション「Lesson1-32メール配信用」のファイルサイズを比較しておきましょう。

Point

圧縮を元に戻す
圧縮したビデオやオーディオは、プレゼンテーションを閉じる前であれば、元に戻すことができます。

◆《ファイル》タブ→《情報》→《メディアの圧縮》→《元に戻す》

 **解説**　■フォントの埋め込み

作成したパソコンとは別のパソコンでプレゼンテーションを開くと、フォントが設定したとおりに表示されないことがあります。これは、プレゼンテーションで使用しているフォントが、そのパソコンにインストールされていないためです。

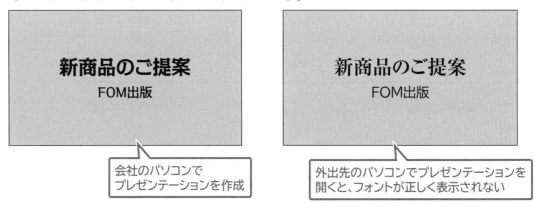

会社のパソコンで
プレゼンテーションを作成

外出先のパソコンでプレゼンテーションを
開くと、フォントが正しく表示されない

プレゼンテーションにフォントを埋め込んで保存しておくと、異なる環境でも、設定したとおりのフォントを再現できます。ただし、フォントを埋め込むと、ファイルサイズは大きくなるので、注意が必要です。

操作　◆《ファイル》タブ→《オプション》→《保存》→《☑ファイルにフォントを埋め込む》

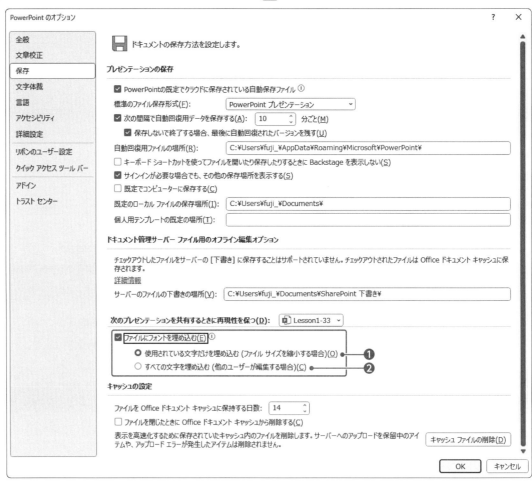

❶使用されている文字だけを埋め込む（ファイルサイズを縮小する場合）

開いているプレゼンテーションで使用している文字のフォントだけが埋め込まれます。別のパソコンでプレゼンテーションを表示するだけで、編集しない場合に選択します。

❷すべての文字を埋め込む（他のユーザーが編集する場合）

開いているプレゼンテーションで使用していない文字も含めたすべての文字のフォントがすべて埋め込まれます。別のパソコンでプレゼンテーションを編集する場合に選択します。

Lesson 1-33

 プレゼンテーション「Lesson1-33」を開いておきましょう。

次の操作を行いましょう。

(1) プレゼンテーションに使用している文字のフォントだけが埋め込まれるように、PowerPointのオプションを変更してください。次に、プレゼンテーションに「Lesson1-33会議プレゼン用」という名前を付けて、フォルダー「MOS 365-PowerPoint(1)」に保存してください。

Lesson 1-33 Answer

(1)

① 《ファイル》タブを選択します。

② 《オプション》をクリックします。

③ 《PowerPointのオプション》ダイアログボックスが表示されます。

④ 左側の一覧から《保存》を選択します。

⑤ 《ファイルにフォントを埋め込む》を ✓ にします。

⑥ 《使用されている文字だけを埋め込む(ファイルサイズを縮小する場合)》を ⦿ にします。

⑦ 《OK》をクリックします。

⑧ PowerPointのオプションが変更されます。

⑨ 《ファイル》タブを選択します。

⑩ 《名前を付けて保存》→《参照》をクリックします。

⑪ 《名前を付けて保存》ダイアログボックスが表示されます。

⑫ 「MOS 365-PowerPoint(1)」を開きます。

※ 《ドキュメント》→「MOS 365-PowerPoint(1)」を選択します。

⑬ 《ファイル名》に「Lesson1-33会議プレゼン用」と入力します。

⑭ 《保存》をクリックします。

⑮ プレゼンテーションが保存されます。

※ プレゼンテーション「Lesson1-33」とプレゼンテーション「Lesson1-33会議プレゼン用」のファイルサイズを比較しておきましょう。

! Point

クラウドフォント

「クラウドフォント」を使うと、パソコンにインストールされているフォント以外に、必要なフォントをダウンロードして使うことができます。ダウンロードしたフォントは、WordやExcelなど他のOfficeのアプリでも使うことができます。
クラウドフォントをダウンロードする方法は、次のとおりです。

◆ 《ホーム》タブ→《フォント》グループの 游ゴシック 本文 (フォント)の → 雲のマークのフォントをクリック

クラウドフォント

求められるスキル

出題範囲1

出題範囲2

出題範囲3

出題範囲4

出題範囲5

確認問題 標準解答

6　プレゼンテーションを別の形式にエクスポートする

 **解説**　■PDF/XPSドキュメントの作成

作成したプレゼンテーションをもとに、PDFファイルやXPSファイルを作成できます。PDFファイルやXPSファイルは、パソコンの機種や環境に関わらず、アプリで作成したとおりに表示できるファイルです。PowerPointで作成したプレゼンテーションを、別のファイル形式で保存することを「**エクスポート**」といいます。

操作　◆《ファイル》タブ→《エクスポート》→《PDF/XPSドキュメントの作成》

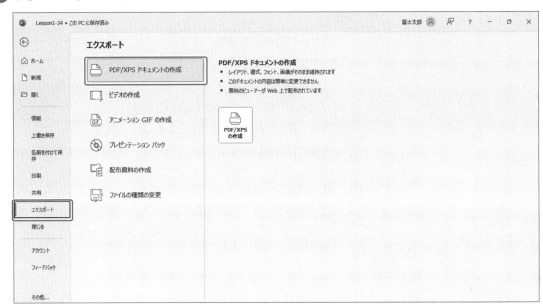

Lesson 1-34

 プレゼンテーション「Lesson1-34」を開いておきましょう。

次の操作を行いましょう。

(1) 開いているプレゼンテーションをもとに、フォルダー「MOS 365-PowerPoint (1)」に、PDFファイル「Lesson1-34配布用PDF」を作成してください。作成後にPDFファイルを開きます。

Lesson 1-34 Answer

その他の方法

PDFファイルの作成

◆《ファイル》タブ→《名前を付けて保存》→《参照》→《ファイルの種類》の☑→《PDF》

◆F12→保存先を選択→《ファイル名》を入力→《ファイルの種類》の☑→《PDF》

(1)

①《ファイル》タブを選択します。

②《エクスポート》→《PDF/XPSドキュメントの作成》→《PDF/XPSの作成》をクリックします。

③《**PDFまたはXPS形式で発行**》ダイアログボックスが表示されます。

④「**MOS 365-PowerPoint（1）**」を開きます。

※《ドキュメント》→「MOS 365-PowerPoint（1）」を選択します。

⑤《**ファイル名**》に「**Lesson1-34配布用PDF**」と入力します。

⑥《**ファイルの種類**》の🔽をクリックし、一覧から《**PDF**》を選択します。

⑦《**発行後にファイルを開く**》を☑️にします。

⑧《**発行**》をクリックします。

求められるスキル

出題範囲1

出題範囲2

出題範囲3

出題範囲4

出題範囲5

確認問題 標準解答

⑨PDFファイルを表示するアプリが起動し、PDFファイルが表示されます。

※スクロールしてPDFファイルを確認しておきましょう。確認後、PDFファイルを閉じておきましょう。

Point

《PDFまたはXPS形式で発行》

❶ファイルの種類
作成するファイル形式を選択します。

❷発行後にファイルを開く
PDFファイルまたはXPSファイルとして保存したあとに、そのファイルを開いて表示する場合は、☑️にします。

❸最適化
ファイルの用途に合わせて、ファイルのサイズを選択します。
ファイルをネットワーク上で表示する場合は、《標準》または《最小サイズ》を選択します。
ファイルを印刷する場合は、《標準》を選択します。

❹オプション
保存する範囲を設定したり、発行対象にスライドや配布資料、ノートを選択したり、プロパティの情報を含めるかどうかを設定したりできます。

❺発行
PDFファイルまたはXPSファイルとして保存します。

Point

ビデオ

ビデオが挿入されているスライドをもとにPDFファイルやXPSファイルを作成すると、ビデオの開始位置の映像が画像として保存されます。PDFファイルやXPSファイル上で、ビデオは再生できません。

 **解説** ■ビデオの作成

作成したプレゼンテーションをもとに、ビデオを作成できます。画面切り替えやアニメーションを適用しているプレゼンテーションでは、その動きがそのままビデオの映像になります。

操作 ◆《ファイル》タブ→《エクスポート》→《ビデオの作成》

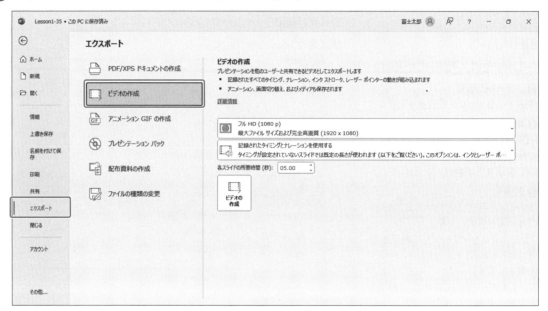

Lesson 1-35

 プレゼンテーション「Lesson1-35」を開いておきましょう。
※プレゼンテーション「Lesson1-35」には、画面切り替えやアニメーションが適用され、自動再生するように設定されています。

次の操作を行いましょう。

(1) 開いているプレゼンテーションをもとに、フォルダー「MOS 365-PowerPoint (1)」に、MPEG-4ビデオ「Lesson1-35公開用ビデオ」を作成してください。ビデオの画質は「HD（720p）」にし、プレゼンテーションに記録されているタイミングを使用します。

Lesson 1-35 Answer

(1)

①《ファイル》タブを選択します。

②《エクスポート》→《ビデオの作成》をクリックします。

③《フルHD（1080p）》をクリックし、一覧から《HD（720p）》を選択します。

 Point

ビデオの画質

❶Ultra HD（4K）
4K画質（3840×2160ピクセル）でビデオを作成します。

❷フルHD（1080p）
フルHD画質（1920×1080ピクセル）でビデオを作成します。

❸HD（720p）
HD程度の画質（1280×720ピクセル）でビデオを作成します。

❹標準（480p）
低画質（852×480ピクセル）でビデオを作成します。

求められるスキル

出題範囲1

出題範囲2

出題範囲3

出題範囲4

出題範囲5

確認問題 標準解答

Point

タイミングとナレーション

**❶記録されたタイミングと
ナレーションを使用しない**

すべてのスライドが《各スライドの所
要時間》で切り替わります。ナレー
ションはビデオから削除されます。

**❷記録されたタイミングと
ナレーションを使用する**

記録されているタイミングでスライド
が切り替わります。タイミングを設定
していないスライドは、《各スライドの
所要時間》で切り替わります。ナレー
ションもビデオに収録されます。

❸ビデオの録画

タイミングとナレーションを記録する
画面が表示されます。
新しく記録したタイミングとナレー
ションでビデオを作成できます。

**❹タイミングとナレーションの
プレビュー**

ビデオを作成する前に、タイミングと
ナレーションを確認できます。

Point

ビデオのファイル形式

PowerPointで保存できるビデオの
ファイル形式は、《MPEG-4ビデオ》と
《Windows Mediaビデオ》の2種類
です。

④《記録されたタイミングとナレーションを使用する》になっていることを確認します。

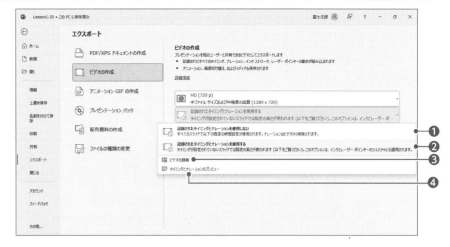

⑤《ビデオの作成》をクリックします。

⑥《ビデオのエクスポート》ダイアログボックスが表示されます。

⑦「MOS 365-PowerPoint（1）」を開きます。

※《ドキュメント》→「MOS 365-PowerPoint（1）」を選択します。

⑧《ファイル名》に「Lesson1-35公開用ビデオ」と入力します。

⑨《ファイルの種類》の ∨ をクリックし、一覧から《MPEG-4ビデオ》を選択します。

⑩《エクスポート》をクリックします。

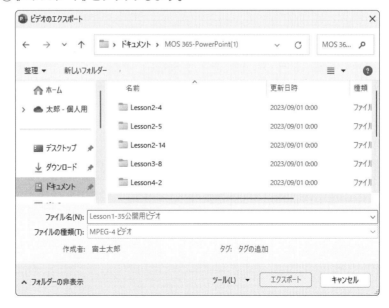

⑪ビデオが作成されます。

※ビデオの作成中は、ステータスバーにメッセージが表示されます。

※フォルダー「MOS 365-PowerPoint（1）」のビデオ「Lesson1-35公開用ビデオ」をダブル
クリックしてビデオを開き、映像を確認しておきましょう。

解説 ■Word文書の作成

プレゼンテーションのスライドやノートを取り込んだWord文書を作成できます。
取り込まれた内容は、Word上で編集したり印刷したりできます。

PowerPointプレゼンテーション　　　　　　Word文書

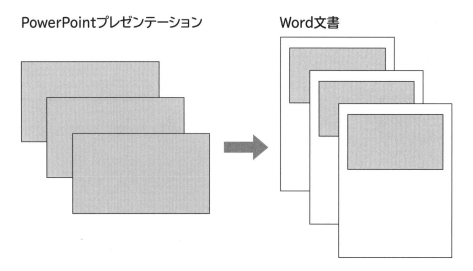

操作 ◆《ファイル》タブ→《エクスポート》→《配布資料の作成》

Lesson 1-36

 プレゼンテーション「Lesson1-36」を開いておきましょう。

次の操作を行いましょう。

(1) 開いているプレゼンテーションをもとに、フォルダー「MOS 365-PowerPoint
（1）」にWord文書「Lesson1-36発表用台本」を作成してください。ページレ
イアウトは「スライド下の空白行」にします。

(1)

①《ファイル》タブを選択します。

②《エクスポート》→《配布資料の作成》→《配布資料の作成》をクリックします。

③《Microsoft Wordに送る》ダイアログボックスが表示されます。

④《スライド下の空白行》を（●）にします。

⑤《OK》をクリックします。

! Point

《Microsoft Wordに送る》

**❶Microsoft Wordの
ページレイアウト**

PowerPointのスライドを、Wordの
ページにどのように配置するかを選
択します。

**❷Microsoft Word文書に
スライドを追加する**

PowerPointのスライドをWordに貼
り付ける形式を選択します。
《リンク貼り付け》を（●）にすると、
PowerPointのスライドとWordのス
ライドがリンクされます。
PowerPoint側でスライドを編集す
ると、Word側にも自動的に反映さ
れます。

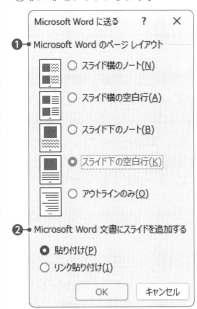

⑥Wordが起動し、Word文書が作成されます。

⑦タスクバーのWordのアイコンをクリックして、Wordに切り替えます。

⑧《ファイル》タブを選択します。

⑨《名前を付けて保存》→《参照》をクリックします。

⑩《名前を付けて保存》ダイアログボックスが表示されます。

⑪「MOS 365-PowerPoint（1）」を開きます。

※《ドキュメント》→「MOS 365-PowerPoint（1）」を選択します。

⑫《ファイル名》に「Lesson1-36発表用台本」と入力します。

⑬《保存》をクリックします。

⑭Word文書が保存されます。

求められるスキル

出題範囲1

出題範囲2

出題範囲3

出題範囲4

出題範囲5

確認問題 標準解答

Exercise 確認問題

Lesson 1-37

 プレゼンテーション「Lesson1-37」を開いておきましょう。

あなたは、受験生向けの学校説明会の準備をしており、学校案内のプレゼンテーションを作成します。次の操作を行いましょう。

問題(1)	スライドのサイズを幅「25.03cm」、高さ「15.05cm」に変更してください。コンテンツはスライドのサイズに合わせて調整し、印刷の向きは変更しないようにします。
問題(2)	スライドマスターに、「図表とテキスト」という名前のレイアウトを作成してください。「白紙」レイアウトを複製して作成し、左側にSmartArtのプレースホルダー、右側にテキストのプレースホルダーを配置します。詳細な位置とサイズは任意とします。
問題(3)	スライドマスターに、テーマ「ウィスプ」を適用してください。次に、テーマの色を「緑」に変更してください。
問題(4)	スライドマスターの「タイトルスライド」レイアウトの背景グラフィックを非表示にしてください。
問題(5)	ノートマスターのフッターに「下村文化学園」と表示してください。
問題(6)	スライド5に、コメント「最新の情報を確認する」を追加してください。
問題(7)	ドキュメント検査を実行し、ドキュメントのプロパティと個人情報、プレゼンテーションノートを削除してください。その他の項目は削除しないようにします。
問題(8)	スライドをグレースケールで表示し、スライド1のアイコンを「反転させたグレースケール」の表示に変更してください。
問題(9)	スライド1、6、7を選択して、「短縮紹介」という名前の目的別スライドショーを作成してください。スライドショーは実行しないでください。
問題(10)	1ページに3スライドを表示した配布資料が、2部グレースケールで印刷されるように設定してください。コメントは印刷しないようにします。 Hint コメントを印刷しない場合は、《ファイル》タブ→《印刷》→《フルページサイズのスライド》→《コメントの印刷》をオフにします。
問題(11)	プレゼンテーションが常に読み取り専用で開くように設定してください。

出題範囲 2

スライドの管理

1 スライドを挿入する

 理解度チェック

習得すべき機能	参照Lesson	学習前	学習後	試験直前
■新しいスライドを挿入できる。	➡Lesson2-1	☑	☑	☑
■スライドのレイアウトを変更できる。	➡Lesson2-2	☑	☑	☑
■スライドを複製できる。	➡Lesson2-3	☑	☑	☑
■ほかのプレゼンテーションからスライドを挿入できる。	➡Lesson2-4	☑	☑	☑
■Word文書のアウトラインをインポートできる。	➡Lesson2-5	☑	☑	☑
■サマリーズームのスライドを挿入できる。	➡Lesson2-6	☑	☑	☑

1 スライドを挿入し、スライドのレイアウトを選択する

解説 ■スライドの挿入

プレゼンテーションには、「**タイトルとコンテンツ**」「**2つのコンテンツ**」「**タイトルのみ**」など、様々なレイアウトのスライドを挿入できます。新しいスライドは、選択したスライドの後ろに挿入されます。

タイトルとコンテンツ

2つのコンテンツ

タイトルのみ

操作 ◆《ホーム》タブ→《スライド》グループの （新しいスライド）の

スライドのレイアウト

Lesson 2-1

 プレゼンテーション「Lesson2-1」を開いておきましょう。

次の操作を行いましょう。

(1) スライド10とスライド11の間に、レイアウトが「タイトルとコンテンツ」のスライドを挿入してください。

(2) 挿入したスライドのタイトルに、「考察□まとめ」と入力してください。

※□は全角空白を表します。

Lesson 2-1 Answer

(1)

①スライド10を選択します。

②《**ホーム**》タブ→《**スライド**》グループの 🔲 (新しいスライド) の 新しい スライド ▾ →《**タイトルとコンテンツ**》をクリックします。

🖱 **その他の方法**

スライドの挿入

◆ スライドを選択→《**挿入**》タブ→《**スライド**》グループの 🔲 (新しいスライド) の 新しい スライド ▾

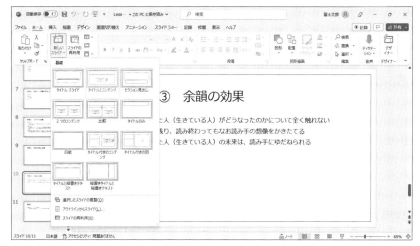

③スライド10の後ろに、新しいスライドが挿入されます。

(2)

①スライド11を選択します。

②タイトルのプレースホルダーに「**考察　まとめ**」と入力します。

求められるスキル

出題範囲1

出題範囲2

出題範囲3

出題範囲4

出題範囲5

確認問題　標準解答

 **解説** ■スライドのレイアウトの変更

スライドのレイアウトは、あとから変更できます。

操作 ◆《ホーム》タブ→《スライド》グループの [□▾] （スライドのレイアウト）

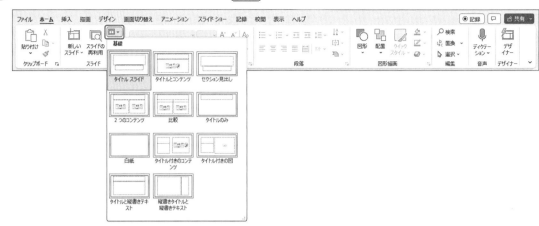

Lesson 2-2

 プレゼンテーション「Lesson2-2」を開いておきましょう。

次の操作を行いましょう。

(1) スライド8のレイアウトを「2つのコンテンツ」に変更してください。

(2) スライド8に追加された右側のプレースホルダーに、左側のプレースホルダーの「時間の広がり」以降の文章を移動してください。

Lesson 2-2 Answer

 その他の方法

スライドのレイアウトの変更

◆スライドを右クリック→《レイアウト》

◆サムネイルの一覧のスライドを右クリック→《レイアウト》

(1)

① スライド8を選択します。

② 《ホーム》タブ→《スライド》グループの [□▾] （スライドのレイアウト）→《2つのコンテンツ》をクリックします。

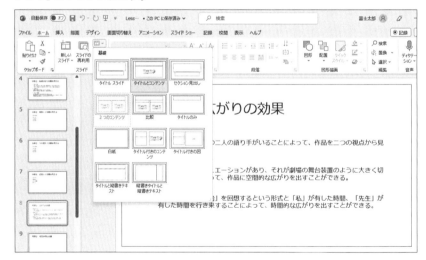

③ スライドのレイアウトが変更されます。

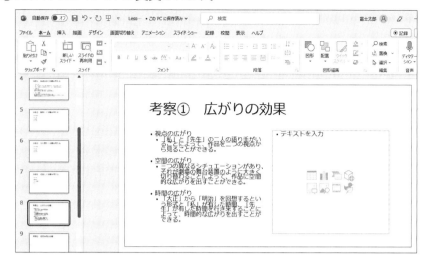

(2)

① 《スライド8》を選択します。

② 「**時間の広がり**」以降の文章を選択します。

③ 《**ホーム**》タブ→《**クリップボード**》グループの ✂ （切り取り）をクリックします。

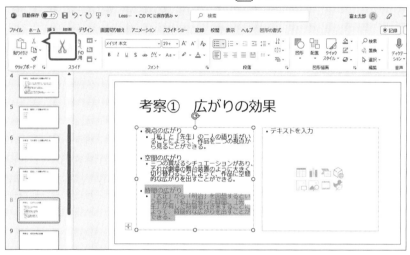

④ 右側のプレースホルダーを選択します。

⑤ 《**ホーム**》タブ→《**クリップボード**》グループの 📋 （貼り付け）をクリックします。

⑥ 文章が移動します。

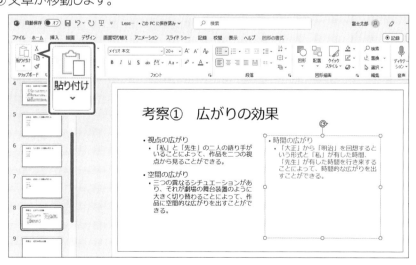

⚠ Point

箇条書きの文章の選択

箇条書きの行頭文字のマークをクリックすると、箇条書きに含まれる文章をすべて選択できます。下位レベルの箇条書きが続いている場合は、一緒に選択されます。

⚠ Point

プレースホルダー内のフォントサイズ

プレースホルダーには、プレースホルダー内に収まりきらない文字数を入力すると、フォントサイズを自動調整する機能があります。

このため、文字数が多くなると、すべての文字が領域内に収まるようにフォントサイズが自動的に小さくなり、文字数が少なくなると、フォントサイズが大きくなるように調整されます。

求められるスキル

出題範囲1

出題範囲2

出題範囲3

出題範囲4

出題範囲5

確認問題 標準解答

2 スライドを複製する

解説 ■スライドの複製

既存のスライドと同じようなスライドを作成する場合、スライドを複製して流用すると効率的です。複製したスライドは、選択したスライドの後ろに挿入されます。

操作 ◆《ホーム》タブ→《スライド》グループの（新しいスライド）の→《選択したスライドの複製》

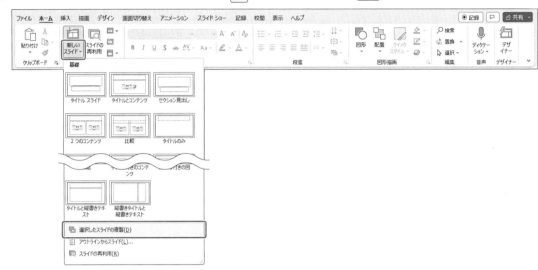

Lesson 2-3

OPEN プレゼンテーション「Lesson2-3」を開いておきましょう。

次の操作を行いましょう。

(1) スライド5「分析②　削除して効果を考える」を2枚複製してください。

(2) 複製した1枚目のスライドのタイトルを「分析③□入れ替えて効果を考える」、2枚目のスライドのタイトルを「分析④□追加して効果を考える」に修正してください。

※□は全角空白を表します。

Lesson 2-3 Answer

その他の方法

スライドの複製

◆サムネイルの一覧のスライドを選択→《ホーム》タブ→《クリップボード》グループの（コピー）の→《複製》

◆スライドを選択→《挿入》タブ→《スライド》グループの（新しいスライド）の→《選択したスライドの複製》

◆サムネイルの一覧のスライドを右クリック→《スライドの複製》

◆サムネイルの一覧のスライドを選択→ Ctrl + D

(1)

① スライド5を選択します。

② 《ホーム》タブ→《スライド》グループの（新しいスライド）の→《選択したスライドの複製》をクリックします。

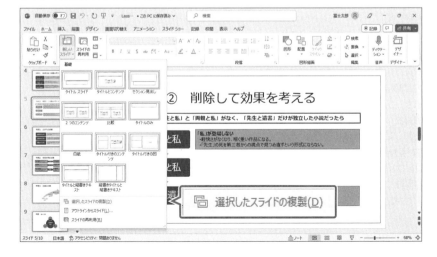

③ スライド5の後ろに、複製したスライドが挿入されます。

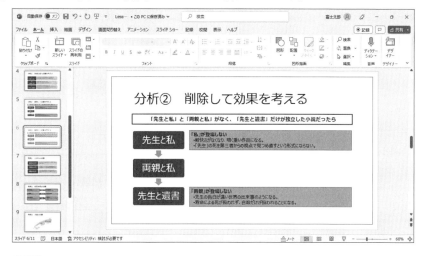

求められるスキル

出題範囲1

出題範囲2

出題範囲3

出題範囲4

出題範囲5

確認問題 標準解答

! Point

繰り返し
[F4]を押すと、直前に実行したコマンドを繰り返すことができます。
ただし、[F4]を押しても繰り返し実行できない場合もあります。

④ [F4]を押します。
⑤ スライド6の後ろに、複製したスライドが挿入されます。

(2)

① スライド6を選択します。
② タイトルを「**分析③　入れ替えて効果を考える**」に修正します。

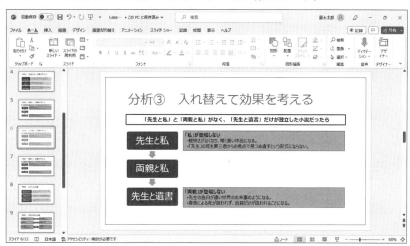

③ スライド7を選択します。
④ タイトルを「**分析④　追加して効果を考える**」に修正します。

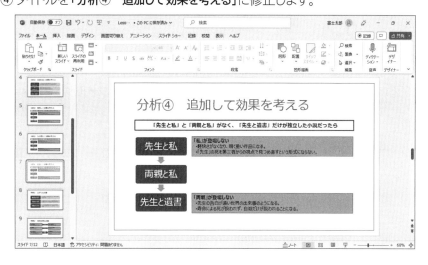

3 ほかのプレゼンテーションからスライドを挿入する

解説 ■スライドの再利用

PowerPointで作成したほかのプレゼンテーションのスライドを、作成中のプレゼンテーションのスライドとして利用することができます。スライドの再利用でスライドを挿入すると、選択したスライドの後ろに挿入されます。

プレゼンテーションA

| ○○ご紹介 | | 概要 | コンセプト | | ・・・・・ |

プレゼンテーションB

| ○○企画書 | 概要 | コンセプト | | ・・・・・ |

操作 ◆《ホーム》タブ→《スライド》グループの（新しいスライド）の→《スライドの再利用》

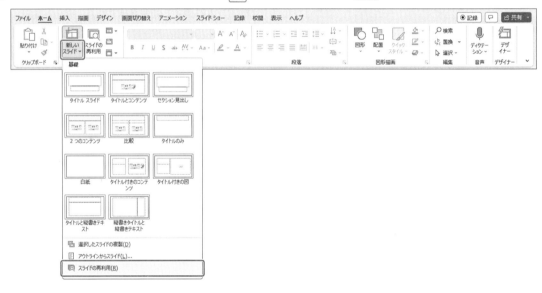

Lesson 2-4

 プレゼンテーション「Lesson2-4」を開いておきましょう。

次の操作を行いましょう。

(1) スライド2の後ろに、フォルダー「Lesson2-4」のプレゼンテーション「夏目漱石　主要作品」のスライド「「こころ」の概略」を挿入してください。元の書式を使用せずに挿入します。

Lesson 2-4 Answer

求められるスキル

出題範囲 1

出題範囲 2

出題範囲 3

出題範囲 4

出題範囲 5

確認問題 標準解答

🖱 その他の方法

スライドの再利用

◆スライドを選択→《挿入》タブ→《スライド》グループの （新しいスライド）の 新しいスライド→《スライドの再利用》

◆スライドを選択→《ホーム》タブ→ 🔲（スライドの再利用）

◆スライドを選択→《挿入》タブ→ 🔲（スライドの再利用）

※お使いの環境によっては、🔲（スライドの再利用）が表示されない場合があります。

❗ Point

《スライドの再利用》

お使いの環境によっては、《スライドの再利用》作業ウィンドウが次のような画面で表示される場合があります。

```
スライドの再利用           ∨  ✕

挿入元:
[                    ] [→]
                     [参照]

開いているプレゼンテーションで、他の PowerPoint ファイル
のスライドを再利用することができます。

PowerPoint ファイルを開く

スライドの再利用の詳細
```

❗ Point

スライドのコピー

ほかのプレゼンテーションのスライドをコピーして、作成中のプレゼンテーションに貼り付けることができます。

◆ほかのプレゼンテーションを開く→コピー元のスライドを選択→《ホーム》タブ→《クリップボード》グループの 🔲（コピー）→作成中のプレゼンテーションのスライドを選択→《ホーム》タブ→《クリップボード》グループの 🔲（貼り付け）

◆ほかのプレゼンテーションを開く→コピー元のスライドを選択し、作成中のプレゼンテーションにドラッグ

(1)

① スライド2を選択します。

② 《ホーム》タブ→《スライド》グループの 🔲（新しいスライド）の 新しいスライド→《スライドの再利用》をクリックします。

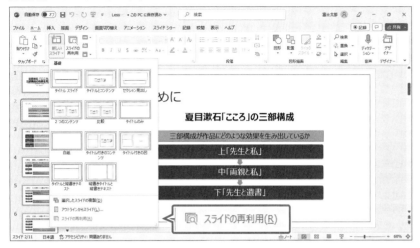

③ 《スライドの再利用》作業ウィンドウが表示されます。

※インターネットに接続していない環境では、作業ウィンドウが英語で表示される場合があります。

④ 《参照》をクリックします。

⑤ 《コンテンツの選択》ダイアログボックスが表示されます。

※お使いの環境によっては、《参照》ダイアログボックスが表示される場合があります。

⑥ フォルダー「Lesson2-4」を開きます。

※《ドキュメント》→「MOS 365-PowerPoint（1）」→「Lesson2-4」を選択します。

⑦ 一覧から「夏目漱石 主要作品」を選択します。

⑧ 《コンテンツの選択》をクリックします。

※お使いの環境によっては、《開く》と表示される場合があります。

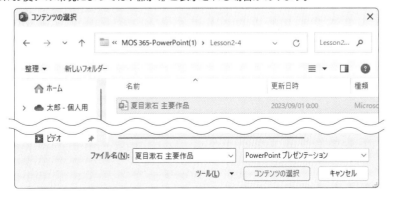

Point

元の書式を使用する

《スライドの再利用》作業ウィンドウの《元の書式を使用する》を✔にすると、元のスライドの書式のまま挿入されます。

※お使いの環境によっては、《元の書式を保持する》と表示される場合があります。

⑨《スライドの再利用》作業ウィンドウにスライドの一覧が表示されます。

⑩《元の書式を使用する》を☐にします。

※お使いの環境によっては、《元の書式を保持する》と表示される場合があります。

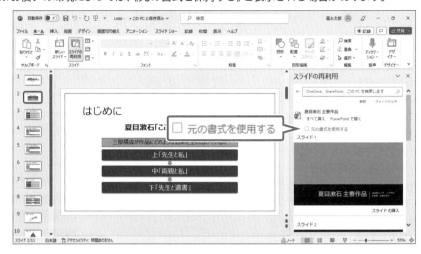

⑪スライド3の「「こころ」の概略」をクリックします。

⑫スライド2の後ろに、スライド「「こころ」の概略」が挿入されます。

※挿入されたスライドには、挿入先のプレゼンテーションのテーマが適用されます。

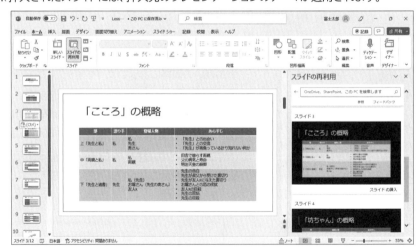

※《スライドの再利用》作業ウィンドウを閉じておきましょう。

4 Wordのアウトラインをインポートする

 解説 ■Word文書のインポート

「インポート」とは、ほかのアプリで作成したファイルのデータをPowerPointに取り込むことです。Word文書をPowerPointにインポートすると、選択したスライドの後ろにスライドとして挿入されます。

文書には、見出しスタイルを使ってアウトラインを設定しておきます。「**見出し1**」が設定されている段落はスライドタイトルとして、「**見出し2**」から「**見出し9**」が設定されている段落は箇条書きとして挿入されます。

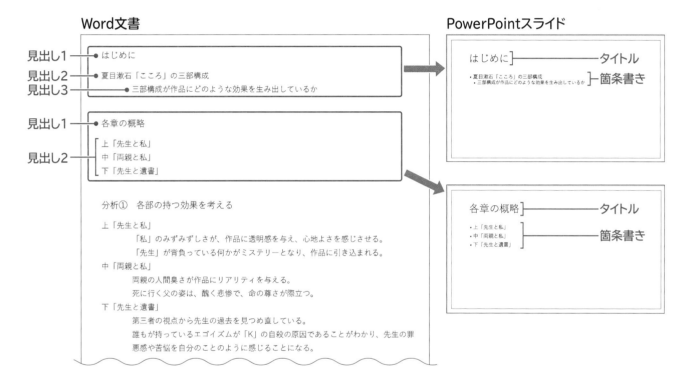

操作 ◆《ホーム》タブ→《スライド》グループの 📋 (新しいスライド) の 🗂→《アウトラインからスライド》

Lesson 2-5

 プレゼンテーション「Lesson2-5」を開いておきましょう。

次の操作を行いましょう。

(1) スライド1の後ろに、フォルダー「Lesson2-5」の文書「三部構成の効果」の
アウトラインを使用して、スライドを挿入してください。

Lesson 2-5 Answer

(1)

① スライド1を選択します。

②《ホーム》タブ→《スライド》グループの（新しいスライド）の→《アウトラ
インからスライド》をクリックします。

③《アウトラインの挿入》ダイアログボックスが表示されます。

④ フォルダー「**Lesson2-5**」を開きます。

※《ドキュメント》→「MOS 365-PowerPoint（1）」→「Lesson2-5」を選択します。

⑤ 一覧から「**三部構成の効果**」を選択します。

⑥《**挿入**》をクリックします。

⑦ スライド1の後ろに、Word文書がインポートされます。

※スライド2からスライド12までが挿入されます。

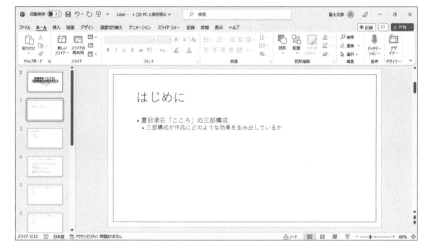

● その他の方法

Word文書のインポート

◆ スライドを選択→《挿入》タブ→
《スライド》グループの（新しい
スライド）の→《アウトラインか
らスライド》

● Point

スライドのリセット

Word文書をインポートして挿入され
たスライドには、Word文書で設定し
た書式がそのまま適用されます。
作成中のプレゼンテーションに適用
されているテーマの書式にそろえる
には、スライドをリセットします。

◆ スライドを選択→《ホーム》タブ
→《スライド》グループの（リ
セット）

5 | サマリーズームのスライドを挿入する

解説 ■サマリーズームのスライドの挿入

「**サマリーズーム**」を使うと、選択したスライドのサムネイル（縮小画像）を配置した、目次のようなスライドを作成できます。サムネイルにはリンクが設定され、スライドショーの実行中にクリックすると、そのスライドにジャンプできます。

また、選択したスライドを先頭として自動的にセクションが作成されます。サムネイルからセクション内のスライドを表示し終わると、サマリーズームのスライドに戻ります。

※「セクション」については、P.123を参照してください。

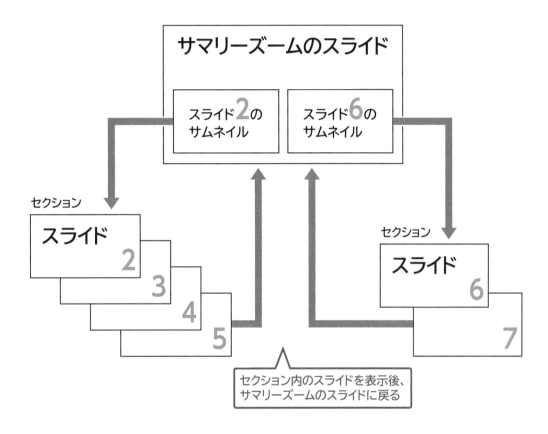

操作 ◆《挿入》タブ→《リンク》グループの [ズーム]（ズーム）→《サマリーズーム》

求められるスキル

出題範囲1

出題範囲2

出題範囲3

出題範囲4

出題範囲5

確認問題 標準解答

Lesson 2-6

 プレゼンテーション「Lesson2-6」を開いておきましょう。

次の操作を行いましょう。

(1) スライド4の前に、サマリーズームのスライドを挿入してください。スライド4とスライド8へのリンクを作成します。

(2) 挿入したスライドのタイトルに、「「こころ」の分析と考察」と入力してください。

(3) スライド1からスライドショーを実行してください。サマリーズームのサムネイルをクリックし、スライド「考察① 広がりの効果」を表示します。

Lesson 2-6 Answer

(1)

①《挿入》タブ→《リンク》グループの (ズーム)→《サマリーズーム》をクリックします。

②《サマリーズームの挿入》ダイアログボックスが表示されます。

③「**4. 分析① 各部の持つ効果を考える**」と「**8. 考察① 広がりの効果**」を ☑ にします。

④《**挿入**》をクリックします。

⑤スライド4にサマリーズームのスライドが挿入され、セクションが自動的に作成されます。

! Point

サマリーズームの挿入位置

サマリーズームのスライドは、《サマリーズームの挿入》ダイアログボックスで選択した先頭のスライドの前に挿入されます。
サマリーズームのスライドは「サマリーセクション」に作成されます。

! Point

《ズーム》タブ

サマリーズームのスライドのサムネイルを選択すると、リボンに《ズーム》タブが表示されます。
《ズーム》タブを使うと、サマリーズームに追加するセクションを変更したり、サムネイルの画像を変更したりできます。

! Point

ジャンプ先の確認

リボンの《ズーム》タブが選択されているときだけ、サムネイルの右下にジャンプ先のセクションに含まれるスライド番号が表示されます。スライドショー実行中やその他のタブが選択されているときは表示されません。

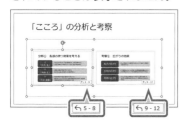

(2)

① スライド4を選択します。

② タイトルに「「こころ」の分析と考察」と入力します。

(3)

① スライド1を選択します。

② ステータスバーの 🖵 (スライドショー) をクリックします。

③ スライドショーが実行され、スライド1が画面全体に表示されます。

④ 3回クリックし、スライド4を表示します。

⑤「考察①　広がりの効果」のサムネイルをクリックします。

⑥ スライド「考察①　広がりの効果」が表示されます。

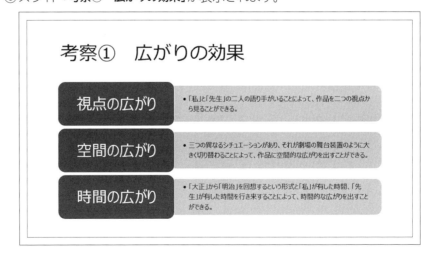

※セクションの最後のスライドまで表示されると、サマリーズームのスライドに戻ることを確認しておきましょう。

※確認後、Esc を押して、スライドショーを終了しておきましょう。

求められるスキル

出題範囲1

出題範囲2

出題範囲3

出題範囲4

出題範囲5

確認問題 標準解答

2 スライドを変更する

理解度チェック	習得すべき機能	参照Lesson	学習前	学習後	試験直前
	■ スライドを非表示スライドに設定できる。	➡Lesson2-7	☑	☑	☑
	■ スライドの背景を変更できる。	➡Lesson2-8	☑	☑	☑
	■ スライドにフッターやスライド番号を挿入できる。	➡Lesson2-9	☑	☑	☑

1 スライドを表示する、非表示にする

解説 ■非表示スライドの設定

補足説明や質疑応答用に準備したスライドなど、スライドショーの実行中に見せる必要がないスライドは、非表示スライドに設定します。

操作 ◆《スライドショー》タブ→《設定》グループの ⬜(非表示スライド)

Lesson 2-7

OPEN プレゼンテーション「Lesson2-7」を開いておきましょう。

次の操作を行いましょう。
(1) スライド2を非表示スライドに設定してください。
(2) スライド1からスライドショーを実行して、スライド2が表示されないことを確認してください。

Lesson 2-7 Answer

その他の方法

非表示スライドの設定
◆ サムネイルの一覧のスライドを右クリック→《非表示スライド》

(1)
① スライド2を選択します。
② 《**スライドショー**》タブ→《**設定**》グループの (非表示スライド)をクリックします。

③非表示スライドに設定されます。

※サムネイルの一覧のスライドが淡色表示になり、スライド番号に斜線が表示されます。

! Point

非表示スライドの解除

◆非表示スライドを選択→《スライドショー》タブ→《設定》グループの
（スライドの表示）

※サムネイルの一覧のスライドが標準の色に戻り、スライド番号の斜線が解除されます。

(2)

① スライド1を選択します。

② ステータスバーの 🖵 （スライドショー）をクリックします。

③ スライドショーが実行され、スライド1が画面全体に表示されます。

④ クリックします。

⑤ スライド2は表示されず、スライド3が表示されます。

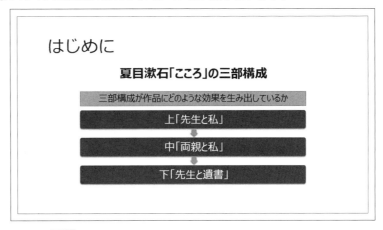

※確認後、Escを押して、スライドショーを終了しておきましょう。

求められるスキル

出題範囲1

出題範囲2

出題範囲3

出題範囲4

出題範囲5

確認問題 標準解答

2　個々のスライドの背景を変更する

解説　■スライドの背景の書式設定

スライドの背景を特定の色やグラデーションで塗りつぶすことができます。また、自分で用意した画像をスライドの背景として表示することもできます。

操作　◆《デザイン》タブ→《ユーザー設定》グループの [背景の書式設定] （背景の書式設定）

Lesson 2-8

OPEN　プレゼンテーション「Lesson2-8」を開いておきましょう。

次の操作を行いましょう。

(1) スライド1の背景に、テクスチャ「デニム」を設定し、背景グラフィックを非表示にしてください。次に、透明度を「50%」に変更してください。

(2) スライド2とスライド12の背景に、塗りつぶし「濃い青、アクセント3、白+基本色40%」を設定してください。

Lesson 2-8 Answer

その他の方法

スライドの背景の書式設定

◆スライドを右クリック→《背景の書式設定》

◆サムネイルの一覧のスライドを右クリック→《背景の書式設定》

◆《デザイン》タブ→《バリエーション》グループの［▽］→《背景のスタイル》→《背景の書式設定》

Point

デザイナー

「デザイナー」を使うと、入力した文字の内容や画像に合わせて、様々なデザインアイデアを提案してくれます。提案されたデザインの中から選ぶだけで、デザイン性の高いスライドを作成することができます。
デザイナーを使う方法は、次のとおりです。

◆《デザイン》タブ→《デザイナー》グループの [デザイナー] （デザイナー）

(1)

①スライド1を選択します。

②《デザイン》タブ→《ユーザー設定》グループの [背景の書式設定] （背景の書式設定）をクリックします。

③《背景の書式設定》作業ウィンドウが表示されます。

④《塗りつぶし》の詳細が表示されていることを確認します。

※表示されていない場合は、《塗りつぶし》をクリックします。

⑤《塗りつぶし（図またはテクスチャ）》を ⦿ にします。

⑥《テクスチャ》の [🖼▾] （テクスチャ）をクリックし、一覧から《デニム》を選択します。

⑦スライド1の背景にテクスチャが設定されます。

⑧《背景グラフィックを表示しない》を ✔ にします。

⑨《透明度》を「50%」に設定します。

!Point

《背景の書式設定》

❶塗りつぶし(単色)
背景を単色で塗りつぶします。色や透明度を設定できます。

❷塗りつぶし(グラデーション)
既定のグラデーションから選択したり、種類や方向、色、分岐点など詳細を設定したりできます。

❸塗りつぶし(図またはテクスチャ)
背景に画像やテクスチャを設定します。テクスチャとは、PowerPointに用意されている素材です。

❹塗りつぶし(パターン)
背景に模様を設定します。模様の種類や色を設定できます。

❺背景グラフィックを表示しない
✓にすると、スライドの背景に配置されている図形や画像などが非表示になります。

❻すべてに適用
設定した書式をすべてのスライドに適用します。

❼背景のリセット
設定した書式をリセットします。

!Point

複数スライドの選択

連続しないスライド

◆1枚目のスライドを選択→Ctrl を押しながら、2枚目以降のスライドを選択

連続するスライド

◆先頭のスライドを選択→Shift を押しながら、最終のスライドを選択

⑩スライド1の背景に配置されている図形が非表示になり、スライド全体にテクスチャが表示されます。

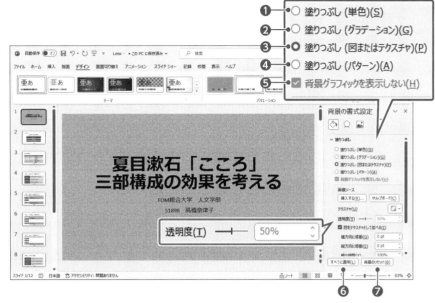

(2)

①スライド2を選択します。

②Ctrl を押しながら、スライド12を選択します。

※Ctrl を使うと、離れた場所にある複数のスライドを選択できます。

③《背景の書式設定》作業ウィンドウが表示されていることを確認します。

④《塗りつぶし(単色)》を◉にします。

⑤《色》の🎨▾(塗りつぶしの色)をクリックし、一覧から《テーマの色》の《濃い青、アクセント3、白+基本色40%》を選択します。

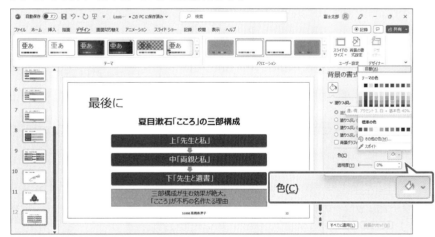

⑥スライド2とスライド12の背景に塗りつぶしが設定されます。

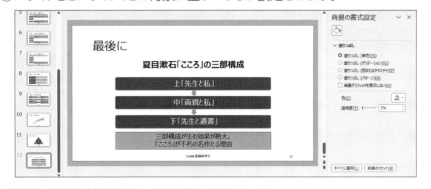

※《背景の書式設定》作業ウィンドウを閉じておきましょう。

118

3 スライドのヘッダー、フッター、ページ番号を挿入する

 解説　■日付と時刻、スライド番号、フッターの挿入

日付や時刻、スライド番号、フッターをスライドに挿入できます。フッターには、入力した文字を表示できます。

日付や時刻、フッターは、プレゼンテーション内のすべてのスライドで表示できます。表示位置は、プレゼンテーションに適用されているテーマによって異なります。

スライド1	スライド2	スライド3
2023/9/1	2023/9/1	2023/9/1
FOM出版　　　　　1	FOM出版　　　　　2	FOM出版　　　　　3

操作　◆《挿入》タブ→《テキスト》グループの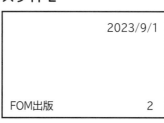（ヘッダーとフッター）／（日付と時刻）／（スライド番号の挿入）

※どのボタンを使っても、同じダイアログボックスが表示されます。

Lesson 2-9

OPEN　プレゼンテーション「Lesson2-9」を開いておきましょう。

次の操作を行いましょう。

(1) タイトルスライド以外のすべてのスライドに、スライド番号とフッターを挿入してください。フッターには、「51898□高橋奈津子」と入力します。

※□は全角空白を表します。

Lesson 2-9 Answer

(1)

① 《挿入》タブ→《テキスト》グループの（ヘッダーとフッター）をクリックします。

その他の方法

ヘッダーとフッターの挿入

◆《挿入》タブ→《テキスト》グループの（日付と時刻）／（スライド番号の挿入）

◆《ファイル》タブ→《印刷》→《ヘッダーとフッターの編集》

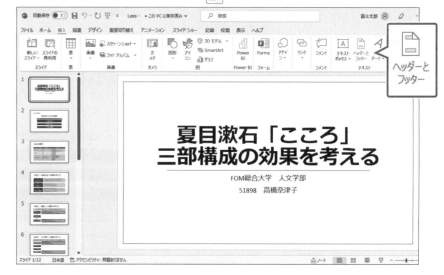

②《ヘッダーとフッター》ダイアログボックスが表示されます。

③《スライド》タブを選択します。

④《スライド番号》を☑にします。

⑤《フッター》を☑にし、「51898　高橋奈津子」と入力します。

⑥《タイトルスライドに表示しない》を☑にします。

⑦《すべてに適用》をクリックします。

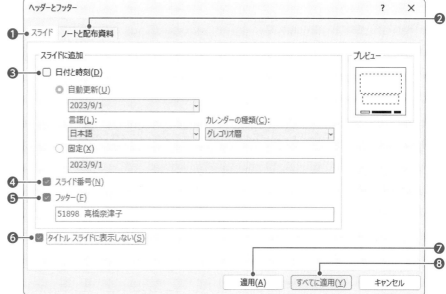

⑧スライド2を選択します。

⑨スライド番号とフッターが挿入されていることを確認します。

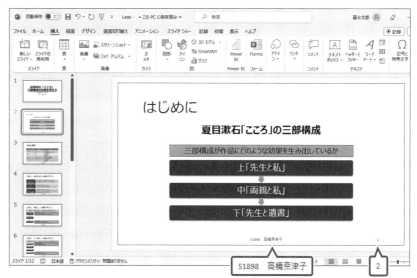

※タイトルスライド以外のスライドに、スライド番号とフッターが挿入されていることを確認しておきましょう。

❗ Point

《ヘッダーとフッター》

❶《スライド》タブ
スライドのヘッダーとフッターを設定します。

❷《ノートと配布資料》タブ
ノートと配布資料のヘッダーとフッターを設定します。

❸日付と時刻
日付や時刻を挿入します。プレゼンテーションを開くたびに日付や時刻を自動更新するか、常に固定の日付や時刻を表示するかを選択できます。

❹スライド番号
スライド番号を挿入します。

❺フッター
入力した文字を挿入します。

❻タイトルスライドに表示しない
☑にすると、❸～❺で設定した内容がタイトルスライドに表示されません。

❼適用
選択したスライドに設定した内容を適用します。

❽すべてに適用
すべてのスライドに設定した内容を適用します。

求められるスキル

出題範囲1

出題範囲2

出題範囲3

出題範囲4

出題範囲5

確認問題 標準解答

☑ 理解度チェック

習得すべき機能	参照Lesson	学習前	学習後	試験直前
■ スライドを移動して順番を入れ替えることができる。	➡ Lesson2-10	☑	☑	☑
■ セクションを追加できる。	➡ Lesson2-11	☑	☑	☑
■ セクション名を変更できる。	➡ Lesson2-12	☑	☑	☑
■ セクションを移動して順番を入れ替えることができる。	➡ Lesson2-13	☑	☑	☑

1 | スライドの順番を変更する

解説

■ スライドの移動

プレゼンテーションのストーリーに合わせて、スライドの順番を入れ替えることができます。

操作 ◆ サムネイルの一覧でスライドを移動先にドラッグ

■ スライド一覧を利用したスライドの移動

スライド枚数が多い場合や移動元と移動先が離れている場合には、スライド一覧に切り替えると、プレゼンテーション全体を確認しながら、スライドを移動できます。

操作 ◆ スライド一覧でスライドを移動先にドラッグ

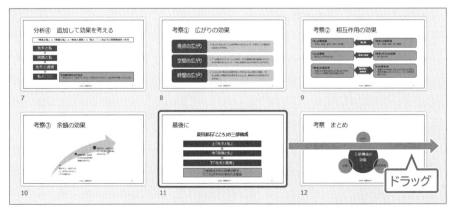

Lesson 2-10

 プレゼンテーション「Lesson2-10」を開いておきましょう。

次の操作を行いましょう。
(1) スライド11とスライド12を入れ替えてください。

Lesson 2-10 Answer

(1)

① スライド11を選択します。

② スライド12の下にドラッグします。

※ドラッグ中、マウスポインターの形が👆に変わります。

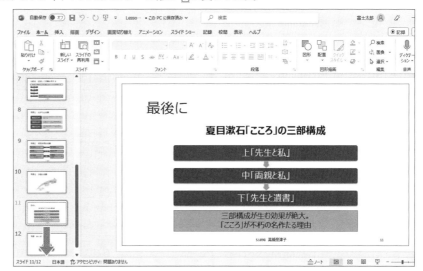

③ スライドが移動します。

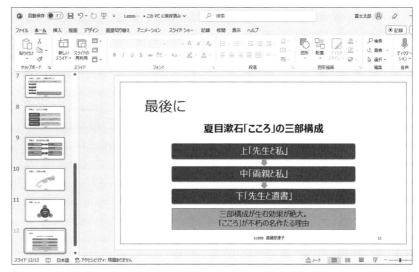

🖱 **その他の方法**

スライドの移動

◆ 移動するスライドを選択→
[Ctrl]+[↓]／[Ctrl]+[↑]

求められるスキル

出題範囲1

出題範囲2

出題範囲3

出題範囲4

出題範囲5

確認問題 標準解答

2 セクションを作成する

　**解説**　■セクションの追加

「セクション」とは、スライドをまとめたグループのことです。スライドの枚数が多いプレゼンテーションやストーリー展開が複雑なプレゼンテーションは、関連するスライドごとにセクションを分けると管理しやすくなります。例えば、セクションを入れ替えてプレゼンテーションの構成を変更したり、セクション単位でデザインを変更したり、印刷したりします。
初期の設定では、プレゼンテーションは1つのセクションから構成されていますが、セクションを追加して、複数のセクションに分割できます。

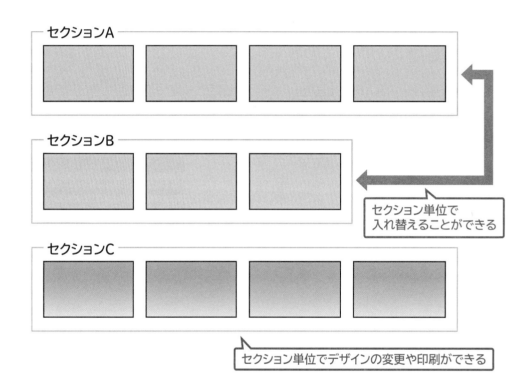

セクション単位で
入れ替えることができる

セクション単位でデザインの変更や印刷ができる

操作　◆《ホーム》タブ→《スライド》グループの □▾ (セクション) →《セクションの追加》

Lesson 2-11

　プレゼンテーション「Lesson2-11」を開いておきましょう。

次の操作を行いましょう。

(1) スライド2、スライド4、スライド8、スライド12の前に、セクションを追加してください。セクション名は既定のままとします。

Lesson 2-11 Answer

求められるスキル

出題範囲1

出題範囲2

出題範囲3

出題範囲4

出題範囲5

確認問題 標準解答

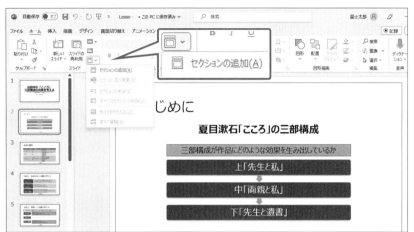

その他の方法

セクションの追加

◆ サムネイルの一覧のスライドを右クリック→《セクションの追加》

---

(1)

① スライド2を選択します。

②《ホーム》タブ→《スライド》グループの □・（セクション）→《セクションの追加》をクリックします。

③《セクション名の変更》ダイアログボックスが表示されます。

④《キャンセル》をクリックします。

⑤ 新しいセクションが追加され、プレゼンテーションが「既定のセクション」と「タイトルなしのセクション」の2つのセクションに分けられます。

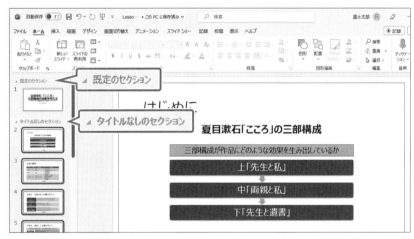

⑥ 同様に、スライド4、スライド8、スライド12の前にセクションを追加します。

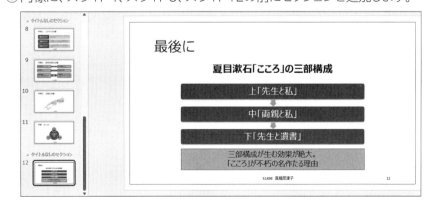

---

① Point

セクションの削除

◆ セクション名をクリック→《ホーム》タブ→《スライド》グループの □・（セクション）→《セクションの削除》

※ 削除したセクション内のスライドは1つ上のセクションに統合されます。

※ 複数のセクションがある場合、先頭のセクションは削除できません。

① Point

セクションとスライドの削除

セクションとセクション内のスライドをまとめて削除できます。

◆ セクションを選択→ Delete

3 | セクション名を変更する

解説　■セクション名の変更

セクションにわかりやすい名前を設定しておくと、スライドを管理しやすくなります。

操作 ◆《ホーム》タブ→《スライド》グループの [□▼] (セクション) →《セクション名の変更》

Lesson 2-12

OPEN　プレゼンテーション「Lesson2-12」を開いておきましょう。

次の操作を行いましょう。

(1) プレゼンテーションのセクション名を、上から「タイトル」「導入」「分析」「考察」「結論」に変更してください。

Lesson 2-12 Answer

(1)

①スライド1の前の《既定のセクション》をクリックします。

※セクションに含まれるスライドも選択されます。

②《ホーム》タブ→《スライド》グループの [□▼] (セクション) →《セクション名の変更》をクリックします。

③《セクション名の変更》ダイアログボックスが表示されます。

④《セクション名》に「タイトル」と入力します。

⑤《名前の変更》をクリックします。

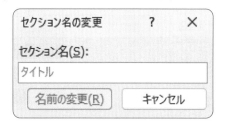

⑥セクション名が変更されます。

⑦同様に、スライド2、スライド4、スライド8、スライド12の前のセクション名を変更します。

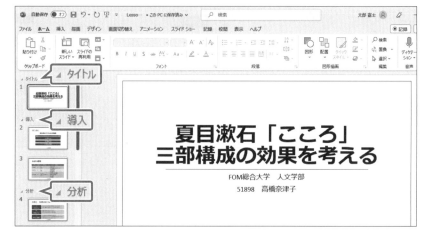

! Point

セクションの選択

サムネイルの一覧のセクション名をクリックすると、セクションを選択できます。
セクションを選択すると、セクションに含まれるスライドも選択されます。

🖱 その他の方法

セクション名の変更

◆セクション名を右クリック→《セクション名の変更》

! Point

セクションの折りたたみと展開

セクション名をダブルクリックすると、セクションに含まれるスライドを折りたたんだり、展開したりできます。

4 | セクションの順番を変更する

解説 ■セクションの移動

セクションを移動して順番を入れ替えることができます。セクションを移動すると、セクションに含まれるスライドをまとめて移動できます。

操作 ◆セクション名を右クリック→《セクションを上へ移動》/《セクションを下へ移動》

セクション名を
右クリック

Lesson 2-13

OPEN プレゼンテーション「Lesson2-13」を開いておきましょう。

次の操作を行いましょう。
(1) セクション「考察」とセクション「分析」を入れ替えてください。

Lesson 2-13 Answer

(1)
①セクション名「考察」を右クリックします。
②《セクションを下へ移動》をクリックします。

その他の方法

セクションの移動

◆セクション名を移動先までドラッグ

※ドラッグ中は、セクション内のスライドが折りたたまれ、セクション名だけが表示されます。

◆移動するセクションを選択→
[Ctrl]+[↓]/[Ctrl]+[↑]

Point

スライド一覧の利用

スライド一覧でセクション名をドラッグして移動することもできます。

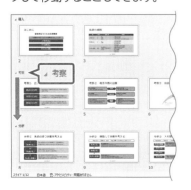

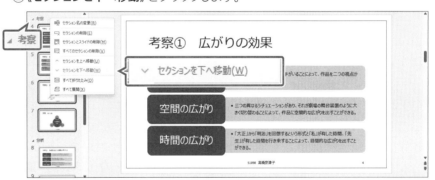

③セクション「考察」がセクション「分析」の下に移動します。

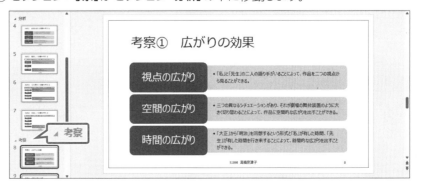

求められるスキル

出題範囲1

出題範囲2

出題範囲3

出題範囲4

出題範囲5

確認問題 標準解答

Exercise 確認問題

標準解答 ▶ P.258

Lesson 2-14

 プレゼンテーション「Lesson2-14」を開いておきましょう。

あなたは、ファッションアイテムを取り扱う株式会社ライラモードに勤務しており、新シリーズを提案するためのプレゼンテーションを作成します。
次の操作を行いましょう。

問題(1) スライド1の後ろに、フォルダー「Lesson2-14」の文書「企画骨子」のアウトラインを使用して、スライドを挿入してください。作成したスライドの書式はリセットします。

問題(2) プレゼンテーションの最後に、フォルダー「Lesson2-14」のプレゼンテーション「戦略」のすべてのスライドを挿入してください。元の書式を使用せずに挿入します。

問題(3) スライド「セールスポイント」をスライド「商品コンセプト」の後ろに移動してください。

　　💡Hint　操作対象のスライドのタイトルを確認するには、サムネイルの一覧でスライドをポイントしてポップヒントを表示します。

問題(4) スライド「顧客サポート戦略」の前に、セクションを追加してください。セクション名は「販売戦略」とします。

問題(5) スライド「顧客サポート戦略」とスライド「ブランドイメージ戦略」の背景に、塗りつぶし「ゴールド、アクセント1、白+基本色60%」を設定してください。背景グラフィックは非表示にします。

問題(6) スライド「商品コンセプト」とスライド「セールスポイント」のレイアウトを「タイトル付きのコンテンツ」に変更してください。

問題(7) スライド「値ごろ感調査結果」にフッター「部外秘」を表示し、非表示スライドに設定してください。

問題(8) スライド「市場分析」の前に、サマリーズームのスライドを挿入してください。スライド「市場分析」、スライド「商品コンセプト」、スライド「顧客サポート戦略」へのリンクを作成し、スライドのタイトルに「アジェンダ」と入力します。

MOS PowerPoint 365

出題範囲 3

テキスト、図形、画像の挿入と書式設定

1 テキストを書式設定する

 理解度チェック	習得すべき機能	参照Lesson	学習前	学習後	試験直前
	■フォントやフォントの色を変更できる。	➡Lesson3-1	☑	☑	☑
	■文字の間隔を変更できる。	➡Lesson3-1	☑	☑	☑
	■文字にワードアートのスタイルを適用できる。	➡Lesson3-2	☑	☑	☑
	■段組みを設定できる。	➡Lesson3-3	☑	☑	☑
	■箇条書きや段落番号を設定できる。	➡Lesson3-4	☑	☑	☑

1 テキストに書式設定やスタイルを適用する

解説

■テキストの書式設定

プレースホルダー内のフォントやフォントサイズ、フォントの色などはプレゼンテーションに適用されているテーマによって異なりますが、あとから変更することもできます。

プレースホルダー内のすべての文字の書式をまとめて変更する場合は、プレースホルダーを選択してからコマンドを実行します。プレースホルダー内の一部の文字の書式を変更する場合は、対象の文字を選択してからコマンドを実行します。

操作 ◆《ホーム》タブ→《フォント》グループのボタン

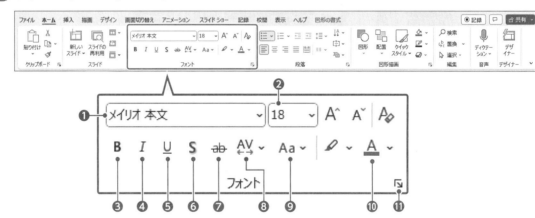

❶ メイリオ 本文（フォント）
フォントを変更します。

❷ 18（フォントサイズ）
フォントサイズを変更します。

❸ B（太字）
太字を設定します。

❹ I（斜体）
斜体を設定します。

❺ U（下線）
下線を設定します。

❻ S（文字の影）
影を付けて立体的にします。

❼ ab（取り消し線）
文字に取り消し線を設定します。

❽ AV（文字の間隔）
文字の間隔を設定します。

❾ Aa（文字種の変換）
英字を大文字や小文字にします。

❿ A（フォントの色）
フォントの色を変更します。

⓫ （フォント）
《フォント》ダイアログボックスを表示します。フォントやフォントサイズ、太字、斜体などの文字に関する書式を一度に設定したり、下線の種類や色を設定したり、文字飾りや文字間隔を設定したりできます。

Lesson 3-1

 プレゼンテーション「Lesson3-1」を開いておきましょう。

次の操作を行いましょう。

(1) スライド1のサブタイトルのフォントの色を「アクア、アクセント2」に変更してください。次に、サブタイトルの「FOM」のフォントを「Arial Black」に変更してください。

(2) スライド1のタイトルの文字の間隔を広げて、幅「5pt」に設定してください。

Lesson 3-1 Answer

(1)

① スライド1を選択します。

② サブタイトルのプレースホルダーを選択します。

③《**ホーム**》タブ→《**フォント**》グループの （フォントの色）の▼→《**テーマの色**》の《**アクア、アクセント2**》をクリックします。

④ サブタイトルのフォントの色が変更されます。

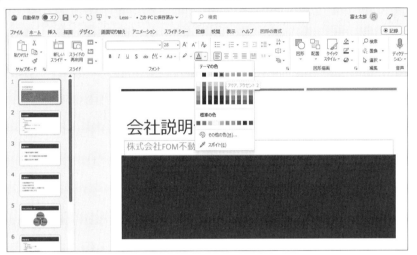

⑤ サブタイトルの「**FOM**」を選択します。

⑥《**ホーム**》タブ→《**フォント**》グループの Calibri 本文 ▼（フォント）の▼→《**Arial Black**》をクリックします。

⑦ フォントが変更されます。

求められるスキル

出題範囲1

出題範囲2

出題範囲3

出題範囲4

出題範囲5

確認問題 標準解答

(2)

①スライド1を選択します。

②タイトルのプレースホルダーを選択します。

③《ホーム》タブ→《フォント》グループの ⬜ （フォント）をクリックします。

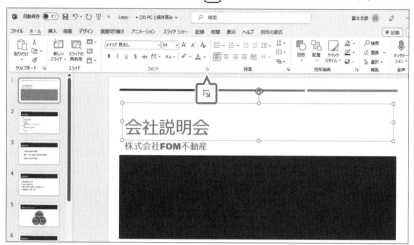

④《フォント》ダイアログボックスが表示されます。

⑤《文字幅と間隔》タブを選択します。

⑥《間隔》の ⬇ をクリックし、一覧から《文字間隔を広げる》を選択します。

⑦《幅》を「5」ptに設定します。

⑧《OK》をクリックします。

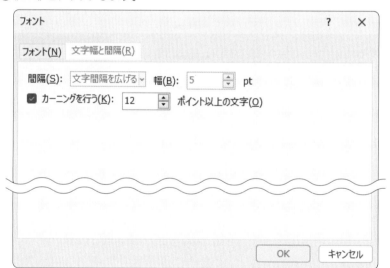

⑨文字の間隔が広がります。

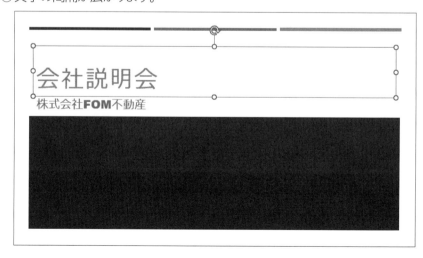

● Point

書式のクリア

設定されている書式をクリアする方法は、次のとおりです。

◆文字を選択→《ホーム》タブ→《フォント》グループの ⬜ （すべての書式をクリア）

■ワードアートのスタイルの適用

PowerPointには、文字を装飾するための様々な種類の組み込みの書式が用意されており、これを「**ワードアートのスタイル**」といいます。ワードアートのスタイルを使うと、一覧から選択するだけで、簡単に文字を装飾できます。ワードアートのスタイルは、プレースホルダーやSmartArtグラフィックの文字にも設定できます。

操作　◆《図形の書式》タブ／《書式》タブ→《ワードアートのスタイル》グループのボタン

❶ワードアートのスタイル

文字にワードアートのスタイルを適用します。

❷ ［Ａ ∨］（文字の塗りつぶし）

文字の色を設定します。

❸ ［Ａ ∨］（文字の輪郭）

文字の輪郭の色や太さ、線の種類などを設定します。

❹ ［Ａ ∨］（文字の効果）

文字に、影や反射、光彩などの効果を設定します。

Lesson 3-2

　プレゼンテーション「Lesson3-2」を開いておきましょう。

次の操作を行いましょう。

(1) スライド1のタイトルに、ワードアートのスタイル「塗りつぶし：黒、文字色1；輪郭：白、背景色1；影（ぼかしなし）：白、背景色1」を適用し、文字の塗りつぶしを「アクア、アクセント2」に設定してください。

Lesson 3-2 Answer

(1)

①スライド1を選択します。

②タイトルのプレースホルダーを選択します。

③《図形の書式》タブ→《ワードアートのスタイル》グループの ∨ →《塗りつぶし：黒、文字色1；輪郭：白、背景色1；影（ぼかしなし）：白、背景色1》をクリックします。

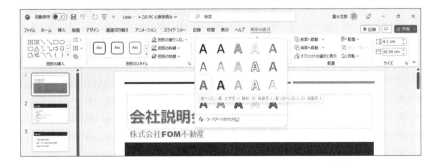

④《図形の書式》タブ→《ワードアートのスタイル》グループの ［Ａ∨］（文字の塗りつぶし）の ∨ →《テーマの色》の《アクア、アクセント2》をクリックします。

⑤タイトルにワードアートのスタイルが設定されます。

! Point

ワードアートのスタイルのクリア

◆文字を選択→《図形の書式》タブ／《書式》タブ→《ワードアートのスタイル》グループの ∨ →《ワードアートのクリア》

求められるスキル

出題範囲1

出題範囲2

出題範囲3

出題範囲4

出題範囲5

確認問題　標準解答

2 テキストに段組みを設定する

 解説 ■ 段組みの設定

プレースホルダー内の1行の文字数が長い場合や、スライド全体の文字量が多い場合は、**「段組み」**を設定して、複数の段に分けると読みやすくなります。段数や、段と段の間隔を設定することもできます。

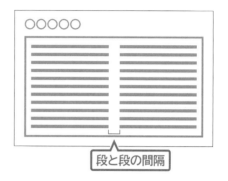

段数 / 段と段の間隔

操作 ◆《ホーム》タブ→《段落》グループの ☰⌄ （段の追加または削除）

Lesson 3-3

OPEN プレゼンテーション「Lesson3-3」を開いておきましょう。

次の操作を行いましょう。

(1) スライド6の箇条書きを2段組みにし、段と段の間隔を「1cm」に設定してください。

Lesson 3-3 Answer

(1)

① スライド6を選択します。

② 箇条書きのプレースホルダーを選択します。

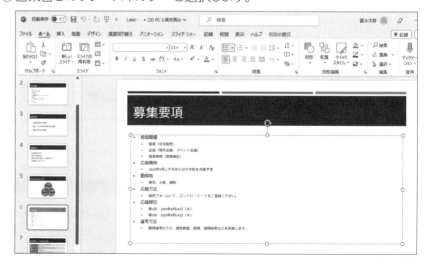

③《ホーム》タブ→《段落》グループの ▤▾ (段の追加または削除) →《段組みの詳細設定》をクリックします。

④《段組み》ダイアログボックスが表示されます。

⑤《数》を「2」に設定します。

⑥《間隔》を「1cm」に設定します。

⑦《OK》をクリックします。

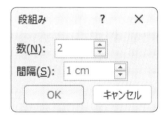

⑧段組みが設定されます。

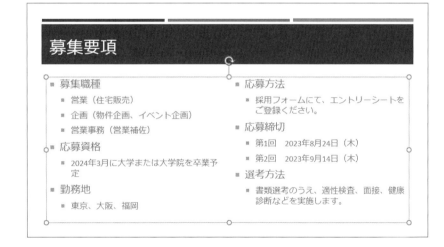

① Point

段組みの解除

◆ プレースホルダーを選択→《ホーム》タブ→《段落》グループの ▤▾ (段の追加または削除) →《1段組み》

求められるスキル

出題範囲1

出題範囲2

出題範囲3

出題範囲4

出題範囲5

確認問題 標準解答

3 箇条書きや段落番号を作成する

 解説 ■箇条書きの設定

「**箇条書き**」を使うと、段落の先頭に「●」や「◆」などの「**行頭文字**」を付けることができます。また、行頭文字の種類を変更したり、サイズや色を変更したりできます。

●地球環境を守る
●社会に貢献する
●豊かで安全な暮らしを提供す
●お客様を大切にする

◆地球環境を守る
◆社会に貢献する
◆豊かで安全な暮らしを提供する
◆お客様を大切にする

操作 ◆《ホーム》タブ→《段落》グループの [≡▾] (箇条書き)

■段落番号の設定

「**段落番号**」を使うと、段落の先頭に「**1.2.3.**」や「①②③」などの連続した番号を付けることができます。

1. 不動産売買仲介業務
2. 新築・中古不動産の受託販売
3. 賃貸住宅の仲介業務

① 不動産売買仲介業務
② 新築・中古不動産の受託販売業務
③ 賃貸住宅の仲介業務

操作 ◆《ホーム》タブ→《段落》グループの [≡▾] (段落番号)

Lesson 3-4

 プレゼンテーション「Lesson3-4」を開いておきましょう。

次の操作を行いましょう。
(1) スライド2の第1レベルの箇条書きの行頭文字を、矢印の行頭文字に変更してください。行頭文字のサイズは150%、色は「濃い青、アクセント1」にします。
(2) スライド6とスライド7の第1レベルの箇条書きの行頭文字を、段落番号「1.2.3.」に変更してください。スライド7の段落番号は「4」から開始します。

（1）

① スライド2を選択します。

②「**社名**」の段落をクリックして、カーソルを表示します。

※段落内であれば、どこでもかまいません。

③《**ホーム**》タブ→《**段落**》グループの （箇条書き）の →《**箇条書きと段落番号**》をクリックします。

その他の方法

箇条書きの設定

◆ 段落を右クリック→《箇条書き》

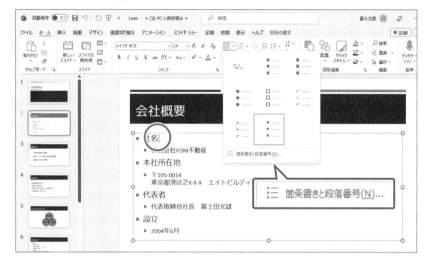

④《**箇条書きと段落番号**》ダイアログボックスが表示されます。

⑤《**箇条書き**》タブを選択します。

⑥ 一覧から《**矢印の行頭文字**》を選択します。

⑦《**サイズ**》を「**150**」%に設定します。

⑧《**色**》の （色）をクリックし、一覧から《**テーマの色**》の《**濃い青、アクセント1**》を選択します。

⑨《**OK**》をクリックします。

⚠ Point

《箇条書きと段落番号》の
《箇条書き》タブ

❶行頭文字
行頭文字を設定します。

❷サイズ
行頭文字のサイズを設定します。
段落のフォントサイズに対する割合
で指定します。

❸色
行頭文字の色を設定します。

❹図
画像を行頭文字に設定します。

❺ユーザー設定
記号や特殊記号を行頭文字に設定
します。

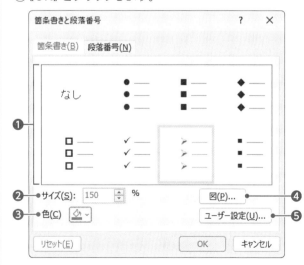

⑩ 行頭文字が変更されます。

⑪「**本社所在地**」の段落をクリックして、カーソルを表示します。

※段落内であれば、どこでもかまいません。

⑫ [F4] を押します。

※ [F4] を使うと、直前の操作を繰り返すことができます。

⑬同様に、その他の第1レベルの箇条書きの行頭文字を変更します。

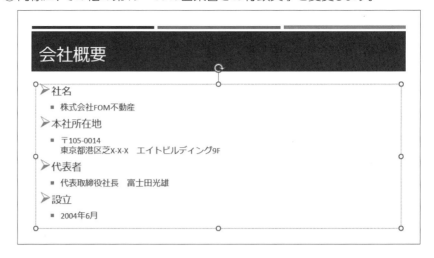

! Point

箇条書きの解除

◆段落を選択→《ホーム》タブ→《段落》グループの ≡（箇条書き）

※ボタンが標準の色に戻ります。

その他の方法

段落番号の設定

◆段落を右クリック→《段落番号》

(2)

①スライド6を選択します。

②「**募集職種**」の段落をクリックして、カーソルを表示します。

※段落内であれば、どこでもかまいません。

③《**ホーム**》タブ→《**段落**》グループの ≡▾（段落番号）の ▾ →《**1.2.3.**》をクリックします。

④段落番号に変更されます。

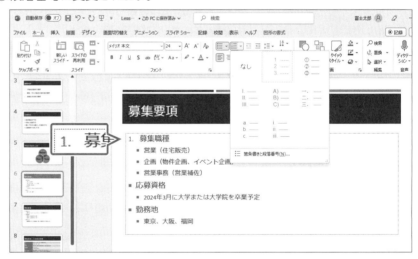

⑤同様に、その他の第1レベルの箇条書きを段落番号に変更します。

※ F4 を使うと、直前の操作を繰り返すことができます。

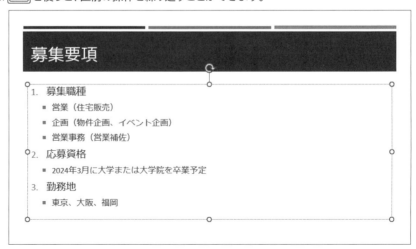

⑥ スライド7を選択します。

⑦「**応募方法**」の段落をクリックして、カーソルを表示します。

※段落内であれば、どこでもかまいません。

⑧《**ホーム**》タブ→《**段落**》グループの 三 （段落番号）の → 《**箇条書きと段落番号**》をクリックします。

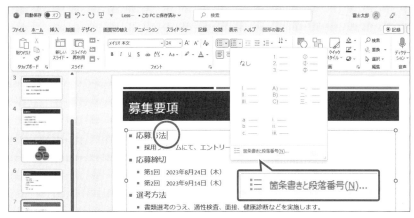

⑨《**箇条書きと段落番号**》ダイアログボックスが表示されます。

⑩《**段落番号**》タブを選択します。

⑪ 一覧から《**1.2.3.**》を選択します。

⑫《**開始**》を「**4**」に設定します。

⑬《**OK**》をクリックします。

⑭ 段落番号に変更され、「**4.**」が表示されます。

⑮ 同様に、その他の第1レベルの箇条書きを段落番号に変更します。

※ F4 を使うと、直前の操作を繰り返すことができます。

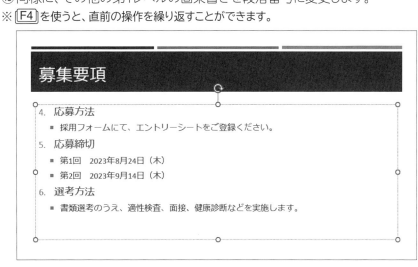

! Point

《箇条書きと段落番号》の《段落番号》タブ

❶ 段落番号
段落番号を設定します。

❷ サイズ
段落番号のサイズを設定します。
段落のフォントサイズに対する割合で指定します。

❸ 色
段落番号の色を設定します。

❹ 開始
開始する番号を設定します。

! Point

段落番号の解除

◆ 段落を選択→《ホーム》タブ→《段落》グループの 三 （段落番号）
※ ボタンが標準の色に戻ります。

求められるスキル

出題範囲1

出題範囲2

出題範囲3

出題範囲4

出題範囲5

確認問題 標準解答

2 リンクを挿入する

☑ 理解度チェック	習得すべき機能	参照Lesson	学習前	学習後	試験直前
■ハイパーリンクを挿入できる。		➡Lesson3-5	☑	☑	☑
■セクションズームを挿入し、リンクを作成できる。		➡Lesson3-6	☑	☑	☑
■スライドズームを挿入し、リンクを作成できる。		➡Lesson3-7	☑	☑	☑

1 ハイパーリンクを挿入する

 **解説**

■ハイパーリンクの挿入

「**ハイパーリンク**」を使うと、スライドに配置されている文字やオブジェクトに、別の場所の情報を結び付ける(リンクする)ことができます。
ハイパーリンクを設定すると、次のようなことができます。

- ●同じプレゼンテーション内の指定したスライドに移動する
- ●ほかのプレゼンテーションを開いて、指定したスライドに移動する
- ●ほかのアプリで作成したファイルを開く
- ●ブラウザーを起動し、指定したアドレスのWebページを表示する
- ●メールソフトを起動し、メッセージ作成画面を表示する

操作 ◆《挿入》タブ→《リンク》グループの 🔗 (リンク)

Lesson 3-5

 プレゼンテーション「Lesson3-5」を開いておきましょう。

次の操作を行いましょう。

(1) スライド6の「東京、大阪、福岡」に、フォルダー「Lesson3-5」のプレゼンテーション「営業所一覧」を表示するハイパーリンクを挿入してください。

(2) スライド6の「採用フォーム」に、Webページ「https://www.fom.fujitsu.com/goods/」を表示するハイパーリンクを挿入してください。

Lesson 3-5 Answer

(1)

① スライド6を選択します。

②「**東京、大阪、福岡**」を選択します。

求められるスキル
出題範囲1
出題範囲2
出題範囲3
出題範囲4
出題範囲5
確認問題 標準解答

■ その他の方法

ハイパーリンクの挿入

◆ 文字やオブジェクトを選択して右クリック→《リンク》

◆ 文字やオブジェクトを選択→ [Ctrl] + [K]

③《挿入》タブ→《リンク》グループの [🔗] (リンク) をクリックします。

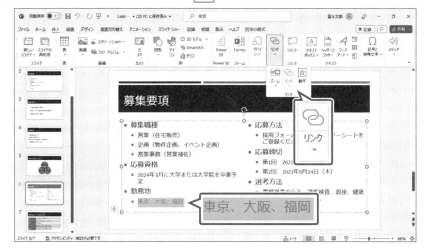

④《ハイパーリンクの挿入》ダイアログボックスが表示されます。

⑤《リンク先》の《ファイル、Webページ》をクリックします。

⑥《現在のフォルダー》が選択されていることを確認します。

⑦ 一覧からフォルダー「Lesson3-5」をダブルクリックします。

⑧ 一覧から「営業所一覧」を選択します。

⑨《OK》をクリックします。

⑩「東京、大阪、福岡」にハイパーリンクが挿入されます。

※ 選択を解除して、文字をポイントすると、ポップヒントにリンク先が表示されます。

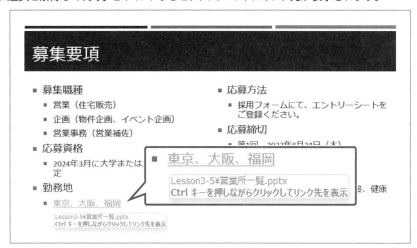

※ [Ctrl] を押しながら文字をクリックし、リンク先に移動することを確認しておきましょう。
確認後、リンク先のプレゼンテーションを閉じておきましょう。

■ Point

《ハイパーリンクの挿入》

❶ ファイル、Webページ
既存のファイルやWebページをリンク先として指定します。

❷ このドキュメント内
同じプレゼンテーション内のスライドをリンク先として指定します。

❸ 新規作成
新規プレゼンテーションをリンク先として指定します。

❹ 電子メールアドレス
電子メールアドレスをリンク先として指定します。

❺ 表示文字列
リンク元に表示する文字を設定します。表示する文字列を直接入力することもできます。

❻ ヒント設定
リンク元をポイントしたときに表示する文字を設定します。

❼ ブックマーク
選択したプレゼンテーション内のスライドをリンク先として指定します。

※ ほかのプレゼンテーションの指定したスライドに移動できるのは、スライドショーの実行中だけです。

■ Point

リンク先に移動

スライドショーの実行中にリンク先に移動するには、ハイパーリンクを設定した文字やオブジェクトをクリックします。
標準の表示でリンク先に移動するには、ハイパーリンクを設定した文字やオブジェクトを [Ctrl] を押しながらクリックします。

(2)

①スライド6を選択します。

②「採用フォーム」を選択します。

③《挿入》タブ→《リンク》グループの 🔗 (リンク) をクリックします。

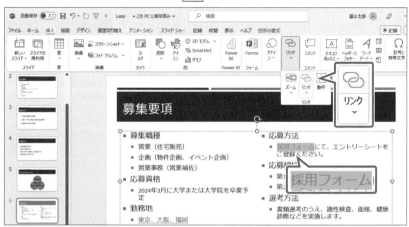

④《ハイパーリンクの挿入》ダイアログボックスが表示されます。

⑤《リンク先》の《ファイル、Webページ》を選択します。

⑥《アドレス》に「https://www.fom.fujitsu.com/goods/」と入力します。

※アドレスを入力するとき、間違いがないか確認してください。

⑦《OK》をクリックします。

⑧「採用フォーム」にハイパーリンクが挿入されます。

※選択を解除して、文字をポイントすると、ポップヒントにリンク先が表示されます。

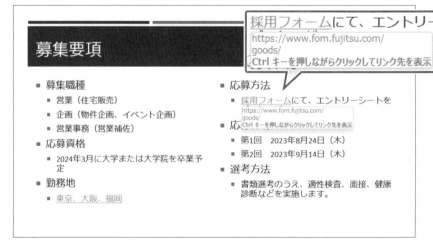

❗Point
ハイパーリンクの編集

◆ハイパーリンクを設定した文字やオブジェクトを右クリック→《リンクの編集》

❗Point
ハイパーリンクの削除

◆ハイパーリンクを設定した文字やオブジェクトを右クリック→《リンクの削除》

※ [Ctrl] を押しながら文字をクリックし、リンク先に移動することを確認しておきましょう。確認後、リンク先のWebページを閉じておきましょう。

※インターネットに接続できる環境が必要です。

2　セクションズームやスライドズームのリンクを挿入する

解説　■セクションズームとスライドズーム

「**ズーム**」を使うと、既存のスライド上にサムネイルを追加し、目的のセクションやスライドに移動するリンクを挿入できます。

操作　◆《挿入》タブ→《リンク》グループの［ズーム］

❶**セクションズーム**

セクションへ移動するズームを設定します。

❷**スライドズーム**

特定のスライドへ移動するズームを設定します。

Lesson 3-6

OPEN　プレゼンテーション「Lesson3-6」を開いておきましょう。

次の操作を行いましょう。

(1) スライド2にセクションズームを挿入し、セクション「会社説明」と「募集要項」にリンクを作成してください。サムネイルは、各箇条書きの下側に配置します。

Lesson 3-6 Answer

(1)

①スライド2を選択します。

②《**挿入**》タブ→《**リンク**》グループの［ズーム］（ズーム）→《**セクションズーム**》をクリックします。

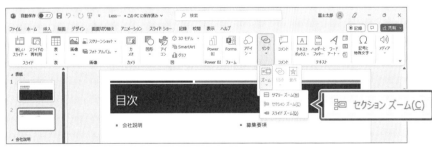

③《**セクションズームの挿入**》ダイアログボックスが表示されます。

④「**セクション2：会社説明**」と「**セクション3：募集要項**」を✔にします。

⑤《**挿入**》をクリックします。

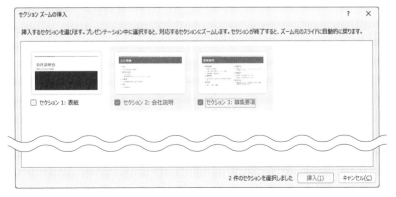

⑥セクションズームのサムネイルが挿入されます。

⑦サムネイルをドラッグして、各箇条書きの下側に移動します。

! Point

スマートガイド

プレースホルダーや画像などのオブジェクトが配置されているスライドで、オブジェクトを移動する際、赤い点線が表示されます。これを「スマートガイド」といいます。複数のオブジェクトの位置をそろえるのに役立ちます。

※スライドショーを実行し、セクションに移動することを確認しておきましょう。

Lesson 3-7

 プレゼンテーション「Lesson3-7」を開いておきましょう。

次の操作を行いましょう。

(1) スライド2の右下に、スライド8へリンクするスライドズームを挿入してください。

Lesson 3-7 Answer

(1)

①スライド2を選択します。

②《挿入》タブ→《リンク》グループの (ズーム) →《スライドズーム》をクリックします。

③《スライドズームの挿入》ダイアログボックスが表示されます。

④「8.東京本社」を ☑ にします。

⑤《挿入》をクリックします。

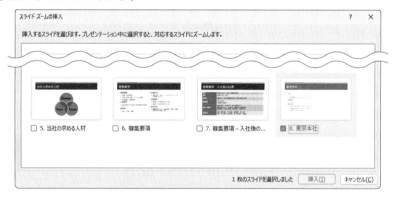

⑥スライドズームのサムネイルが挿入されます。

⑦サムネイルをドラッグして、スライドの右下に移動します。

! Point

サムネイルの書式設定

セクションズームやスライドズームで挿入されたサムネイルは枠線の色や太さを変更したり、スタイルを設定したりすることができます。

サムネイルに書式を設定するには、《ズーム》タブを使います。

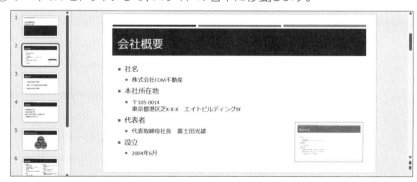

※スライドショーを実行し、スライドに移動することを確認しておきましょう。

3 図を挿入する、書式設定する

☑ 理解度チェック	習得すべき機能	参照Lesson	学習前	学習後	試験直前
■図を挿入できる。		➡Lesson3-8	☑	☑	☑
■図のサイズを変更できる。		➡Lesson3-9	☑	☑	☑
■図をトリミングできる。		➡Lesson3-9	☑	☑	☑
■図のスタイルを適用できる。		➡Lesson3-10	☑	☑	☑
■図に枠線や効果などの書式を設定できる。		➡Lesson3-10	☑	☑	☑
■スクリーンショットを挿入できる。		➡Lesson3-11	☑	☑	☑

1 図を挿入する

 **■図の挿入**

カメラやスマートフォンで撮影したり、スキャナーで取り込んだりした画像を、PowerPoint
のスライドに挿入できます。PowerPointでは、画像のことを「**図**」といいます。

操作 ◆《挿入》タブ→《画像》グループの(画像を挿入します)→《このデバイス》

Lesson 3-8

プレゼンテーション「Lesson3-8」を開いておきましょう。

次の操作を行いましょう。
(1) スライド2に、フォルダー「Lesson3-8」の画像「社長」を挿入し、箇条書きの
右側に配置してください。

Lesson 3-8 Answer

(1)
①スライド2を選択します。
②《**挿入**》タブ→《**画像**》グループの(画像を挿入します)→《**このデバイス**》をク
リックします。

！Point

図の挿入
スライドにコンテンツのプレースホル
ダーが配置されている場合、図を直
接挿入できます。
◆ プレースホルダーの(図)

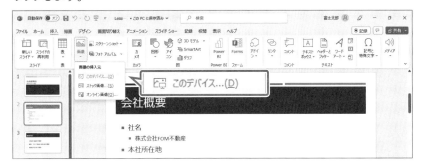

求められるスキル

出題範囲1

出題範囲2

出題範囲3

出題範囲4

出題範囲5

確認問題 標準解答

③《図の挿入》ダイアログボックスが表示されます。

④フォルダー「**Lesson3-8**」を開きます。

※《ドキュメント》→「MOS 365-PowerPoint(1)」→「Lesson3-8」を選択します。

⑤一覧から「**社長**」を選択します。

⑥《**挿入**》をクリックします。

⑦図が挿入されます。

※《デザイナー》作業ウィンドウが表示された場合は、閉じておきましょう。

⑧図のように、箇条書きの右側にドラッグします。

⑨図が移動します。

! Point

代替テキストの自動生成

図を挿入すると、画像の内容に合わせて自動的に生成された代替テキストが提案されます。

《代替テキスト…》をポイントすると、画像の上部に、代替テキストの内容が表示されます。受け入れる場合は《承認》、変更する場合は《編集》をクリックします。

※お使いの環境によっては、代替テキストが自動生成されない場合があります。

! Point

図の削除

◆図を選択→[Delete]

求められるスキル

出題範囲1

出題範囲2

出題範囲3

出題範囲4

出題範囲5

確認問題 標準解答

2　図のサイズを変更する、図をトリミングする

 解説

■図のサイズ変更

スライドに挿入した図が意図するサイズで表示されない場合は、適切なサイズに変更します。
図のサイズを変更するには、図を選択すると周囲に表示される○（ハンドル）をドラッグします。

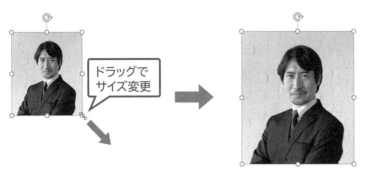

図のサイズを数値で正確に指定することもできます。

操作 ◆《図の形式》タブ→《サイズ》グループのボタン

❶⟦⟧（図形の高さ）
図の高さを設定します。

❷⟦⟧（図形の幅）
図の幅を設定します。

❸⟦⟧（配置とサイズ）
《図の書式設定》作業ウィンドウを
表示します。図の配置やサイズ
など、詳細を設定できます。

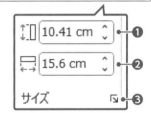

■図のトリミング

図の上下左右の不要な部分を切り取って、必要な部分だけ残すことを「**トリミング**」といいます。
図をトリミングする場合、自由なサイズでトリミングすることもできますが、縦横比を指定し
てトリミングしたり、四角形や円などの形状に合わせてトリミングしたりすることもできます。

操作 ◆《図の形式》タブ→《サイズ》グループの⟦⟧（トリミング）

❶トリミング
図の上下左右の不要な部分を切り取ります。
※⟦⟧（トリミング）でも同じ操作ができます。

❷図形に合わせてトリミング
図形の形状に合わせて図を切り取ります。

❸縦横比
縦横比を指定して図を切り取ります。

Lesson 3-9

 プレゼンテーション「Lesson3-9」を開いておきましょう。

次の操作を行いましょう。

(1) スライド3の図を、高さ「7cm」、幅「10.5cm」に変更してください。

(2) スライド1の図の右側をトリミングして、スライドの右端にそろえてください。

Lesson 3-9 Answer

🖱 その他の方法

図のサイズ変更

◆ 図を選択→《図の形式》タブ→《サイズ》グループの 🔽（配置とサイズ）→ 📱（サイズとプロパティ）→《サイズ》→《高さ》／《幅》

◆ 図を右クリック→《配置とサイズ》→ 📱（サイズとプロパティ）《サイズ》→《高さ》／《幅》

◆ 図を選択→○（ハンドル）をドラッグ

⚠ Point

縦横比の固定の解除

挿入した図は、高さと幅の比率が固定されているため、高さや幅のどちらかを変更すると、もう一方のサイズが自動的に変更されます。

高さや幅を個別に設定する場合は、「縦横比の固定」を解除します。

縦横比の固定を解除する方法は、次のとおりです。

◆ 図を選択→《図の形式》タブ→《サイズ》グループの 🔽（配置とサイズ）→ 📱（サイズとプロパティ）→《サイズ》→《⬜縦横比を固定する》

---

(1)

① スライド3を選択します。

② 図を選択します。

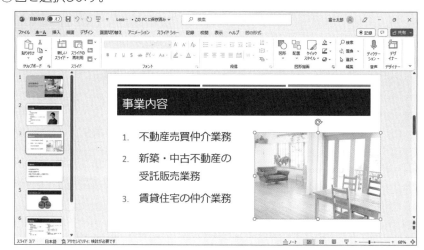

③ 《図の形式》タブ→《サイズ》グループの ↕（図形の高さ）を「**7cm**」に設定します。

④ 《図の形式》タブ→《サイズ》グループの ↔（図形の幅）が自動的に「**10.5cm**」に変更されます。

⑤ 図のサイズが変更されます。

(2)

① スライド1を選択します。

② 図を選択します。

③《図の形式》タブ→《サイズ》グループの ⬚ （トリミング）をクリックします。

④ 図の周囲に ┏ や ━ などのトリミングハンドルが表示されます。

⑤ 図の右側の ▎をポイントします。

※マウスポインターの形が ┣ に変わります。

⑥ 図のように、スライドの右端まで、左方向にドラッグします。

※スライドの右端に赤い点線が表示されます。

⑦ 図以外の場所をクリックします。

⑧ 図のトリミングが確定します。

🔔 Point

図の圧縮

挿入した図の解像度によっては、プレゼンテーションのファイルサイズが大きくなる場合があります。プレゼンテーションをメールで送ったり、サーバー上で共有したりする場合は、プレゼンテーション内の図の解像度を変更したり、トリミング部分を削除したりして、図を圧縮するとよいでしょう。

図を圧縮する方法は、次のとおりです。

◆図を選択→《図の形式》タブ→《調整》グループの ⬚ （図の圧縮）

求められるスキル

出題範囲1

出題範囲2

出題範囲3

出題範囲4

出題範囲5

確認問題 標準解答

3 図に組み込みスタイルや効果を適用する

 解 説

■ 図のスタイルや効果の適用

図には、枠線や影、光彩、ぼかしなどの効果を設定できます。

操作 ◆《図の形式》タブ→《図のスタイル》グループのボタン

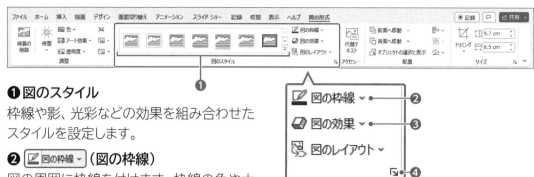

❶図のスタイル

枠線や影、光彩などの効果を組み合わせたスタイルを設定します。

❷ 🖊 図の枠線 ～ **(図の枠線)**

図の周囲に枠線を付けます。枠線の色や太さ、種類を選択できます。

❸ 🔲 図の効果 ～ **(図の効果)**

影や光彩、ぼかし、面取りなどの効果を設定します。

❹ 🔲 **(図の書式設定)**

《図の書式設定》作業ウィンドウを表示します。図の書式を詳細に設定する場合に使います。

■ 図の調整

図の色合いやトーン、彩度などを変更したり、明るさやコントラストを調整したり、アート効果を設定したりして図の印象を変えることができます。

操作 ◆《図の形式》タブ→《調整》グループのボタン

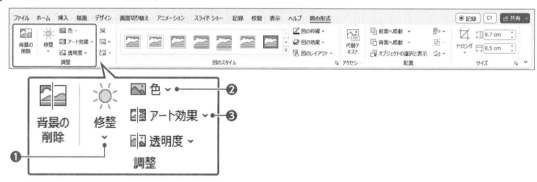

❶ 🔅 **(修整)**

図の明るさやコントラスト、鮮明度などを設定します。

❷ 🖼 色 ～ **(色)**

図の色、彩度、トーンなどを設定します。

❸ 🔲 アート効果 ～ **(アート効果)**

スケッチ、線画、マーカーなどの効果を図に加えます。

Lesson 3-10

 OPEN プレゼンテーション「Lesson3-10」を開いておきましょう。

次の操作を行いましょう。

(1) スライド2の図に、図のスタイル「四角形、右下方向の影付き」を適用してください。次に、適用した図のスタイルの影を、透明度「0%」、ぼかし「0pt」、距離「20pt」に変更してください。

(2) スライド3の図に、アート効果「ガラス」を適用してください。次に、図の周囲に枠線を付けてください。枠線の色は「アクア、アクセント2」、枠線の太さは「4.5pt」にします。

(1)

①スライド2を選択します。

②図を選択します。

③《図の形式》タブ→《図のスタイル》グループの ▽ →《四角形、右下方向の影付き》をクリックします。

④図にスタイルが適用されます。

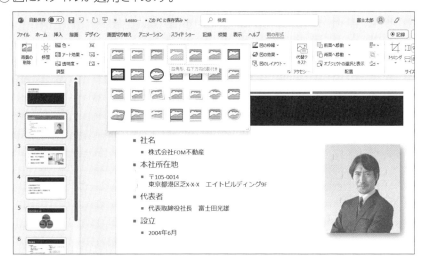

⑤《図の形式》タブ→《図のスタイル》グループの 🖉 図の効果 ∨ （図の効果）→《影》→《影のオプション》をクリックします。

⑥《図の書式設定》作業ウィンドウが表示されます。

⑦《影》の詳細が表示されていることを確認します。

※表示されていない場合は、《影》をクリックします。

⑧《透明度》を「0%」に設定します。

⑨《ぼかし》を「0pt」に設定します。

⑩《距離》を「20pt」に設定します。

⑪影の書式が変更されます。

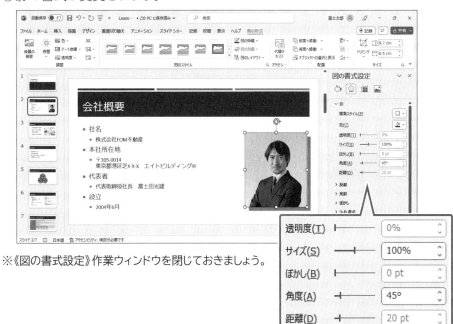

※《図の書式設定》作業ウィンドウを閉じておきましょう。

求められるスキル

出題範囲1

出題範囲2

出題範囲3

出題範囲4

出題範囲5

確認問題 標準解答

(2)

① スライド3を選択します。

② 図を選択します。

③ 《図の形式》タブ→《調整》グループの [アート効果 ▾] （アート効果）→《ガラス》をクリックします。

④ 図にアート効果が設定されます。

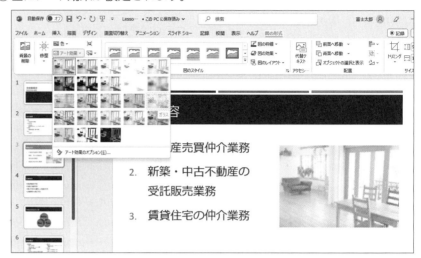

⑤ 《図の形式》タブ→《図のスタイル》グループの [図の枠線 ▾]（図の枠線）→《テーマの色》の《アクア、アクセント2》をクリックします。

⑥ 《図の形式》タブ→《図のスタイル》グループの [図の枠線 ▾]（図の枠線）→《太さ》→《4.5pt》をクリックします。

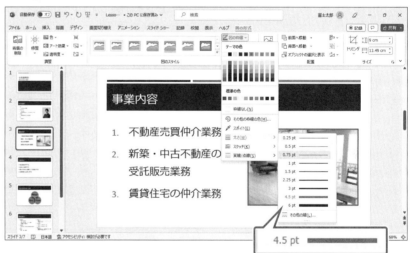

⑦ 図の周囲に枠線が表示されます。

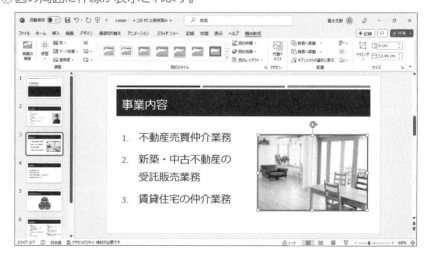

🛈 Point

図のリセット

図に設定した書式をすべてリセットして、初期の状態に戻す方法は、次のとおりです。

◆図を選択→《図の形式》タブ→《調整》グループの [🖼]（図のリセット）

4 スクリーンショットや画面の領域を挿入する

解説 ■スクリーンショットの挿入

「**スクリーンショット**」を使うと、起動中のほかのアプリのウィンドウや領域、デスクトップの画面などを図として貼り付けることができます。

操作 ◆《挿入》タブ→《画像》グループの [スクリーンショット▾] （スクリーンショットをとる）

❶使用できるウィンドウ

現在表示しているPowerPointのウィンドウ以外の開かれているウィンドウが表示されます。
一覧から選択すると、ウィンドウが図として挿入されます。

※一部のアプリは、一覧に表示されません。

❷画面の領域

画面全体が淡色で表示されます。開始位置から終了位置までドラッグすると、その範囲が図として挿入されます。

Lesson 3-11

 プレゼンテーション「Lesson3-11」を開いておきましょう。

Hint

スクリーンショットとして挿入する画面を表示しておきます。

次の操作を行いましょう。

(1) スライド1の箇条書きの下側に、Excelのバージョン情報のスクリーンショットを挿入してください。サイズと位置は任意とします。

Lesson 3-11 Answer

(1)

①Excelを起動します。

②《アカウント》→《Excelのバージョン情報》をクリックします。

求められるスキル

出題範囲1

出題範囲2

出題範囲3

出題範囲4

出題範囲5

確認問題 標準解答

③Excelのバージョン情報が表示されます。

④タスクバーのPowerPointのアイコンをクリックして、PowerPointウィンドウに切り替えます。

⑤スライド1を選択します。

⑥《挿入》タブ→《画像》グループの 🖥️ スクリーンショット ▼ （スクリーンショットをとる）→《使用できるウィンドウ》の《Microsoft® Excel® for Microsoft 365のバージョン情報》をクリックします。

※お使いの環境によって、ウィンドウの名称が異なる場合があります。
※《デザイナー》作業ウィンドウが表示された場合は、閉じておきましょう。

⑦Excelのバージョン情報の図が挿入されます。

⑧図のサイズと位置を調整します。

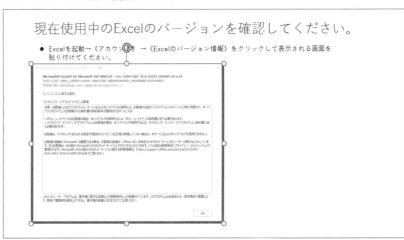

🕐 Point

スクリーンショットの削除・移動・サイズ変更
スクリーンショットは図として挿入されます。削除や移動、サイズ変更は図と同様に操作できます。

4 グラフィック要素を挿入する、書式設定する

☑ 理解度チェック	習得すべき機能	参照Lesson	学習前	学習後	試験直前
	■図形やテキストボックス、アイコンを挿入できる。	➡Lesson3-12	☑	☑	☑
	■デジタルインクを使って描画できる。	➡Lesson3-13	☑	☑	☑
	■図形に文字を追加できる。	➡Lesson3-14	☑	☑	☑
	■図形やアイコンのサイズを変更できる。	➡Lesson3-15 ➡Lesson3-16	☑	☑	☑
	■図形やアイコンのスタイルを適用できる。	➡Lesson3-17	☑	☑	☑
	■図形やアイコンに塗りつぶしや枠線、効果などの書式を設定できる。	➡Lesson3-18	☑	☑	☑
	■図形の種類を変更できる。	➡Lesson3-19	☑	☑	☑
	■図に代替テキストを追加できる。	➡Lesson3-20	☑	☑	☑

1 グラフィック要素を挿入する

解説 ■図形の挿入

PowerPointには、豊富な種類の**「図形」**が用意されています。図形は形状によって線や基本図形、ブロック矢印、吹き出しなどに分類されており、目的に合わせて種類を選択できます。また、線以外の図形には、文字を入力することができます。

操作 ◆《挿入》タブ→《図》グループの （図形）

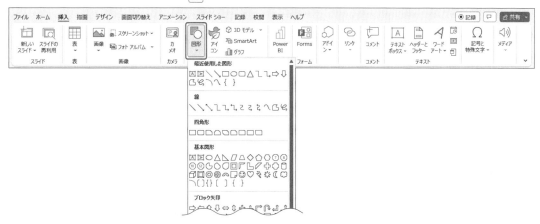

■テキストボックスの挿入

「テキストボックス」を使うと、スライド上の自由な位置に文字を配置できます。テキストボックスには、縦書きと横書きの2つの種類があります。

操作 ◆《挿入》タブ→《テキスト》グループの （横書きテキストボックスの描画）

求められるスキル

出題範囲1

出題範囲2

出題範囲3

出題範囲4

出題範囲5

確認問題 標準解答

■アイコンの挿入

「アイコン」とは、ひと目で何を表しているかがわかるような単純な絵柄のことです。アイコンは、用途や絵柄をイメージするキーワードを入力して検索します。

アイコンは、図形と同じように、色を変更したり効果を適用したり自由に編集できます。

操作　◆《挿入》タブ→《図》グループの （アイコンの挿入）

Lesson 3-12

OPEN　プレゼンテーション「Lesson3-12」を開いておきましょう。

次の操作を行いましょう。

(1) スライド5のタイトルの下側に、図形「四角形：角を丸くする」を挿入してください。図形のサイズは任意とします。

(2) スライド2の図の下側に、横書きテキストボックスを挿入し、「代表取締役社長□富士田光雄」と入力してください。

※□は全角空白を表します。

(3) スライド1のタイトル「会社説明会」の右側に、「会社」で検索されるアイコンを挿入してください。

※インターネットに接続できる環境が必要です。

Lesson 3-12 Answer

(1)

① スライド5を選択します。

② 《挿入》タブ→《図》グループの（図形）→《四角形》の □（四角形：角を丸くする）をクリックします。

※マウスポインターの形が ＋ に変わります。

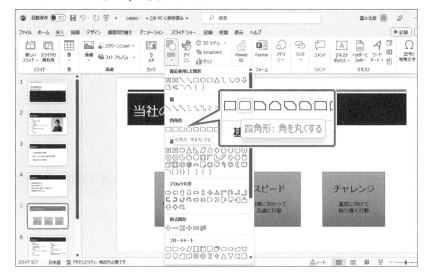

🖱 その他の方法

図形の挿入

◆《ホーム》タブ→《図形描画》グループの（図形）

求められるスキル

出題範囲1

出題範囲2

出題範囲3

出題範囲4

出題範囲5

確認問題 標準解答

Point

縦横比が1対1の図形
[Shift]を押しながらドラッグすると、縦横比が1対1の図形を作成できます。真円や正方形を作成する場合に使います。

Point

図形の削除
◆図形を選択→[Delete]

③図のように、始点から終点までドラッグします。

④図形が作成されます。

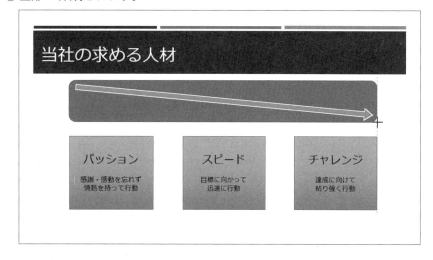

(2)

①スライド2を選択します。

②《挿入》タブ→《テキスト》グループの [A] (横書きテキストボックスの描画) をクリックします。

※マウスポインターの形が↓に変わります。

Point

縦書きテキストボックスの作成
◆《挿入》タブ→《テキスト》グループの [A] (横書きテキストボックスの描画) の テキストボックス →《縦書きテキストボックス》

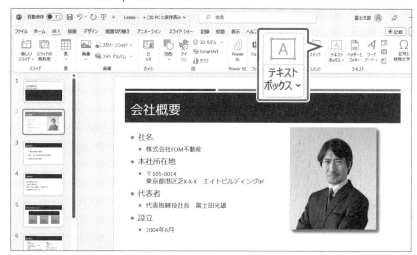

③始点をクリックします。

④テキストボックスが作成されます。

⑤「代表取締役社長　富士田光雄」と入力します。

Point

テキストボックスのサイズ指定
テキストボックスは文字を入力するとサイズが調整されるため、作成するときは始点を指定するだけでかまいません。
ドラッグして幅を指定しておくと、その位置で文章が折り返され、高さが調整されます。

Point

テキストボックスの削除
◆テキストボックスを選択→[Delete]

(3)

①スライド1を選択します。

②《挿入》タブ→《図》グループの  （アイコンの挿入）をクリックします。

③《ストック画像》が表示されます。

④《アイコン》が選択されていることを確認します。

⑤検索のボックスに**「会社」**と入力します。

※検索のボックスにキーワードを入力すると、自動的に検索されます。

⑥図のアイコンをクリックします。

※アイコンは定期的に更新されているため、図と同じアイコンが表示されない場合があります。その場合は、任意のアイコンを選択しましょう。

⑦アイコンに ● が表示されます。

⑧《挿入》をクリックします。

⑨アイコンが挿入されます。

※《デザイナー》作業ウィンドウが表示された場合は、閉じておきましょう。

⑩アイコンをドラッグして、タイトルの右側に移動します。

① Point

アイコンの削除

◆アイコンを選択→[Delete]

2　デジタルインクを使用して描画する

解説　■デジタルインクの使用

「**デジタルインク**」を使うと、マウスやデジタルペンなどを使って、スライド上に手書きで描画することができます。蛍光ペンで囲んで目立たせたいときなどに利用するとよいでしょう。

操作　◆《描画》タブ→《描画ツール》グループ

❶消しゴム
描画したインクを消しゴムで消します。

❷ペン
サインペンで書いているように描画できます。
※お使いの環境によっては、初期の設定で黒と赤のペン以外に、「銀河」のペンが表示されている場合があります。

❸鉛筆書き
鉛筆で書いているように描画できます。

❹蛍光ペン
蛍光ペンで書いているように描画できます。

Lesson 3-13

 プレゼンテーション「Lesson3-13」を開いておきましょう。

次の操作を行いましょう。

(1) スライド5の図形「パッション」「スピード」「チャレンジ」を、赤のペンでそれぞれ囲むように描画してください。ペンの太さは任意とします。

Lesson 3-13 Answer

❗Point
《描画》タブの表示
《描画》タブが表示されていない場合の表示方法は、次のとおりです。
◆《ファイル》タブ→《オプション》→左側の一覧から《リボンのユーザー設定》→《リボンのユーザー設定》の［∨］→《メインタブ》→《☑描画》

❗Point
線の太さ・色の変更
デジタルインクの線の太さや色を変更することができます。
◆《描画》タブ→《描画ツール》グループのペン／鉛筆／蛍光ペンを選択→右下の［∨］をクリック

(1)

① スライド5を選択します。

②《描画》タブ→《描画ツール》グループの（ペン：赤、0.35mm）をクリックします。
※お使いの環境によっては、ペンの太さが異なる場合があります。
※マウスポインターの形が・に変わります。

③ 図形「**パッション**」の周囲をドラッグします。

④ 図形が囲まれます。

⑤ 同様に、図形「**スピード**」「**チャレンジ**」の周囲を囲みます。

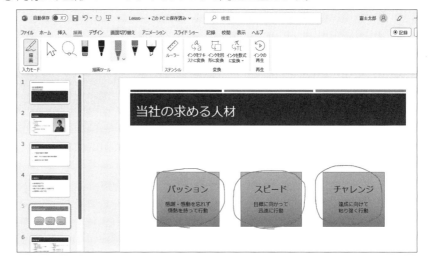

※ [Esc] を押して、ペンを解除しておきましょう。

3 | グラフィック要素にテキストを追加する

 解 説 ■図形への文字の追加

線以外の図形に文字を追加することができます。また、図形に入力された文字はあとから変更することができます。

操作 ◆図形を選択→文字を入力

お客様の満足を獲得するために誠意を持って行動できる人

Lesson 3-14

 プレゼンテーション「Lesson3-14」を開いておきましょう。

次の操作を行いましょう。

(1) スライド5の上側の図形に、「お客様の満足を獲得するために誠意を持って行動できる人」と入力してください。

Lesson 3-14 Answer

その他の方法

図形への文字の追加

◆図形を右クリック→《テキストの編集》→文字を入力

! Point

文字が追加された図形の選択

文字が追加された図形内をクリックすると、カーソルが表示され、周囲に点線(………)の囲みが表示されます。この点線上をクリックすると、図形が選択され、周囲に実線(──)の囲みが表示されます。この状態のとき、図形や図形内のすべての文字に書式を設定できます。

●図形内にカーソルがある状態

●図形が選択されている状態

---

(1)

① スライド5を選択します。

② 上側の図形を選択します。

③ 「**お客様の満足を獲得するために誠意を持って行動できる人**」と入力します。

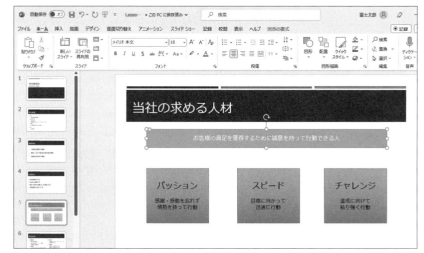

④図形以外の場所をクリックし、選択を解除します。

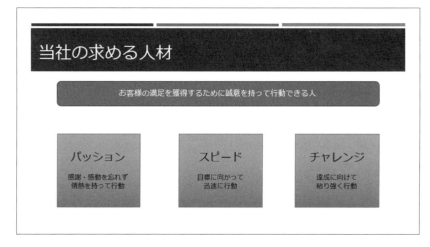

求められるスキル

出題範囲1

出題範囲2

出題範囲3

出題範囲4

出題範囲5

確認問題 標準解答

4 | グラフィック要素のサイズを変更する

 **解説** ■オブジェクトのサイズ変更

図形やテキストボックス、アイコンなどのオブジェクトのサイズを変更するには、オブジェクトを選択すると周囲に表示される○（ハンドル）をドラッグします。

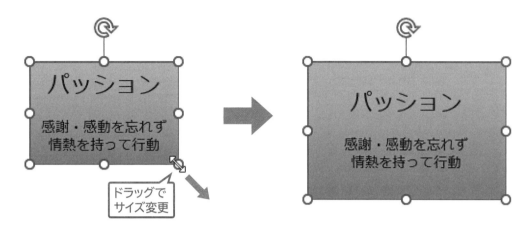

オブジェクトのサイズを数値で正確に指定することもできます。

操作 ◆《図形の書式》タブ／《グラフィックス形式》タブ→《サイズ》グループのボタン
※《サイズ》グループは、選択するオブジェクトによって表示されるタブが異なります。

❶ ↕▯（図形の高さ）
図形やアイコンの高さを設定します。

❷ ▭（図形の幅）
図形やアイコンの幅を設定します。

❸ ▱（配置とサイズ）
《図形の書式設定》作業ウィンドウ／《書式設定グラフィック》作業ウィンドウを表示します。
図形やアイコンの配置やサイズなど、詳細を設定できます。

Lesson 3-15

 プレゼンテーション「Lesson3-15」を開いておきましょう。

次の操作を行いましょう。
(1) スライド5の図形「お客様の満足を…」の幅を変更して、図形「チャレンジ」の右側とそろえてください。
(2) スライド5の三角形の図形の高さを「9cm」、幅を「17cm」に変更してください。

(1)

①スライド5を選択します。

②図形「**お客様の満足を…**」を選択します。

③図形の右側中央の〇（ハンドル）をポイントします。

※マウスポインターの形が⟺に変わります。

④右方向にドラッグします。

※図形「チャレンジ」の右端に赤い点線が表示されます。

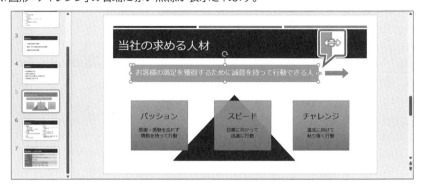

⑤図形のサイズが変更されます。

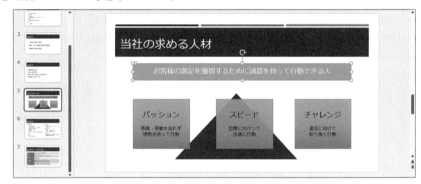

(2)

①スライド5を選択します。

②三角形の図形を選択します。

③《**図形の書式**》タブ→《**サイズ**》グループの（図形の高さ）を「**9cm**」に設定します。

④《**図形の書式**》タブ→《**サイズ**》グループの（図形の幅）を「**17cm**」に設定します。

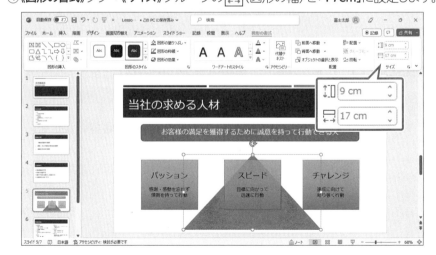

🖱 その他の方法

図形のサイズ変更

◆図形を右クリック→《配置とサイズ》→《図形のオプション》→ 📐（サイズとプロパティ）→《サイズ》

❗ Point

テキストボックスのサイズ変更

テキストボックスは入力した文字に合わせて自動的にサイズが調整されます。ドラッグ操作で変更したサイズを保持したい場合は、自動調整を解除します。

自動調整を解除する方法は、次のとおりです。

◆テキストボックスを選択→《図形の書式》タブ→《サイズ》グループの[⤵]（配置とサイズ）→《図形のオプション》→📐（サイズとプロパティ）→《テキストボックス》→《◉自動調整なし》

Lesson 3-16

 プレゼンテーション「Lesson3-16」を開いておきましょう。

次の操作を行いましょう。

(1) スライド5にある「スピード」と「チャレンジ」の下側のアイコンを、「パッション」の下側のアイコンと同じサイズに変更してください。

Lesson 3-16 Answer

(1)

① スライド5を選択します。

②「**パッション**」の下側のアイコンを選択します。

※「パッション」の下側のアイコンはロックされているため、アイコンを選択しても〇（ハンドル）は表示されません。

③《**グラフィックス形式**》タブ→《**サイズ**》グループの〔↕高さ:〕（図形の高さ）と〔↔幅:〕（図形の幅）が「**3.8cm**」になっていることを確認します。

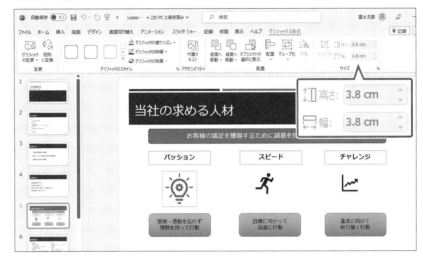

④「**スピード**」の下側のアイコンを選択します。

⑤《**グラフィックス形式**》タブ→《**サイズ**》グループの〔↕高さ:〕（図形の高さ）を「**3.8cm**」に設定します。

⑥《**グラフィックス形式**》タブ→《**サイズ**》グループの〔↔幅:〕（図形の幅）が自動的に「**3.8cm**」に変更されます。

⑦ アイコンのサイズが変更されます。

⑧ 同様に、「**チャレンジ**」の下側のアイコンのサイズを変更します。

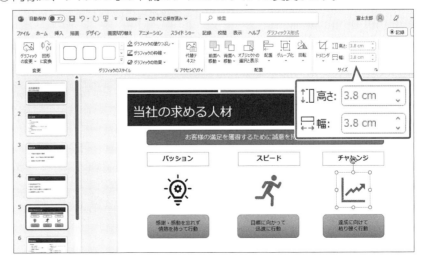

❗Point

オブジェクトのロック

オブジェクトをロックすると、オブジェクトのサイズや位置を変更できなくなります。
オブジェクトのロックを設定／解除する方法は、次のとおりです。

◆ オブジェクトを右クリック→《ロック》／《ロック解除》

🖱 その他の方法

アイコンのサイズ変更

◆ アイコンを右クリック→《配置とサイズ》→《図形のオプション》→〔📐〕（サイズとプロパティ）→《サイズ》

求められるスキル

出題範囲1

出題範囲2

出題範囲3

出題範囲4

出題範囲5

確認問題 標準解答

5 グラフィック要素に組み込みスタイルを適用する

解説 ■ 図形のスタイルの適用

図形やテキストボックスには、塗りつぶしの色や枠線の色、効果などの図形を装飾するための書式の組み合わせがスタイルとして用意されています。一覧から選択するだけで、簡単に図形の見栄えを変更できます。

操作 ◆《図形の書式》タブ→《図形のスタイル》グループのボタン

■ アイコンのスタイルの適用

アイコンには、塗りつぶしの色や枠線の色、効果などのアイコンを装飾するための書式の組み合わせがスタイルとして用意されています。一覧から選択するだけで、簡単にアイコンの見栄えを変更できます。

操作 ◆《グラフィックス形式》タブ→《グラフィックのスタイル》グループのボタン

Lesson 3-17

OPEN プレゼンテーション「Lesson3-17」を開いておきましょう。

次の操作を行いましょう。

(1) スライド5の図形「お客様の満足を…」に、スタイル「光沢-緑、アクセント6」を適用してください。

(2) スライド5の「パッション」「スピード」「チャレンジ」の下側のアイコンに、スタイル「塗りつぶし-アクセント3、枠線なし」を適用してください。

Lesson 3-17 Answer

(1)

①スライド5を選択します。

②図形「**お客様の満足を…**」を選択します。

③《**図形の書式**》タブ→《**図形のスタイル**》グループの→《**テーマスタイル**》の《**光沢-緑、アクセント6**》をクリックします。

その他の方法

図形のスタイルの適用

◆図形を選択→《ホーム》タブ→《図形描画》グループの 🖉 （図形クイックスタイル）

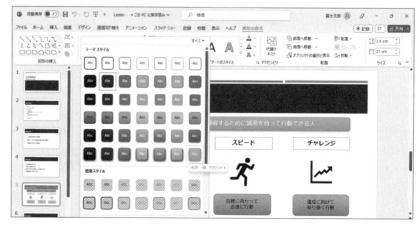

④図形にスタイルが適用されます。

(2)

①スライド5を選択します。

②「パッション」の下側のアイコンを選択します。

③ Shift を押しながら、「スピード」「チャレンジ」の下側のアイコンを選択します。

※ Shift を使うと、複数のアイコンを選択できます。

④《グラフィックス形式》タブ→《グラフィックのスタイル》グループの ▽ →《標準スタイル》の《塗りつぶし-アクセント3、枠線なし》をクリックします。

⑤アイコンにスタイルが適用されます。

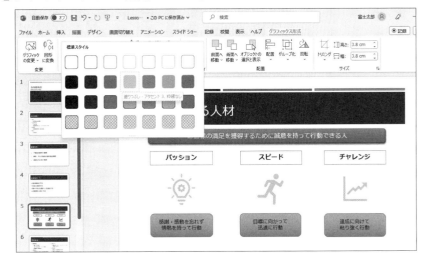

求められるスキル

出題範囲1

出題範囲2

出題範囲3

出題範囲4

出題範囲5

確認問題 標準解答

6　グラフィック要素の書式を設定する

解説

■図形の書式設定

図形に、スタイルを使って書式を一括で設定する以外に、塗りつぶしや枠線、効果などの書式を個別に設定することもできます。

操作 ◆《図形の書式》タブ→《図形のスタイル》グループのボタン

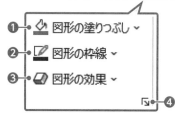

❶ 〔図形の塗りつぶし〕（**図形の塗りつぶし**）
塗りつぶしの色を設定します。グラデーションにしたり模様を付けたりすることもできます。

❷ 〔図形の枠線〕（**図形の枠線**）
枠線の色や太さ、種類を設定します。

❸ 〔図形の効果〕（**図形の効果**）
影や光彩、ぼかし、面取りなどの効果を設定します。

❹ 〔🔲〕（**図形の書式設定**）
《図形の書式設定》作業ウィンドウを表示します。塗りつぶし、枠線、効果など、詳細を設定できます。

■アイコンの書式設定

アイコンに、スタイルを使って書式を一括で設定する以外に、塗りつぶしや枠線、効果などの書式を個別に設定することもできます。

操作 ◆《グラフィックス形式》タブ→《グラフィックのスタイル》グループのボタン

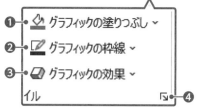

❶ 〔グラフィックの塗りつぶし〕（**グラフィックの塗りつぶし**）
塗りつぶしの色を設定します。

❷ 〔グラフィックの枠線〕（**グラフィックの枠線**）
枠線の色や太さ、種類を設定します。

❸ 〔グラフィックの効果〕（**グラフィックの効果**）
影や光彩、ぼかし、面取りなどの効果を設定します。

❹ 〔🔲〕（**グラフィックスの書式設定**）
《書式設定グラフィック》作業ウィンドウを表示します。塗りつぶし、枠線、効果など、詳細を設定できます。

Lesson 3-18

 プレゼンテーション「Lesson3-18」を開いておきましょう。

次の操作を行いましょう。

(1) スライド4の図形「豊かで安全な暮らしを提供する」に、塗りつぶしの色「ブルーグレー、アクセント4」、枠線の色「ブルーグレー、アクセント4、白+基本色40％」、枠線の太さ「6pt」を設定してください。

(2) スライド5の図形「お客様の満足を…」に、光彩の効果「光彩：8pt；アクア、アクセントカラー2」を設定してください。

(3) スライド5の図形「スピード」の下側のアイコンを、図形「スピード」と同じ色に設定してください。

Lesson 3-18 Answer

💡 Hint

同じ色に設定するには、
グラフィックの塗りつぶし ▼（グラフィックの塗りつぶし）→《スポイト》を使います。

⚠️ Point

テキストボックスの書式設定

テキストボックスは、図形と同じ方法で、書式を設定できます。

🖱 その他の方法

図形の塗りつぶし

◆図形を選択→《ホーム》タブ→《図形描画》グループの ⌷▼ （図形の塗りつぶし）

⚠️ Point

《図形の塗りつぶし》

❶ テーマの色
適用されているテーマに応じた色で図形を塗りつぶします。

❷ 標準の色
テーマに関係なく、どのプレゼンテーションでも使用できる色で図形を塗りつぶします。

❸ 塗りつぶしなし
色が設定されず、図形を透明にします。

❹ 塗りつぶしの色
《テーマの色》と《標準の色》に表示されていない色を選択して、図形を塗りつぶします。「RGB」（赤、緑、青の組み合わせで色を指定）や「HSL」（色合い、鮮やかさ、明るさで色を指定）、「Hex値」（16進数で色を指定）で色を設定することもできます。

❺ スポイト
画面上にある色を選択して、図形を塗りつぶします。

❻ 図
ユーザーが用意した図を図形内に表示します。

❼ グラデーション
図形内にグラデーションを設定します。

❽ テクスチャ
PowerPointで用意されているテクスチャを図形内に表示します。

(1)

① スライド4を選択します。

② 図形「**豊かで安全な暮らしを提供する**」を選択します。

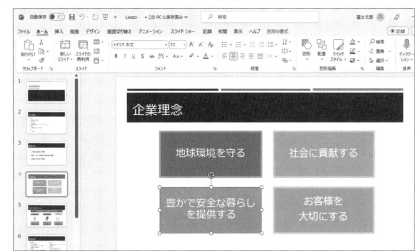

③ 《図形の書式》タブ→《図形のスタイル》グループの 図形の塗りつぶし ▼ （図形の塗りつぶし）→《テーマの色》の《ブルーグレー、アクセント4》をクリックします。

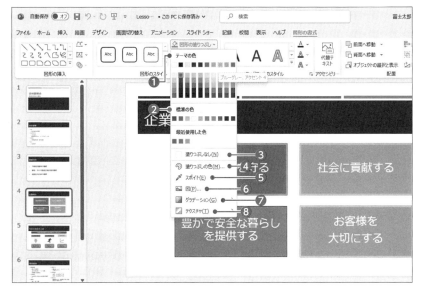

その他の方法

図形の枠線

◆図形を選択→《ホーム》タブ→《図形描画》グループの（図形の枠線）

④《図形の書式》タブ→《図形のスタイル》グループの 図形の枠線✓（図形の枠線）→《テーマの色》の《ブルーグレー、アクセント4、白+基本色40%》をクリックします。

⑤《図形の書式》タブ→《図形のスタイル》グループの 図形の枠線✓（図形の枠線）→《太さ》→《6pt》をクリックします。

⑥図形に書式が設定されます。

(2)

①スライド5を選択します。

②図形「お客様の満足を…」を選択します。

③《図形の書式》タブ→《図形のスタイル》グループの 図形の効果✓（図形の効果）→《光彩》→《光彩の種類》の《光彩：8pt；アクア、アクセントカラー2》をクリックします。

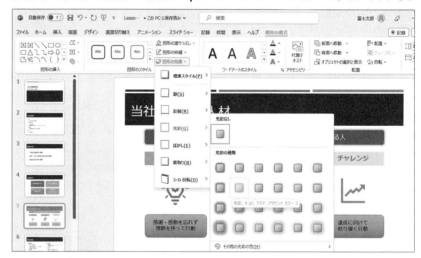

④図形に効果が設定されます。

(3)

①スライド5を選択します。

②「**スピード**」の下側のアイコンを選択します。

③《**グラフィックス形式**》タブ→《**グラフィックのスタイル**》グループの グラフィックの塗りつぶし ▼ （グラフィックの塗りつぶし）→《**スポイト**》をクリックします。

※マウスポインターの形が 🖊 に変わります。

④図形「**スピード**」の文字以外の部分をポイントし、ポップヒントに「**RGB(65,145,95) 緑**」と表示されたらクリックします。

⑤アイコンの色が変更されます。

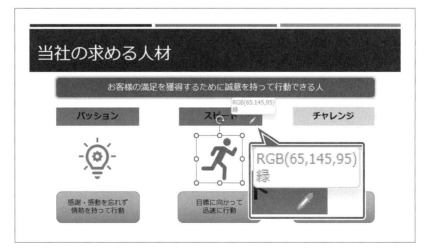

求められるスキル

出題範囲1

出題範囲2

出題範囲3

出題範囲4

出題範囲5

確認問題 標準解答

　解説　■図形の種類の変更

図形はスライドに挿入したあとで、異なる種類に変更できます。

操作　◆《図形の書式》タブ→《図形の挿入》グループの 〔△▾〕（図形の編集）→《図形の変更》

Lesson 3-19

OPEN　プレゼンテーション「Lesson3-19」を開いておきましょう。

次の操作を行いましょう。

(1) スライド5に配置されている「パッション」「スピード」「チャレンジ」の3つの図形を、図形「八角形」に変更してください。

Lesson 3-19 Answer

(1)

①スライド5を選択します。

②図形「パッション」を選択します。

③〔Shift〕を押しながら、図形「スピード」「チャレンジ」を選択します。

※〔Shift〕を使うと、複数の図形を選択できます。

④《図形の書式》タブ→《図形の挿入》グループの 〔△▾〕（図形の編集）→《図形の変更》→《基本図形》の 〔⑧〕（八角形）をクリックします。

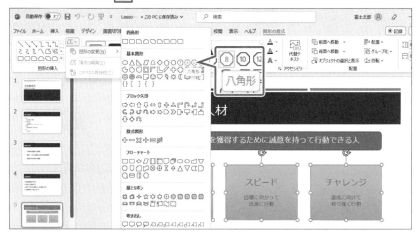

⑤図形が変更されます。

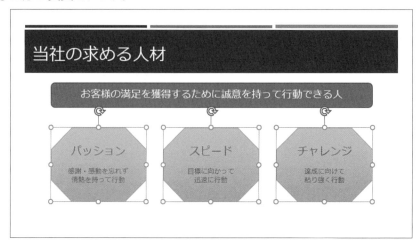

7 | アクセシビリティ向上のため、グラフィック要素に代替テキストを追加する

解 説 ■オブジェクトの代替テキストの追加

アクセシビリティに配慮し、図や図形などのオブジェクトには代替テキストを設定します。
※代替テキストについては、P.78を参照してください。

操作 ◆《図の形式》タブ／《図形の書式》タブ／《グラフィックス形式》タブ→《アクセシビリティ》グループの（代替テキストウィンドウを表示します）
※《アクセシビリティ》グループは、選択するオブジェクトによって表示されるタブが異なります。

Lesson 3-20

OPEN プレゼンテーション「Lesson3-20」を開いておきましょう。

次の操作を行いましょう。

(1) 代替テキストとして、スライド2の図に「社長の写真」、スライド3の図に「インテリアのイメージ」を設定してください。

Lesson 3-20 Answer

(1)

① スライド2を選択します。

② 図を選択します。

③《図の形式》タブ→《アクセシビリティ》グループの（代替テキストウィンドウを表示します）をクリックします。

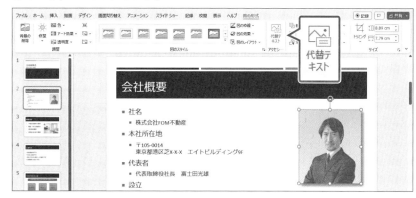

④《代替テキスト》作業ウィンドウが表示されます。

⑤ ボックスに「**社長の写真**」と入力します。

⑥ スライド3の図を選択します。

⑦《代替テキスト》作業ウィンドウのボックスに「**インテリアのイメージ**」と入力します。

※《代替テキスト》作業ウィンドウを閉じておきましょう。

その他の方法

代替テキストの追加

◆オブジェクトを右クリック→《代替テキストを表示》

Point

装飾用にする

見栄えを整えるために使用し、音声読み上げソフト（スクリーンリーダー）で特に読み上げる必要がない線や図形などのオブジェクトは、装飾用として設定します。装飾用として設定する場合は、《代替テキスト》作業ウィンドウの《装飾用にする》を☑にします。

求められるスキル

出題範囲1

出題範囲2

出題範囲3

出題範囲4

出題範囲5

確認問題 標準解答

5 スライド上のコンテンツを並べ替える、配置する、グループ化する

☑ 理解度チェック	習得すべき機能	参照Lesson	学習前	学習後	試験直前
■オブジェクトの重なり順を変更できる。	➡Lesson3-21	☑	☑	☑
■オブジェクトの配置を設定できる。	➡Lesson3-22	☑	☑	☑
■オブジェクトをグループ化できる。	➡Lesson3-23	☑	☑	☑
■グリッド線を表示して、オブジェクトを配置できる。	➡Lesson3-24	☑	☑	☑
■ガイドを表示して、オブジェクトを配置できる。	➡Lesson3-25	☑	☑	☑

1 スライド上のコンテンツを並べ替える

 解説

■オブジェクトの重なり順の変更

スライドに複数のオブジェクトを挿入すると、あとから挿入したオブジェクトが前面に表示されます。オブジェクトの重なりの順序は自由に変更することができます。

操作 ◆《図の形式》タブ／《図形の書式》タブ／《グラフィックス形式》タブ→《配置》グループの[前面へ移動]（前面へ移動）／[背面へ移動]（背面へ移動）
※《配置》グループは、選択するオブジェクトによって表示されるタブが異なります。

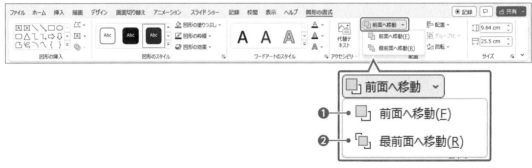

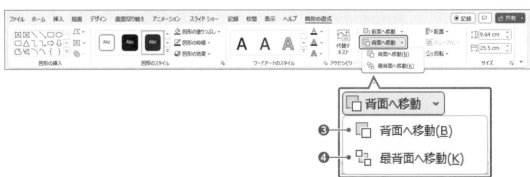

❶前面へ移動
選択したオブジェクトを現在の表示順より1つ手前に移動します。

❷最前面へ移動
選択したオブジェクトをすべてのオブジェクトの一番手前に移動します。

❸背面へ移動
選択したオブジェクトを現在の表示順より1つ後ろに移動します。

❹最背面へ移動
選択したオブジェクトをすべてのオブジェクトの一番後ろに移動します。

Lesson 3-21

 プレゼンテーション「Lesson3-21」を開いておきましょう。

次の操作を行いましょう。

(1) スライド5の三角形の図形を最背面に移動してください。

Lesson 3-21 Answer

(1)

① スライド5を選択します。

② 三角形の図形を選択します。

③《**図形の書式**》タブ→《**配置**》グループの ⬚ 背面へ移動 ▾ （背面へ移動）の ▾ →《**最背面へ移動**》をクリックします。

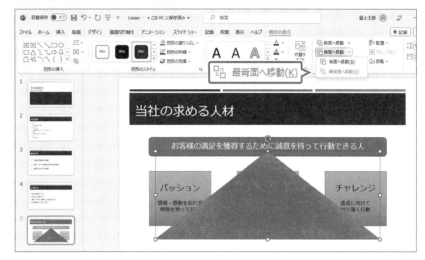

④ 三角形の図形が最背面に移動します。

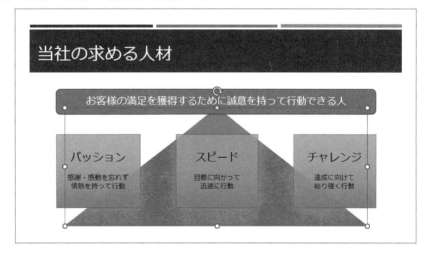

🖱 その他の方法

最背面へ移動

◆ オブジェクトを選択→《ホーム》タブ→《図形描画》グループの ⬚（配置）→《最背面へ移動》

◆ オブジェクトを右クリック→《最背面へ移動》

❗ Point

読み上げ順序の変更

オブジェクトの重なり順を変更すると、それに合わせて読み上げ順序も変更されます。

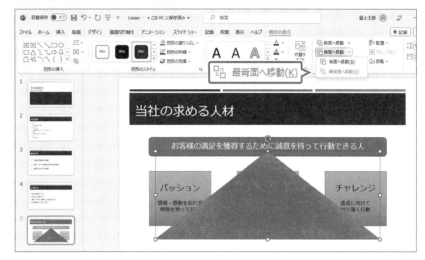

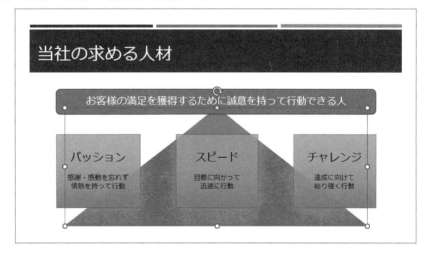

求められるスキル

出題範囲1

出題範囲2

出題範囲3

出題範囲4

出題範囲5

確認問題 標準解答

解 説

■オブジェクトの配置

複数のオブジェクトを中心線でそろえたり、オブジェクト同士の間隔を均等にそろえたりなど、オブジェクトが整然ときれいに並ぶように配置を設定できます。

操作 ◆《図の形式》タブ／《図形の書式》タブ／《グラフィックス形式》タブ→《配置》グループの 配置 ▾ （オブジェクトの配置）

※《配置》グループは、選択するオブジェクトによって表示されるタブが異なります。

❶左揃え
複数のオブジェクトの左端をそろえます。1つのオブジェクトを選択している場合は、オブジェクトとスライドの左端をそろえます。

❷左右中央揃え
複数のオブジェクトを左右中央にそろえます。1つのオブジェクトを選択している場合は、オブジェクトをスライドの左右中央に配置します。

❸右揃え
複数のオブジェクトの右端をそろえます。1つのオブジェクトを選択している場合は、オブジェクトとスライドの右端をそろえます。

❹上揃え
複数のオブジェクトの上端をそろえます。1つのオブジェクトを選択している場合は、オブジェクトとスライドの上端をそろえます。

❺上下中央揃え
複数のオブジェクトを上下中央にそろえます。1つのオブジェクトを選択している場合は、オブジェクトをスライドの上下中央に配置します。

❻下揃え
複数のオブジェクトの下端をそろえます。1つのオブジェクトを選択している場合は、オブジェクトとスライドの下端をそろえます。

❼左右に整列
複数のオブジェクトの間隔を水平方向（左右方向）で等間隔に配置します。

❽上下に整列
複数のオブジェクトの間隔を垂直方向（上下方向）で等間隔に配置します。

❾スライドに合わせて配置
コマンド名の前に ✔ が付いているとき、選択しているオブジェクトをスライドに合わせてそろえます。

❿選択したオブジェクトを揃える
コマンド名の前に ✔ が付いているとき、選択しているオブジェクト同士の配置をそろえます。

Lesson 3-22

 プレゼンテーション「Lesson3-22」を開いておきましょう。

次の操作を行いましょう。

(1) スライド4のテキストボックス「お客様を大切にする」を、スライドの上下中央に配置してください。

(2) スライド5の図形「パッション」「スピード」「チャレンジ」の上端の位置をそろえ、水平方向で等間隔に配置してください。

Lesson 3-22 Answer

（1）

① スライド4を選択します。

② テキストボックスを選択します。

③ 《図形の書式》タブ→《配置》グループの ⟨🔲 配置 ▾⟩（オブジェクトの配置）→《上下中央揃え》をクリックします。

🖱 その他の方法

オブジェクトの配置

◆ オブジェクトを選択→《ホーム》タブ→《図形描画》グループの ⟨配置⟩（配置）→《配置》

❗ Point

スライドに合わせて配置

選択しているオブジェクトが1つの場合は、《スライドに合わせて配置》が自動的に ✔ になります。

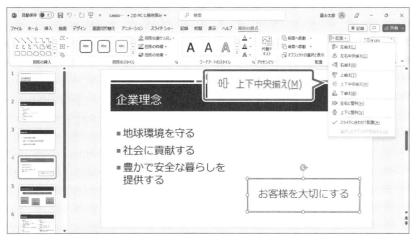

④ テキストボックスが、スライドの上下中央に配置されます。

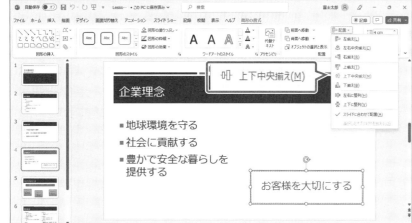

求められるスキル

出題範囲1

出題範囲2

出題範囲3

出題範囲4

出題範囲5

確認問題 標準解答

(2)

① スライド5を選択します。

② 図形「**パッション**」を選択します。

③ 「Shift」を押しながら、図形「**スピード**」「**チャレンジ**」を選択します。

※「Shift」を使うと、複数の図形を選択できます。

④ 《**図形の書式**》タブ→《**配置**》グループの ![配置]（オブジェクトの配置）→《**上揃え**》をクリックします。

◆ **その他の方法**

複数のオブジェクトの配置

◆複数のオブジェクトを選択→《ホーム》タブ→《図形描画》グループの ![配置]（配置）→《配置》

🛈 **Point**

選択したオブジェクトを揃える
複数のオブジェクトを選択している場合は、《選択したオブジェクトを揃える》が自動的に ✔ になります。

⑤ 3つの図形の上端がそろえられます。

⑥ 《**図形の書式**》タブ→《**配置**》グループの ![配置]（オブジェクトの配置）→《**左右に整列**》をクリックします。

⑦ 3つの図形が水平方向で等間隔に配置されます。

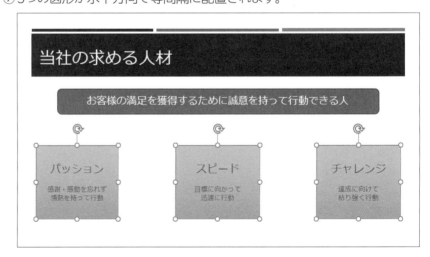

3 | スライド上のコンテンツをグループ化する

解説 ■オブジェクトのグループ化

「**グループ化**」とは、複数のオブジェクトを1つのオブジェクトとして扱えるようにまとめることです。グループ化すると、複数のオブジェクトの位置関係（重なり具合や間隔など）を保持したまま移動したり、サイズを変更したりできます。

操作 ◆《図の形式》タブ／《図形の書式》タブ／《グラフィックス形式》タブ→《配置》グループの ［グループ化 ⌄］（オブジェクトのグループ化）→《グループ化》

※《配置》グループは、選択するオブジェクトによって表示されるタブが異なります。

Lesson 3-23

プレゼンテーション「Lesson3-23」を開いておきましょう。

次の操作を行いましょう。

(1) スライド5の図形「パッション」「スピード」「チャレンジ」をグループ化してください。

Lesson 3-23 Answer

(1)

① スライド5を選択します。

② 図形「**パッション**」を選択します。

③ ［Shift］を押しながら、図形「**スピード**」「**チャレンジ**」を選択します。

※ ［Shift］を使うと、複数の図形を選択できます。

④《**図形の書式**》タブ→《**配置**》グループの ［グループ化 ⌄］（オブジェクトのグループ化）→《**グループ化**》をクリックします。

⑤ 図形がグループ化されます。

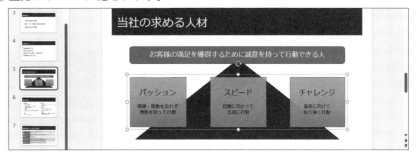

🖱 その他の方法

オブジェクトのグループ化

◆ 複数のオブジェクトを選択して右クリック→《グループ化》→《グループ化》

◆ 複数のオブジェクトを選択→《ホーム》タブ→《図形描画》グループの ［配置］（配置）→《グループ化》

❗ Point

グループ化の解除

◆ グループ化したオブジェクトを選択→《図の形式》タブ／《図形の書式》タブ／《グラフィックス形式》タブ→《配置》グループの ［グループ化 ⌄］（オブジェクトのグループ化）→《グループ解除》

求められるスキル

出題範囲1

出題範囲2

出題範囲3

出題範囲4

出題範囲5

確認問題 標準解答

4 | 配置用のツールを表示する

 解説 ■グリッド線やガイドの表示

スライド上に「**グリッド線**」や「**ガイド**」を表示して、オブジェクトを配置する際の目安にできます。

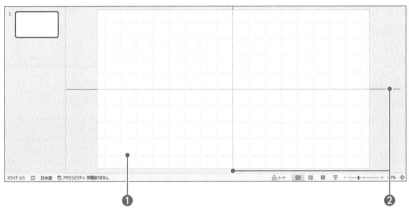

❶グリッド線

スライド上に等間隔で表示される点を「**グリッド**」、その集まりを「**グリッド線**」といいます。グリッドの間隔は変更できます。

❷ガイド

スライドを上下左右に4分割する線を「**ガイド**」といいます。
ガイドはドラッグして移動できます。

操作 ◆《表示》タブ→《表示》グループのボタン

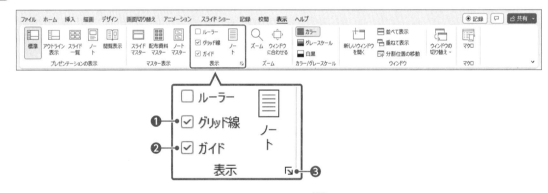

❶グリッド線

☑にすると、グリッド線が表示されます。

❷ガイド

☑にすると、ガイドが表示されます。

❸ 🖫 （グリッドの設定）

《**グリッドとガイド**》ダイアログボックスを表示します。
グリッド線の位置にオブジェクトが吸着するように配置したり、グリッドの間隔を設定したりできます。

Lesson 3-24

 プレゼンテーション「Lesson3-24」を開いておきましょう。

次の操作を行いましょう。

(1) グリッド線を表示し、描画オブジェクトをグリッド線に合わせるように設定してください。グリッドの間隔は「2cm」とします。

(2) スライド7の図形「二次面接」の右側に、グリッド線を目安に図形「正方形/長方形」を挿入してください。図形のサイズは2×6グリッドとします。

(1)

① 《表示》タブ→《表示》グループの《グリッド線》を☑にします。

② グリッド線が表示されます。

③ 《表示》タブ→《表示》グループの 🖼 (グリッドの設定) をクリックします。

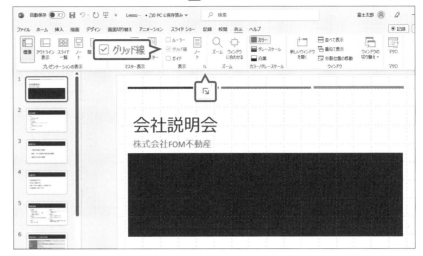

④ 《グリッドとガイド》ダイアログボックスが表示されます。

⑤ 《描画オブジェクトをグリッド線に合わせる》を☑にします。

⑥ 《グリッドの設定》の《間隔》の▾をクリックし、一覧から《2cm》を選択します。

⑦ 《OK》をクリックします。

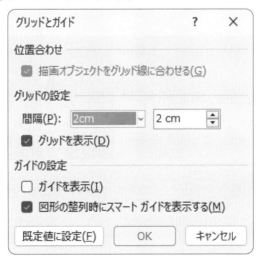

⑧ グリッド線が設定した間隔で表示されます。

その他の方法

グリッド線の表示

◆ 《表示》タブ→《表示》グループの 🖼 (グリッドの設定)→《☑グリッドを表示》

◆ スライドの背景を右クリック→《グリッドとガイド》→《グリッド線》

◆ [Shift]+[F9]

Point

グリッド線の間隔が正しく表示されない場合

スライドの表示倍率によって、グリッド線の間隔が正しく表示されない場合があります。その場合は、表示倍率を拡大して確認しましょう。

求められるスキル

出題範囲1

出題範囲2

出題範囲3

出題範囲4

出題範囲5

確認問題 標準解答

178

(2)

① スライド7を選択します。

②《挿入》タブ→《図》グループの（図形）→《四角形》の□（正方形/長方形）をクリックします。

※マウスポインターの形が＋に変わります。

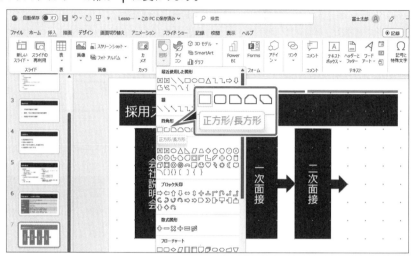

③図のように、始点から終点までドラッグします。

※グリッド線に沿ってマウスポインターが動きます。

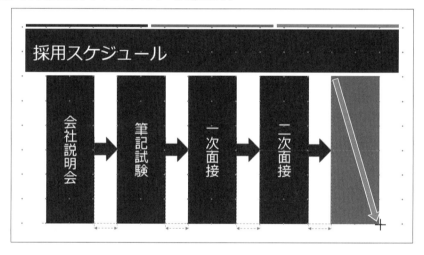

④図形が作成されます。

※グリッド線を非表示にして、グリッド線の設定を元に戻しておきましょう。

《表示》タブ→《表示》グループの《グリッド線》を□にします。

《表示》タブ→《表示》グループの（グリッドの設定）→《□描画オブジェクトをグリッド線に合わせる》→《間隔》を《5グリッド/cm》に設定→《OK》をクリックします。

Lesson 3-25

 プレゼンテーション「Lesson3-25」を開いておきましょう。

Hint
ガイドをドラッグすると、ポップヒントに中心からの距離が表示されます。

次の操作を行いましょう。

(1) ガイドを表示し、水平方向のガイドを中心から下に「2.00」の位置に移動してください。

(2) スライド7の一番右の矢印を、ガイドを目安に移動してください。矢印の先端を水平方向のガイドに合わせます。

求められるスキル

出題範囲1

出題範囲2

出題範囲3

出題範囲4

出題範囲5

確認問題 標準解答

その他の方法

ガイドの表示

◆《表示》タブ→《表示》グループの《⊡》(グリッドの設定)→《☑ガイドを表示》

◆スライドの背景を右クリック→《グリッドとガイド》→《ガイド》

◆ [Alt] + [F9]

(1)

①《表示》タブ→《表示》グループの《ガイド》を☑にします。

②ガイドが表示されます。

③水平方向のガイドを下方向にドラッグします。

※ガイドをポイントすると、マウスポインターの形が⇕に変わります。

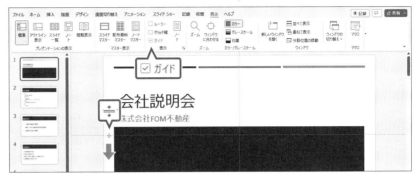

④ポップヒントに「**2.00**」と表示される位置で手を離します。

⑤水平方向のガイドが移動します。

(2)

①スライド7を選択します。

②一番右の矢印をドラッグし、矢印の先端を水平方向のガイドに合わせます。

※操作しづらい場合は、スライドの表示倍率を調整して操作しましょう。

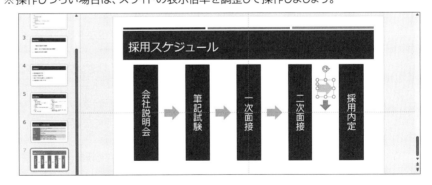

③矢印が移動します。

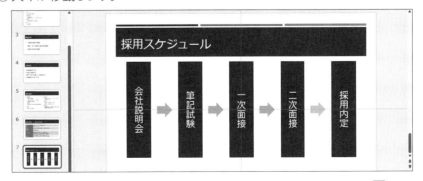

※ガイドを非表示にしておきましょう。《表示》タブ→《表示》グループの《ガイド》を☐にします。

Exercise 確認問題

標準解答 ▶ P.260

Lesson 3-26

 プレゼンテーション「Lesson3-26」を開いておきましょう。

あなたは、FOM FAMILY株式会社で環境活動の社内推進グループに所属しており、従業員を啓発するためのプレゼンテーションを作成します。
次の操作を行いましょう。

問題(1)	スライド1のタイトルに、フォントの色「緑、アクセント4、黒+基本色50%」、色「緑、アクセント4、黒+基本色25%」の「一重線」を設定し、文字の間隔を広げて、幅「2.5pt」に設定してください。
問題(2)	スライド1の図形「ECO2023」に、図形のスタイル「光沢-ゴールド、アクセント2」を適用してください。
問題(3)	スライド1の図形「ECO2023」の高さを「4cm」、幅を「14cm」に設定してください。
問題(4)	スライド2の図形「CO_2」を楕円に変更してください。
問題(5)	スライド2の下向き矢印の図形に「30%」と入力してください。
問題(6)	スライド2の下向き矢印の図形の塗りつぶしの色を「白、背景1、黒+基本色50%」、枠線なしに設定してください。
問題(7)	スライド2の図形「CO_2」と図形「30%」を左右中央にそろえ、グループ化してください。
問題(8)	スライド5のごみ箱のアイコンの上側に、「リサイクル」で検索されるアイコンを挿入してください。次に、挿入したアイコンを、ごみ箱のアイコンと同じサイズに変更してください。 ※インターネットに接続できる環境が必要です。
問題(9)	スライド6の上の図の右側をトリミングし、下の図と幅をそろえてください。
問題(10)	スライド6の2つの図に、アート効果「カットアウト」を適用してください。次に、図のスタイル「四角形、ぼかし」を設定してください。
問題(11)	スライド7のグループ化された図形「用紙」を最背面に移動し、図形「×」が手前に表示されるようにしてください。
問題(12)	スライド7のテキストボックス「無駄にしない」に、ワードアートのスタイル「塗りつぶし：緑、アクセントカラー4；面取り（ソフト）」を適用し、文字の効果を「光彩：18pt；ゴールド、アクセントカラー2」に変更してください。
問題(13)	スライド3の図に代替テキスト「3Rの図」を設定してください。次に、スライド7のグループ化された図形「用紙」と図形「×」の代替テキストを装飾用に設定し、スクリーンリーダーの対象外としてください。
問題(14)	スライド3に、スライド「具体的施策（1）」へリンクするスライドズームを挿入してください。スライドズームのサムネイルは、「▼具体的な施策はこちら▼」の下側に配置します。

出題範囲 **4**

表、グラフ、SmartArt、3Dモデル、メディアの挿入

1 表を挿入する、書式設定する

☑ 理解度チェック	習得すべき機能	参照Lesson	学習前	学習後	試験直前
■ 表を挿入できる。		➡ Lesson4-1	☑	☑	☑
■ Excelの表をPowerPointのスライドに貼り付けできる。		➡ Lesson4-2	☑	☑	☑
■ 表に行や列を挿入できる。		➡ Lesson4-3	☑	☑	☑
■ 表から行や列を削除できる。		➡ Lesson4-3	☑	☑	☑
■ 表のスタイルを適用できる。		➡ Lesson4-4	☑	☑	☑
■ 表スタイルのオプションを設定できる。		➡ Lesson4-4	☑	☑	☑

1 表を作成する、挿入する

解説 ■表の挿入

スライドにコンテンツのプレースホルダーが配置されている場合、表を直接作成できます。
プレースホルダーがない場合やプレースホルダーの位置に関係なく表を挿入するには、リボンを使います。

操作 ◆ プレースホルダーの （表の挿入）

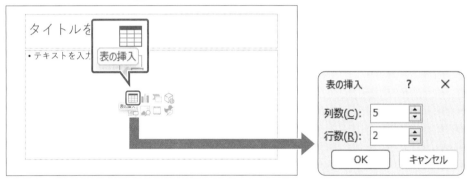

操作 ◆《挿入》タブ→《表》グループの（表の追加）

❶ マス目

8行×10列までの表を作成できます。
マス目をクリックして行数と列数を指定します。

❷ 表の挿入

マス目を使うより、行数や列数が多い表を作成できます。

❸ 罫線を引く

ドラッグ操作で罫線を引いて表を作成できます。

❹ Excelワークシート

Excelで編集できるワークシートを挿入できます。

183

Lesson4-1

OPEN プレゼンテーション「Lesson4-1」を開いておきましょう。

次の操作を行いましょう。

(1) スライド2に2列6行の表を挿入して、1行目に左から「分類」「構成比」と入力してください。

(2) スライド6にExcelワークシートを挿入し、セル【A1】に「達成率」と入力してください。スライドに5列7行のセルが表示されるように調整します。
次に、高さを「10cm」に変更し、スライドの中央付近に移動してください。

求められるスキル

出題範囲1

出題範囲2

出題範囲3

出題範囲4

出題範囲5

確認問題 標準解答

💡Hint

ワークシートの表示領域を変更するには、ワークシートが編集できる状態で周囲の■（ハンドル）をドラッグします。ワークシートのサイズを変更するには、《図形の書式》タブ→《サイズ》グループを使います。

Lesson 4-1 Answer

🖱 その他の方法

表の挿入

◆スライドを選択→《挿入》タブ→《表の挿入》グループの（表の追加）→《表の挿入》→《列数》と《行数》を指定

◆スライドを選択→《挿入》タブ→《表の挿入》グループの（表の追加）→行数と列数のマス目をクリック

(1)

① スライド2を選択します。

② コンテンツのプレースホルダーの　（表の挿入）をクリックします。

※お使いの環境によっては、プレースホルダーのアイコンの配置が異なる場合があります。

③《表の挿入》ダイアログボックスが表示されます。

④《列数》を「2」に設定します。

⑤《行数》を「6」に設定します。

⑥《OK》をクリックします。

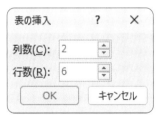

⑦ 表が挿入されます。

※挿入された表にはスタイルが適用されます。

⑧ 1行目に左から「**分類**」「**構成比**」と入力します。

⚠ Point

表内のカーソル移動

キーボードのキーを使って表内でカーソルを移動する方法は、次のとおりです。

移動方向	キー
右のセルへ移動	Tab または →
左のセルへ移動	Shift + Tab または ←
上のセルへ移動	↑
下のセルへ移動	↓

(2)

① スライド6を選択します。

② 《挿入》タブ→《表》グループの □ (表の追加) →《Excelワークシート》をクリックします。

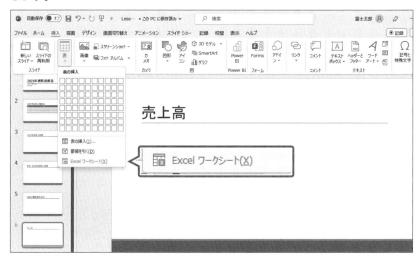

③ ワークシートが挿入されます。

④ セル【A1】に「達成率」と入力します。

⑤ 図のように、右下の■ (ハンドル) をドラッグし、5列7行のセル (セル【E7】まで) を表示します。

※ ■ (ハンドル) をポイントすると、マウスポインターの形が ↖ に変わります。

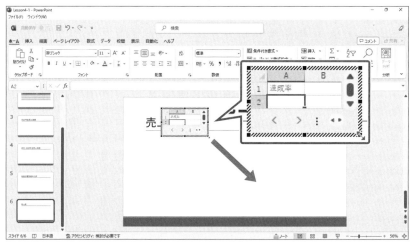

⑥ ワークシートの表示領域が変更されます。

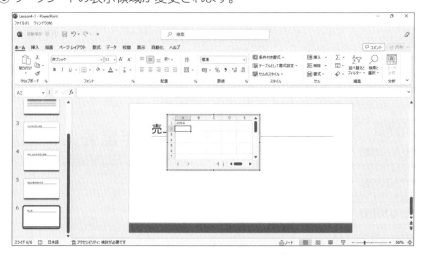

① Point

ワークシートの表示領域の変更

ワークシートが編集できる状態のときに、周囲の■ (ハンドル) をドラッグすると、ワークシートの表示領域を変更できます。

出題範囲1
出題範囲2
出題範囲3
出題範囲4
出題範囲5
確認問題 標準解答

Point

ワークシートの編集

確定したワークシートをダブルクリックすると、編集状態になり、文字を追加したり、変更したりできます。

⑦ ワークシート以外の場所をクリックし、ワークシートの編集を確定します。

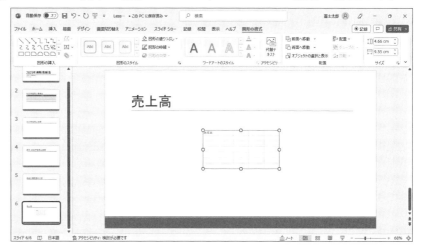

⑧《図形の書式》タブ→《サイズ》グループの〔〕（図形の高さ）を「10cm」に設定します。

※表の幅も自動的に変更されます。

⑨ 表のサイズが変更されます。

⑩ 図のように、表をスライドの中央付近にドラッグします。

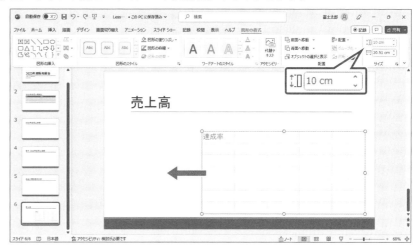

Point

表の高さと幅の設定

表の高さと幅を設定する方法は、次のとおりです。

ワークシート

◆ ワークシートを選択→《図形の書式》タブ→《サイズ》グループの〔〕（図形の高さ）／〔〕（図形の幅）

標準の表

◆ 表を選択→《レイアウト》タブ→《表のサイズ》グループの〔〕高さ:（高さ）／〔〕幅:（幅）

⑪ 表が移動します。

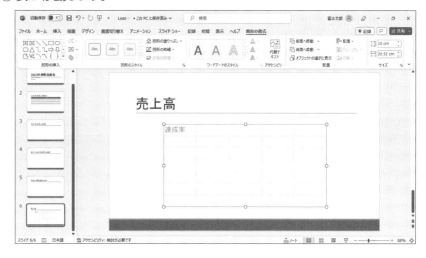

Point

表の削除

表を削除するには、表を選択してDeleteを押します。

解説　■Excelの表の貼り付け

Excelで作成した表をコピーして、PowerPointのスライドに貼り付けることができます。

操作 ◆《ホーム》タブ→《クリップボード》グループの （貼り付け）の

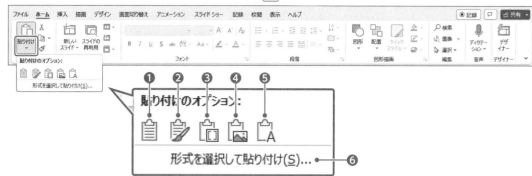

❶ 📋 **（貼り付け先のスタイルを使用）**
PowerPointの標準の表として貼り付けます。
Excelで設定した書式を削除し、貼り付け先のPowerPoint
のスタイルで貼り付けます。

❷ 📝 **（元の書式を保持）**
Excelで設定した書式のまま、スライドに貼り付けます。

❸ 📋 **（埋め込み）**
Excelのオブジェクトとしてスライドに貼り付けます。

❹ 📋 **（図）**
Excelで設定した書式のまま、図として貼り付けます。
図になるため、データの修正はできなくなります。

❺ 📋 **（テキストのみ保持）**
Excelで設定した書式を削除し、文字だけを貼り
付けます。

❻形式を選択して貼り付け
リンク貼り付けしたり、貼り付ける形式を選択した
りする場合に使います。

Lesson 4-2

 プレゼンテーション「Lesson4-2」を開いておきましょう。

次の操作を行いましょう。
(1) スライド3に、フォルダー「Lesson4-2」のExcelブック「売上集計」のシート
「2023年度」のセル範囲【A3：F10】を、リンク貼り付けしてください。
(2) スライド4に、フォルダー「Lesson4-2」のExcelブック「売上集計」のシート
「2022年度」のセル範囲【A3：F10】を、Excelで設定した書式のまま貼り付
けてください。

Lesson 4-2 Answer

(1)
①Excelを起動し、フォルダー「**Lesson4-2**」のブック「**売上集計**」を開きます。
②シート「**2023年度**」のセル範囲【**A3：F10**】を選択します。
③《**ホーム**》タブ→《**クリップボード**》グループの （コピー）をクリックします。

❗ Point

Wordの表の貼り付け
Excelと同様の操作方法で、Wordの
表もPowerPointのスライドに貼り付
けることができます。

④タスクバーのPowerPointのアイコンをクリックして、PowerPointウィンドウに切り替えます。

⑤スライド3を選択します。

⑥《ホーム》タブ→《クリップボード》グループの の ![]→《形式を選択して貼り付け》をクリックします。

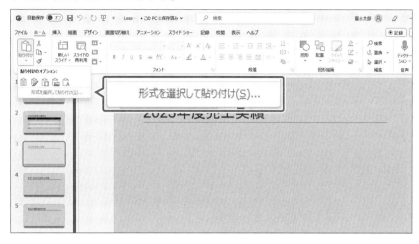

⑦《形式を選択して貼り付け》ダイアログボックスが表示されます。

⑧《リンク貼り付け》を ◉ にします。

⑨《貼り付ける形式》の一覧から《Microsoft Excel ワークシートオブジェクト》を選択します。

⑩《OK》をクリックします。

求められるスキル

出題範囲1

出題範囲2

出題範囲3

出題範囲4

出題範囲5

確認問題 標準解答

❗Point

リンク貼り付け
《リンク貼り付け》を ◉ にすると、コピー元のデータとコピー先のデータがリンクした状態で貼り付けられます。
リンク貼り付けした表をダブルクリックすると、Excelが起動し、リンク元のファイルを編集できます。

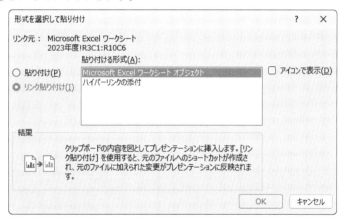

⑪表が貼り付けられます。

(2)

①タスクバーのExcelのアイコンをクリックして、Excelウィンドウに切り替えます。

②シート「**2022年度**」のセル範囲【**A3:F10**】を選択します。

③《**ホーム**》タブ→《**クリップボード**》グループの [📋]（コピー）をクリックします。

④タスクバーのPowerPointのアイコンをクリックして、PowerPointウィンドウに切り替えます。

⑤スライド4を選択します。

⑥《**ホーム**》タブ→《**クリップボード**》グループの [📋]（貼り付け）の [貼り付け ⌄]→ [📋]（元の書式を保持）をクリックします。

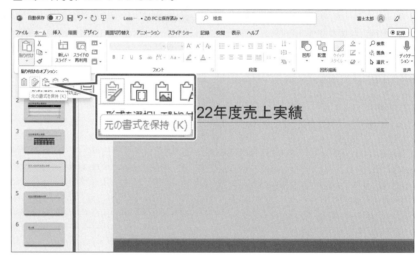

⑦表が貼り付けられます。

🖱 その他の方法

Excelの表の貼り付け

◆貼り付け先のスライドを右クリック
→《貼り付けのオプション》

◆貼り付け先のスライドを選択→
[Ctrl]+[V]→ [📋(Ctrl)▾]（貼り付けのオプション）

求められるスキル

出題範囲1

出題範囲2

出題範囲3

出題範囲4

出題範囲5

確認問題 標準解答

2 表に行や列を挿入する、削除する

📖 解説 ■行や列の挿入

作成した表に行や列が足りない場合は、挿入できます。

操作 ◆《レイアウト》タブ→《行と列》グループのボタン

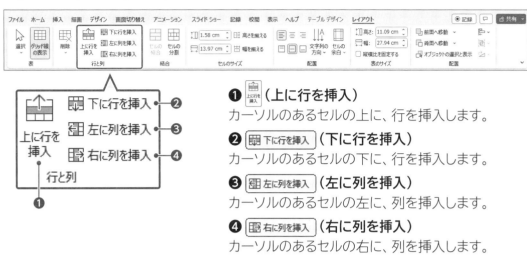

❶ 🔼 （上に行を挿入）
カーソルのあるセルの上に、行を挿入します。

❷ 下に行を挿入 （下に行を挿入）
カーソルのあるセルの下に、行を挿入します。

❸ 左に列を挿入 （左に列を挿入）
カーソルのあるセルの左に、列を挿入します。

❹ 右に列を挿入 （右に列を挿入）
カーソルのあるセルの右に、列を挿入します。

■行や列の削除

作成した表から余分な行や列を削除できます。

操作 ◆《レイアウト》タブ→《行と列》グループの 🗑️ （表の削除）→《列の削除》／《行の削除》

Lesson 4-3

📂 OPEN プレゼンテーション「Lesson4-3」を開いておきましょう。

次の操作を行いましょう。
(1) スライド2の表の「分類」と「構成比」の間に1列挿入し、挿入した列の1行目に「売上実績」と入力してください。
(2) スライド2の表の「合計」の行を削除してください。

Lesson 4-3 Answer

(1)
① スライド2を選択します。
② 表の2列目をクリックして、カーソルを表示します。
※2列目であれば、どこでもかまいません。
③《レイアウト》タブ→《行と列》グループの 左に列を挿入 （左に列を挿入）をクリックします。

⚠ Point

表の選択

表の各要素を選択する方法は、次のとおりです。

要素	操作方法
行	行の左側をマウスポインターが➡の状態でクリック
列	列の上側をマウスポインターが⬇の状態でクリック
セル	セル内の左端をマウスポインターが◢の状態でクリック
複数のセル	開始セルから終了セルまでドラッグ
表全体	表の周囲の枠線をクリック

🖱 その他の方法

行の削除

◆行を選択→[Back Space]

⚠ Point

行の高さや列の幅の変更

◆行の下側や列の右側の境界線をドラッグ

◆行または列にカーソルを移動→《レイアウト》タブ→《セルのサイズ》グループの[🔲](行の高さの設定)／[🔲](列の幅の設定)

⚠ Point

列の幅の自動調整

◆列の右側の境界線をダブルクリック

⚠ Point

セル内の文字の配置

セル内の文字は、水平方向および垂直方向でそれぞれ配置を変更できます。
セル内で文字の配置を変更するには、《レイアウト》タブの《配置》グループの[≡](中央揃え)や[⊟](上下中央揃え)などのボタンを使います。

④列が挿入されます。

⑤挿入した列の1行目に「**売上実績**」と入力します。

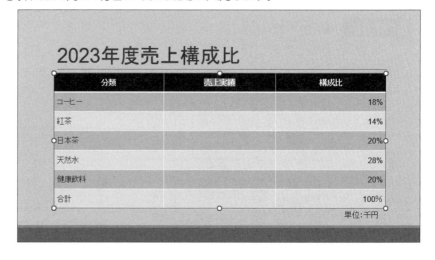

(2)

①スライド2を選択します。

②7行目をクリックして、カーソルを表示します。

※7行目であれば、どこでもかまいません。

③《**レイアウト**》タブ→《**行と列**》グループの[🗑](表の削除)→《**行の削除**》をクリックします。

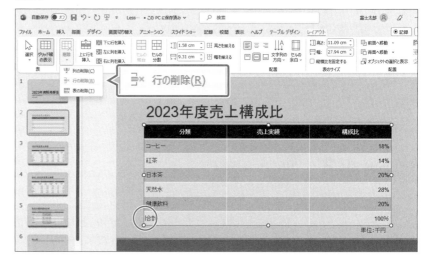

④行が削除されます。

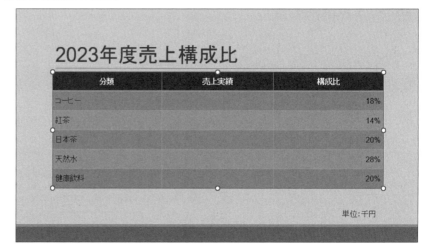

3 | 表の組み込みスタイルを適用する

解説 ■表のスタイルの適用

表には、罫線の種類や色、セルの塗りつぶし、表内の文字の色など、表全体を装飾するための書式の組み合わせがスタイルとして用意されています。一覧から選択するだけで、簡単に表の見栄えを変更できます。

操作 ◆《テーブルデザイン》タブ→《表のスタイル》グループのボタン

■表スタイルのオプションの設定

表のスタイルを適用したあとで、最初の行や最初の列を強調したり、縞模様で表示したりなど、オプションを設定できます。

操作 ◆《テーブルデザイン》タブ→《表スタイルのオプション》グループのボタン

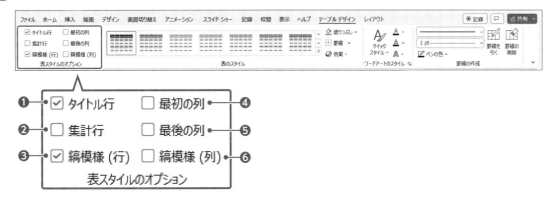

❶タイトル行
表の最初の行を強調します。

❷集計行
表の最後の行を強調します。

❸縞模様（行）
表に1行おきに異なる書式を設定して、横方向の縞模様になるように表示します。

❹最初の列
表の最初の列を強調します。

❺最後の列
表の最後の列を強調します。

❻縞模様（列）
表に1列おきに異なる書式を設定して、縦方向の縞模様になるように表示します。

求められるスキル

出題範囲1

出題範囲2

出題範囲3

出題範囲4

出題範囲5

確認問題 標準解答

Lesson 4-4

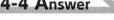 プレゼンテーション「Lesson4-4」を開いておきましょう。

次の操作を行いましょう。

(1) スライド5の表に、表のスタイル「テーマスタイル1-アクセント5」を適用してください。次に、表スタイルのオプションを設定して、最初の列を強調し、1行おきに色が付かないように設定します。

Lesson 4-4 Answer

(1)

① スライド5を選択します。

② 表を選択します。

③《テーブルデザイン》タブ→《表のスタイル》グループの ▽ →《ドキュメントに最適なスタイル》の《テーマスタイル1-アクセント5》をクリックします。

④ 表にスタイルが適用されます。

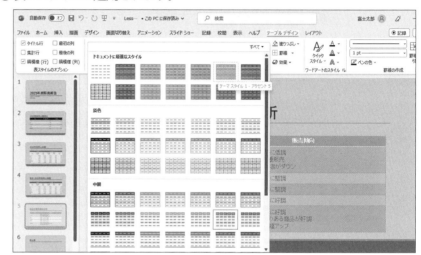

⑤《テーブルデザイン》タブ→《表スタイルのオプション》グループの《最初の列》を ☑ にします。

⑥《テーブルデザイン》タブ→《表スタイルのオプション》グループの《縞模様（行）》を ☐ にします。

⑦ 表スタイルのオプションが設定されます。

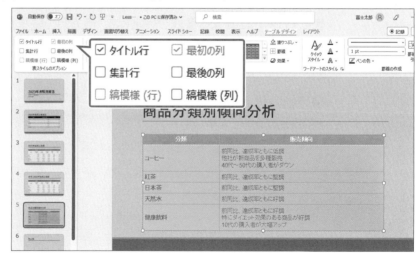

! Point

表の書式設定

表のスタイルを使って書式を一括で設定する以外に、塗りつぶしや枠線、効果などの書式を個別に設定することもできます。

◆ セルを選択→《テーブルデザイン》タブ→《表のスタイル》グループの ⬚塗りつぶし▽ （塗りつぶし）／⊞罫線▽ （枠なし）／⬚効果▽ （効果）

! Point

表の書式のクリア

◆ 表を選択→《テーブルデザイン》タブ→《表のスタイル》グループの ▽ →《表のクリア》

---

2 グラフを挿入する、変更する

☑ 理解度チェック	習得すべき機能	参照Lesson	学習前	学習後	試験直前
	■グラフを挿入できる。	➡Lesson4-5	☑	☑	☑
	■ExcelのグラフをPowerPointのスライドに貼り付けできる。	➡Lesson4-6	☑	☑	☑
	■グラフの種類を変更できる。	➡Lesson4-7	☑	☑	☑
	■グラフのスタイルや色を適用できる。	➡Lesson4-7	☑	☑	☑
	■グラフ要素の表示／非表示を変更できる。	➡Lesson4-8	☑	☑	☑

1 グラフを作成する、挿入する

解説

■グラフの挿入

スライドにコンテンツのプレースホルダーが配置されている場合、グラフを直接作成できます。
プレースホルダーがない場合やプレースホルダーの位置に関係なくグラフを挿入するには、
リボンを使います。

操作 ◆プレースホルダーの 📊 （グラフの挿入）

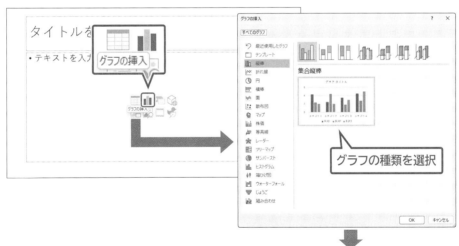

グラフの種類を選択

ワークシートのデータ
を変更すると、グラフ
にも反映される

操作 ◆《挿入》タブ→《図》グループの 📊 グラフ （グラフの追加）

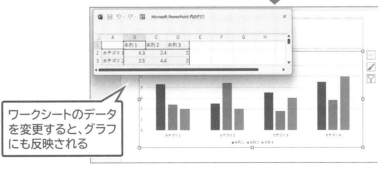

解説 ■グラフのデータの編集

グラフのもとになるデータを編集するには、ワークシートを表示して、データを修正します。

操作 ◆《グラフのデザイン》タブ→《データ》グループの（データを編集します）

❶データの編集

ワークシートのウィンドウを表示して、データを編集します。

❷Excelでデータを編集

Excelを起動して、データを編集します。Excelの機能を利用できます。

Lesson 4-5

 プレゼンテーション「Lesson4-5」を開いておきましょう。

次の操作を行いましょう。

(1) スライド2のコンテンツのプレースホルダーに、「円」グラフを挿入してください。グラフのデータは、スライドの左側の表をコピーして使います。

Lesson 4-5Answer

(1)

① スライド2を選択します。

② コンテンツのプレースホルダーの （グラフの挿入）をクリックします。

※お使いの環境によっては、プレースホルダーのアイコンの配置が異なる場合があります。

その他の方法

グラフの挿入

◆スライドを選択→《挿入》タブ→《図》グループの（グラフの追加）

③《グラフの挿入》ダイアログボックスが表示されます。

④ 左側の一覧から《円》を選択します。

⑤ 右側の一覧から（円）を選択します。

⑥《OK》をクリックします。

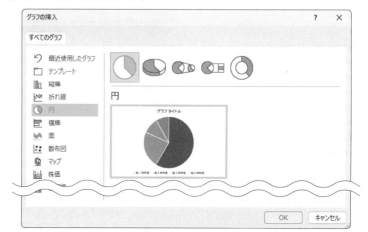

! Point

**ほかのスライドの表を使った
グラフの作成**

ほかのスライドの表のデータをもと
にグラフを作成することもできます。
その場合は、ワークシートが表示さ
れたあとにスライドを切り替えて表
のデータをコピーします。コピー後、
元のスライドに切り替えてから、ワー
クシートを閉じます。

⑦ サンプルデータが入力されたワークシートが表示されます。

⑧ スライドの左側の表を選択します。

⑨ 《ホーム》タブ→《クリップボード》グループの （コピー）をクリックします。

⑩ ワークシートのセル【A1】を右クリックします。

⑪ 《貼り付けのオプション》の （貼り付け先の書式に合わせる）をクリックします。

※入力されているデータを上書きします。

※ワークシートのサイズを大きくすると、操作しやすくなります。

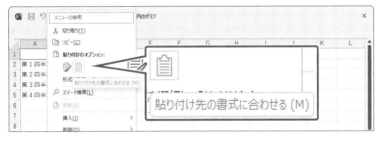

! Point

データ範囲の調整

グラフのもとになるデータ範囲は、
ワークシートの不要な列を削除した
り、セル範囲右下の■（ハンドル）ま
たは ◢（ハンドル）をドラッグしたり
すると調整できます。

⑫ ワークシートのウィンドウの （閉じる）をクリックします。

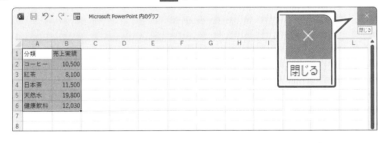

! Point

グラフの構成要素

グラフは次のような要素で構成され
ています。
各要素をポイントすると、ポップヒン
トに要素名が表示されます。

❶グラフエリア
グラフ全体の領域です。すべての要
素が含まれます。

❷プロットエリア
グラフの領域です。

❸グラフタイトル
グラフのタイトルです。

❹データ系列
もとになる数値を視覚的に表す部品
です。

❺凡例
データ系列を識別するための情報です。

⑬ 入力したデータがグラフに反映されます。

求められるスキル

出題範囲1

出題範囲2

出題範囲3

出題範囲4

出題範囲5

確認問題　標準解答

解説 ■Excelのグラフの貼り付け

Excelで作成したグラフをコピーして、PowerPointのスライドに貼り付けることができます。

操作 ◆《ホーム》タブ→《クリップボード》グループの （貼り付け）の

❶ （貼り付け先のテーマを使用しブックを埋め込む）

Excelで設定した書式を削除し、PowerPointに設定されているテーマで埋め込みます。

❷ （元の書式を保持しブックを埋め込む）

Excelで設定した書式のまま、スライドに埋め込みます。

❸ （貼り付け先テーマを使用しデータをリンク）

Excelで設定した書式を削除し、PowerPointに設定されているテーマで、Excelデータを
リンク貼り付けします。

❹ （元の書式を保持しデータをリンク）

Excelで設定した書式のまま、Excelデータをリンク貼り付けします。

❺ （図）

Excelで設定した書式のまま、図として貼り付けます。図になるため、データの修正はでき
なくなります。

❻形式を選択して貼り付け

リンク貼り付けしたり、貼り付ける形式を選択したりする場合に使います。

Lesson 4-6

 プレゼンテーション「Lesson4-6」を開いておきましょう。

次の操作を行いましょう。

(1) スライド2に、フォルダー「Lesson4-6」のExcelブック「売上集計」のシート
「2023年度」のグラフをリンク貼り付けしてください。PowerPointの書式
を適用します。
　次に、シート「2023年度」のセル【D5】を「20,000」に修正してください。
Excelでデータを編集します。

(2) スライド3に、フォルダー「Lesson4-6」のExcelブック「売上集計」のシート
「2022年度」のグラフを貼り付けてください。PowerPointの書式を適用し
ます。

💡Hint

Excelでグラフのデータを編集する
には、 （データを編集します）の
→《Excelでデータを編集》を使
います。

(1)

①Excelを起動し、フォルダー「**Lesson4-6**」のブック「**売上集計**」を開きます。

②シート「**2023年度**」のグラフを選択します。

③《**ホーム**》タブ→《**クリップボード**》グループの［コピー］をクリックします。

④タスクバーのPowerPointのアイコンをクリックして、PowerPointウィンドウに切り替えます。

⑤スライド2を選択します。

⑥《**ホーム**》タブ→《**クリップボード**》グループの［貼り付け］の［貼り付け］→（貼り付け先テーマを使用しデータをリンク）をクリックします。

● その他の方法

Excelのグラフの貼り付け

◆貼り付け先のスライドを右クリック→《貼り付けのオプション》

◆貼り付け先のスライドを選択→ Ctrl + V → （Ctrl）（貼り付けのオプション）

⑦グラフが貼り付けられます。

※《**デザイナー**》作業ウィンドウが表示された場合は、閉じておきましょう。

※Excelブックを閉じておきましょう。

⑧《**グラフのデザイン**》タブ→《**データ**》グループの［データの編集］（データを編集します）の［データの編集］→《**Excelでデータを編集**》をクリックします。

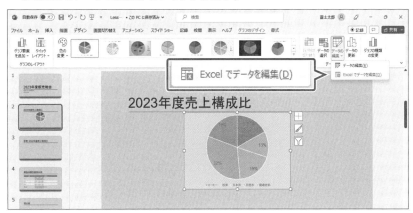

⑨Excelが起動し、ブック「**売上集計**」が表示されます。

⑩シート「**2023年度**」が選択されていることを確認します。

⑪セル【**D5**】に「**20,000**」と入力します。

※シート「2023年度」のグラフが更新されます。

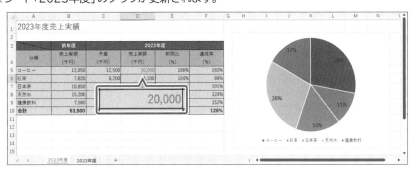

求められるスキル

出題範囲1

出題範囲2

出題範囲3

出題範囲4

出題範囲5

確認問題 標準解答

⑫ タスクバーのPowerPointのアイコンをクリックして、PowerPointウィンドウに切り替えます。

⑬ グラフが更新されていることを確認します。

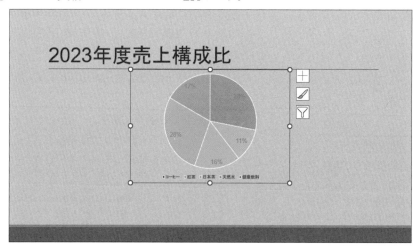

(2)

① タスクバーのExcelのアイコンをクリックして、Excelウィンドウに切り替えます。

② シート**「2022年度」**を選択します。

③ グラフを選択します。

④ 《**ホーム**》タブ→《**クリップボード**》グループの ⧉ (コピー) をクリックします。

⑤ タスクバーのPowerPointのアイコンをクリックして、PowerPointウィンドウに切り替えます。

⑥ スライド3を選択します。

⑦ 《**ホーム**》タブ→《**クリップボード**》グループの ⧉ (貼り付け) の ⧉ → ⧉ (貼り付け先のテーマを使用しブックを埋め込む) をクリックします。

⑧ グラフが貼り付けられます。

※ 《デザイナー》作業ウィンドウが表示された場合は、閉じておきましょう。

2 ｜ グラフを変更する

　解説　■グラフの種類の変更

挿入したグラフは、あとから種類を変更できます。

操作　◆《グラフのデザイン》タブ→《種類》グループの 📊 （グラフの種類の変更）

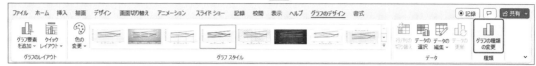

■グラフのデザインの変更

グラフには、塗りつぶしや枠線、効果などの書式の組み合わせや、色の組み合わせが用意されています。一覧から選択するだけでグラフのデザインを変更できます。

操作　◆《グラフのデザイン》タブ→《グラフスタイル》グループのボタン

❶ 📊（グラフクイックカラー）
データ系列の色を変更します。一覧に表示される色は、適用されているテーマによって異なります。

❷グラフのスタイル
塗りつぶしや枠線、効果などの書式を組み合わせたスタイルを適用します。

Lesson 4-7

📂 プレゼンテーション「Lesson4-7」を開いておきましょう。

次の操作を行いましょう。

(1) スライド7のグラフを「集合縦棒」グラフに変更してください。
(2) スライド7のグラフに、グラフスタイル「スタイル6」を適用し、色を「カラフルなパレット2」に変更してください。

Lesson 4-7 Answer

(1)

① スライド7を選択します。

② グラフを選択します。

その他の方法

グラフの種類の変更

◆グラフを右クリック→《グラフの種類の変更》

③《グラフのデザイン》タブ→《種類》グループの （グラフの種類の変更）をクリックします。

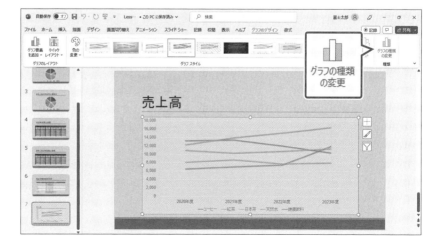

Point

グラフの移動

グラフを移動するには、グラフを選択して、周囲の枠線をドラッグします。

Point

グラフのサイズ変更

グラフのサイズを変更するには、グラフを選択して、周囲の○（ハンドル）をドラッグします。
また、《書式》タブ→《サイズ》グループを使うと、グラフのサイズを数値で正確に指定できます。

その他の方法

グラフスタイルの適用

◆ グラフを選択→グラフ右上の（グラフスタイル）→《スタイル》

その他の方法

グラフの色の変更

◆ グラフを選択→グラフ右上の（グラフスタイル）→《色》

---

④《グラフの種類の変更》ダイアログボックスが表示されます。

⑤ 左側の一覧から《縦棒》を選択します。

⑥ 右側の一覧から（集合縦棒）を選択します。

⑦《OK》をクリックします。

⑧ グラフの種類が変更されます。

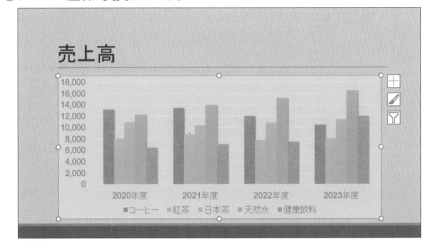

（2）

① スライド7を選択します。

② グラフを選択します。

③《グラフのデザイン》タブ→《グラフスタイル》グループの→《スタイル6》をクリックします。

④ グラフにスタイルが適用されます。

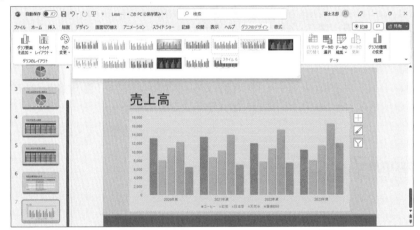

⑤《グラフのデザイン》タブ→《グラフスタイル》グループの（グラフクイックカラー）→《カラフル》の《カラフルなパレット2》をクリックします。

⑥ グラフの色が変更されます。

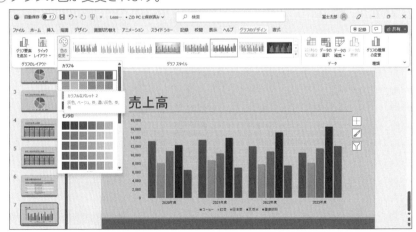

 **解説** ■グラフのレイアウトの変更

凡例や軸ラベル、グラフタイトル、データテーブルなどのグラフの各要素の表示/非表示を
切り替えたり、配置を設定したりできます。

操作 ◆《グラフのデザイン》タブ→《グラフのレイアウト》グループのボタン

❶ （グラフ要素を追加）

グラフの各要素の表示/非表示や配置を設定します。

❷ （クイックレイアウト）

グラフ要素とその配置の組み合わせを一覧から選択できます。

Lesson 4-8

OPEN プレゼンテーション「Lesson4-8」を開いておきましょう。

次の操作を行いましょう。

(1) スライド7のグラフタイトルを非表示にし、凡例を下に表示してください。

Lesson 4-8 Answer

(1)

①スライド7を選択します。

②グラフを選択します。

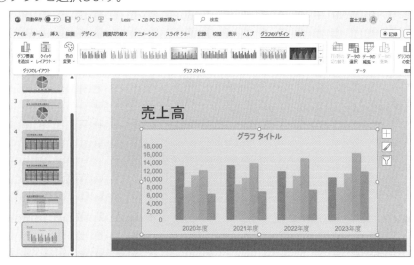

求められるスキル

出題範囲1

出題範囲2

出題範囲3

出題範囲4

出題範囲5

確認問題 標準解答

🖰 その他の方法

グラフタイトルの非表示

◆グラフを選択→グラフ右上の ⊞
（グラフ要素）→《 ☐ グラフタイ
トル》

❗ Point

グラフタイトルの表示

◆グラフを選択→《グラフのデザ
イン》タブ→《グラフのレイアウト》
グループの 🔳（グラフ要素を追
加）→《グラフタイトル》

🖰 その他の方法

凡例の表示

◆グラフを選択→グラフ右上の ⊞
（グラフ要素）→《 ☑ 凡例》→ ▷
→《下》

❗ Point

凡例の非表示

◆グラフを選択→《グラフのデザ
イン》タブ→《グラフのレイアウト》
グループの 🔳（グラフ要素を追
加）→《凡例》→《なし》

❗ Point

グラフ要素の書式設定

グラフの各要素は個別に書式を設
定できます。

◆グラフ要素を選択→《書式》タブ→
《現在の選択範囲》グループの
🖉 選択対象の書式設定 （選択対象の書
式設定）

③《グラフのデザイン》タブ→《グラフのレイアウト》グループの 🔳（グラフ要素を追
加）→《グラフタイトル》→《なし》をクリックします。

④ グラフタイトルが非表示になります。

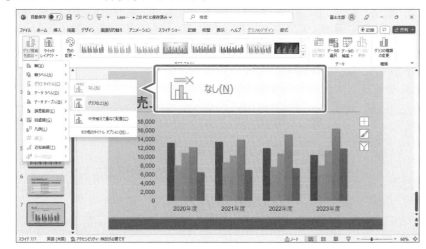

⑤《グラフのデザイン》タブ→《グラフのレイアウト》グループの 🔳（グラフ要素を追
加）→《凡例》→《下》をクリックします。

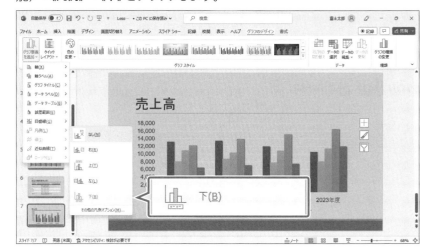

⑥ グラフの下に凡例が表示されます。

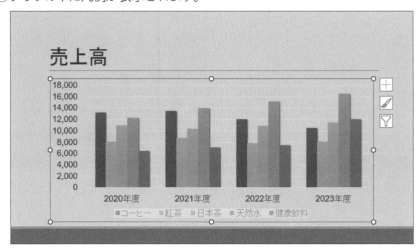

3 SmartArtを挿入する、書式設定する

理解度チェック	習得すべき機能	参照Lesson	学習前	学習後	試験直前
	■SmartArtグラフィックを挿入できる。	➡Lesson4-9	☑	☑	☑
	■SmartArtグラフィックにスタイルや色を適用できる。	➡Lesson4-10	☑	☑	☑
	■箇条書きをSmartArtグラフィックに変換したり、SmartArtグラフィックを箇条書きに変換したりできる。	➡Lesson4-11	☑	☑	☑
	■SmartArtグラフィックに図形を追加できる。	➡Lesson4-12	☑	☑	☑
	■SmartArtグラフィックの図形の順番を変更できる。	➡Lesson4-13	☑	☑	☑

1 SmartArtを作成する

 **解説**

■SmartArtグラフィック

「SmartArtグラフィック」とは、複数の図形を組み合わせて、情報の相互関係を視覚的にわかりやすく表現した図解のことです。PowerPointには、**「リスト」「手順」「循環」**などのSmartArtグラフィックが用意されており、目的のレイアウトを選択するだけでデザイン性の高い図解を作成できます。

■SmartArtグラフィックの挿入

スライドにコンテンツのプレースホルダーが配置されている場合、SmartArtグラフィックを直接作成できます。プレースホルダーがない場合やプレースホルダーの位置に関係なくSmartArtグラフィックを挿入するには、リボンを使います。

操作 ◆プレースホルダーの 🖿 （SmartArtグラフィックの挿入）

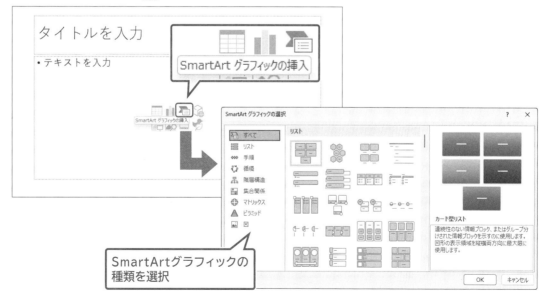

操作 ◆《挿入》タブ→《図》グループの [🖿 SmartArt]（SmartArtグラフィックの挿入）

Lesson 4-9

 プレゼンテーション「Lesson4-9」を開いておきましょう。

次の操作を行いましょう。

(1) スライド3のコンテンツのプレースホルダーに、SmartArtグラフィック「基本ベン図」を挿入してください。テキストウィンドウの上から「早い」「安い」「正確」と入力します。

Lesson 4-9 Answer

(1)

① スライド3を選択します。

② コンテンツのプレースホルダーの （SmartArtグラフィックの挿入）をクリックします。

※お使いの環境によっては、プレースホルダーのアイコンの配置が異なる場合があります。

③ 《SmartArtグラフィックの選択》ダイアログボックスが表示されます。

④ 左側の一覧から《集合関係》を選択します。

⑤ 中央の一覧から《基本ベン図》を選択します。

⑥ 《OK》をクリックします。

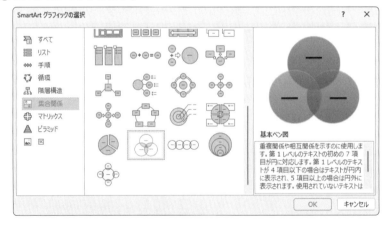

⑦ SmartArtグラフィックが挿入されます。

※SmartArtグラフィックの横にテキストウィンドウが表示されます。

※テキストウィンドウが表示されていない場合は、表示しておきましょう。

⑧ テキストウィンドウの1行目に「早い」、2行目に「安い」、3行目に「正確」と入力します。

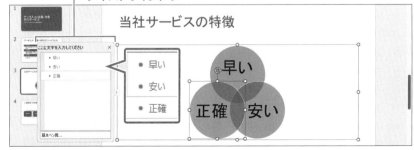

⑨ SmartArtグラフィック以外の場所をクリックします。

その他の方法

SmartArtグラフィックの挿入

◆スライドを選択→《挿入》タブ→《図》グループの [SmartArt]（SmartArtグラフィックの挿入）

Point

テキストウィンドウ

テキストウィンドウとSmartArtグラフィックは連動しているので、テキストウィンドウに文字を入力すると、SmartArtグラフィックの図形にも文字が表示されます。

Point

テキストウィンドウの表示／非表示

◆SmartArtグラフィックを選択→SmartArtグラフィックの左側にある |<| / |>|

Point

SmartArtグラフィックの削除

◆SmartArtグラフィックを選択→ [Delete]

 **解説** ■SmartArtグラフィックのデザインの変更

SmartArtグラフィックには、塗りつぶしや枠線、効果などの書式の組み合わせや、色の組み合わせが用意されています。一覧から選択するだけで、簡単にSmartArtグラフィックの見栄えを変更できます。

操作 ◆《SmartArtのデザイン》タブ→《SmartArtのスタイル》グループのボタン

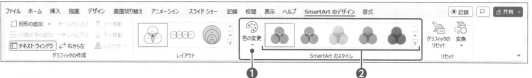

❶ 🎨 (色の変更)

SmartArtグラフィックの色を変更します。一覧に表示される色は、適用されているテーマによって異なります。

❷SmartArtグラフィックのスタイル

塗りつぶしや枠線、効果などの書式を組み合わせたスタイルを適用します。

Lesson 4-10

 プレゼンテーション「Lesson4-10」を開いておきましょう。

次の操作を行いましょう。
(1) スライド3のSmartArtグラフィックに、SmartArtのスタイル「パステル」を適用してください。
(2) スライド3のSmartArtグラフィックの色を「塗りつぶし-濃色2」に変更してください。

Lesson 4-10 Answer

(1)
①スライド3を選択します。
②SmartArtグラフィックを選択します。

① Point

SmartArtグラフィックの選択

SmartArtグラフィックのサイズを変更したり、書式を設定したりする場合は、SmartArtグラフィック全体を選択します。
SmartArtグラフィックを選択するには、SmartArtグラフィック内をクリックし、周囲の枠線をクリックします。

求められるスキル

出題範囲1

出題範囲2

出題範囲3

出題範囲4

出題範囲5

確認問題 標準解答

③《SmartArtのデザイン》タブ→《SmartArtのスタイル》グループの▽→《ドキュメントに最適なスタイル》の《パステル》をクリックします。

④SmartArtグラフィックにスタイルが適用されます。

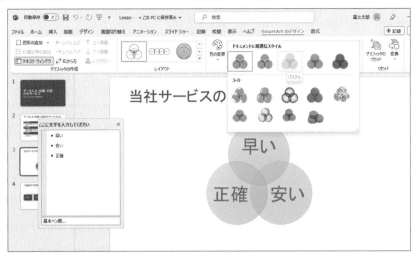

(2)

① スライド3を選択します。

② SmartArtグラフィックを選択します。

③《SmartArtのデザイン》タブ→《SmartArtのスタイル》グループの（色の変更）→《ベーシック》の《塗りつぶし-濃色2》をクリックします。

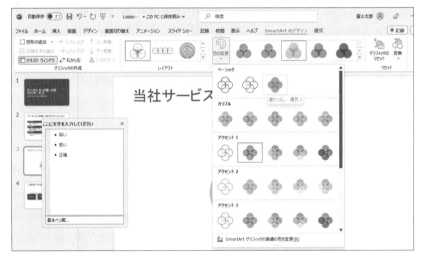

④SmartArtグラフィックの色が変更されます。

解説　■SmartArtグラフィックを箇条書きに変換

SmartArtグラフィックを箇条書きテキストに変換できます。

操作　◆《SmartArtのデザイン》タブ→《リセット》グループの（SmartArtを図形またはテキストに変換）
→《テキストに変換》

■箇条書きをSmartArtグラフィックに変換

スライドに入力されている箇条書きをSmartArtグラフィックに変換できます。

操作　◆《ホーム》タブ→《段落》グループの（SmartArtグラフィックに変換）

Lesson 4-11

 プレゼンテーション「Lesson4-11」を開いておきましょう。

次の操作を行いましょう。
(1) スライド2の箇条書きを、SmartArtグラフィック「縦方向箇条書きリスト」に変換してください。
(2) スライド4のSmartArtグラフィックを箇条書きに変換してください。

Lesson 4-11 Answer

(1)
①スライド2を選択します。
②箇条書きのプレースホルダーを選択します。

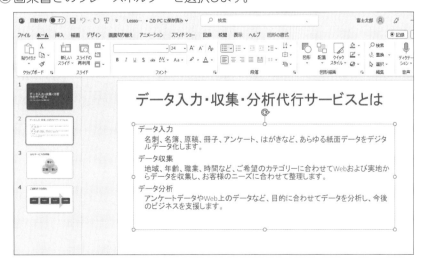

求められるスキル

出題範囲1

出題範囲2

出題範囲3

出題範囲4

出題範囲5

確認問題　標準解答

③《**ホーム**》タブ→《**段落**》グループの 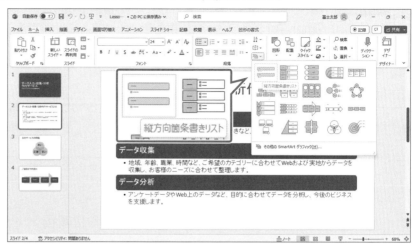 （SmartArtグラフィックに変換）→《**縦方向箇条書きリスト**》をクリックします。

④箇条書きがSmartArtグラフィックに変換されます。

(2)

①スライド4を選択します。

②SmartArtグラフィックを選択します。

③《**SmartArtのデザイン**》タブ→《**リセット**》グループの  （SmartArtを図形またはテキストに変換）→《**テキストに変換**》をクリックします。

④SmartArtグラフィックが箇条書きに変換されます。

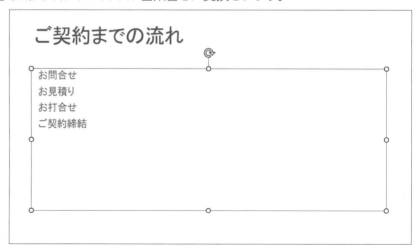

3 | SmartArtにコンテンツを追加する、変更する

解説 ■SmartArtグラフィックへの図形の追加

SmartArtグラフィックに項目を追加したい場合は、図形を追加します。

操作 ◆《SmartArtのデザイン》タブ→《グラフィックの作成》グループの 図形の追加 （図形の追加）

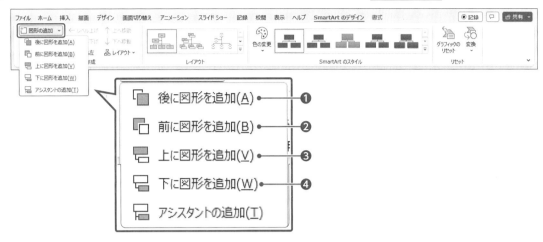

❶後に図形を追加

選択している図形の後ろに、新しい図形を追加します。

❷前に図形を追加

選択している図形の前に、新しい図形を追加します。

❸上に図形を追加

選択している図形の上に、上位レベルの図形を追加します。
※SmartArtグラフィックの種類によっては、利用できない場合があります。

❹下に図形を追加

選択している図形の下に、下位レベルの図形を追加します。
※SmartArtグラフィックの種類によっては、利用できない場合があります。

■SmartArtグラフィックの図形のレベル変更

SmartArtグラフィックに階層がある場合、レベルを上げたり、下げたりして図形の位置を調整できます。

操作 ◆《SmartArtのデザイン》タブ→《グラフィックの作成》グループの ← レベル上げ （選択対象のレベル上げ）／ → レベル下げ （選択対象のレベル下げ）

求められるスキル

出題範囲1

出題範囲2

出題範囲3

出題範囲4

出題範囲5

確認問題 標準解答

■テキストウィンドウを使った図形の追加、レベルの変更

テキストウィンドウに項目を追加して、SmartArtグラフィックに図形を追加することもできます。テキストウィンドウに項目を追加するには、行の最後にカーソルを移動して、[Enter]を押します。次の行に新しい項目が追加されます。

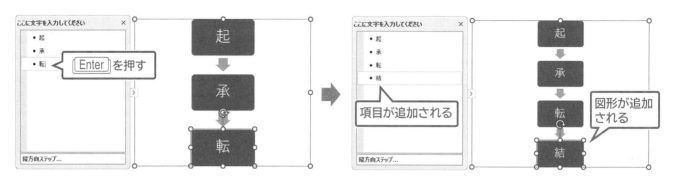

テキストウィンドウで項目のレベルを下げるには、行内にカーソルを移動して、[Tab]を押します。逆に、レベルを上げるには、[Shift]+[Tab]を押します。

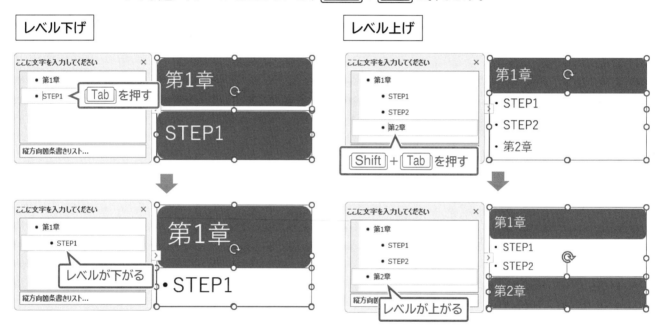

Lesson 4-12

 プレゼンテーション「Lesson4-12」を開いておきましょう。

次の操作を行いましょう。

(1) スライド4のSmartArtグラフィックに図形を追加し、「ご契約締結」と入力してください。図形「お打合せ」の右側に追加します。

(2) スライド5のSmartArtグラフィックに、レベル1の図形「東海地区」とレベル2の図形「名古屋」「静岡」を追加してください。図形「東京地区」と図形「関西地区」の間に追加します。

(1)

① スライド4を選択します。

② SmartArtグラフィックを選択します。

③ テキストウィンドウの「**お打合せ**」の後ろをクリックして、カーソルを表示します。

※テキストウィンドウが表示されていない場合は、表示しておきましょう。

④ Enter を押して、改行します。

🖱 その他の方法

SmartArtグラフィックへの図形の追加

◆SmartArtグラフィックの図形を選択→《SmartArtのデザイン》タブ→《グラフィックの作成》グループの 図形の追加 (図形の追加)→《後に図形を追加》

◆SmartArtグラフィックの図形を右クリック→《図形の追加》→《後に図形を追加》

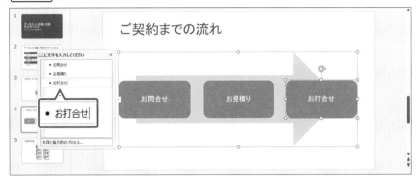

⑤ テキストウィンドウに項目が追加され、SmartArtグラフィックに図形が追加されます。

⑥ テキストウィンドウの4行目に「**ご契約締結**」と入力します。

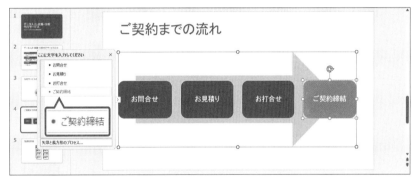

⑦ SmartArtグラフィック以外の場所をクリックします。

(2)

① スライド5を選択します。

② SmartArtグラフィックを選択します。

③ テキストウィンドウの「**品川**」の後ろをクリックして、カーソルを表示します。

④ Enter を押して、改行します。

⑤ テキストウィンドウに項目が追加され、SmartArtグラフィックに図形が追加されます。

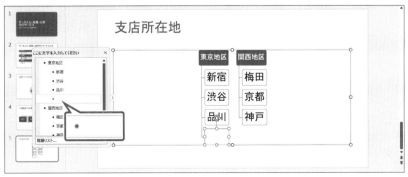

求められるスキル

出題範囲1

出題範囲2

出題範囲3

出題範囲4

出題範囲5

確認問題 標準解答

🖱 その他の方法

SmartArtグラフィックの図形のレベル上げ／レベル下げ

◆テキストウィンドウの項目にカーソルを移動→《SmartArtのデザイン》タブ→《グラフィックの作成》グループの [← レベル上げ] （選択対象のレベル上げ）／ [→ レベル下げ] （選択対象のレベル下げ）

⑥ [Shift] ＋ [Tab] を押して、レベルを上げます。
⑦ テキストウィンドウの5行目に「**東海地区**」と入力します。

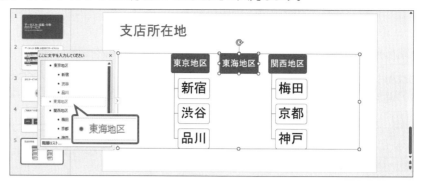

⑧ [Enter] を押して、改行します。
⑨ [Tab] を押して、レベルを下げます。
⑩ テキストウィンドウの6行目に「**名古屋**」と入力します。

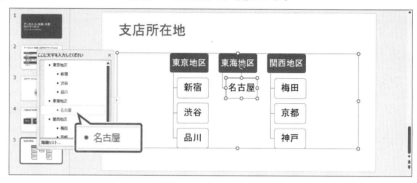

⑪ [Enter] を押して、改行します。
⑫ テキストウィンドウの7行目に「**静岡**」と入力します。

⑬ SmartArtグラフィック以外の場所をクリックします。

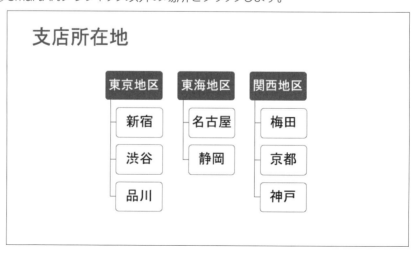

❗ Point

SmartArtグラフィックの図形の削除

◆SmartArtグラフィックの図形を選択→ [Delete]
◆テキストウィンドウの項目にカーソルを移動→ [Delete] や [Back Space] で削除

 **解説** ■SmartArtグラフィックの図形の入れ替え

SmartArtグラフィックの図形は入れ替えて、順番を変更できます。

操作 ◆《SmartArtのデザイン》タブ→《グラフィックの作成》グループの [↑ 上へ移動] (選択したアイテムを上へ移動) / [↓ 下へ移動] (選択したアイテムを下へ移動)

Lesson 4-13

 プレゼンテーション「Lesson4-13」を開いておきましょう。

次の操作を行いましょう。

(1) スライド2のSmartArtグラフィックの図形が、上から「データ入力」「データ収集」「データ分析」と表示されるように順番を変更してください。

Lesson 4-13 Answer

(1)

① スライド2を選択します。

② SmartArtグラフィックの図形**「データ入力」**を選択します。

③《**SmartArtのデザイン**》タブ→《**グラフィックの作成**》グループの [↑ 上へ移動] (選択したアイテムを上へ移動) を2回クリックします。

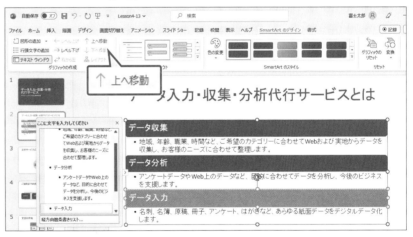

④ SmartArtグラフィックの図形の順番が変更されます。

※テキストウィンドウの項目の順番も変更されます。

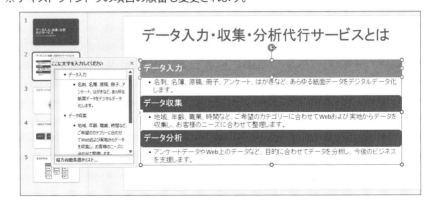

❗ Point

下位レベルの図形の移動

上位レベルの図形を移動すると、下位レベルの図形も合わせて移動されます。

❗ Point

SmartArtグラフィックの向きの変更

横向きのレイアウトのSmartArtグラフィックの場合、図形は左から右方向に配置されますが、右から左方向に変更することもできます。

◆SmartArtグラフィックを選択→《SmartArtのデザイン》タブ→《グラフィックの作成》グループの [↩ 右から左] (右から左)

求められるスキル

出題範囲1

出題範囲2

出題範囲3

出題範囲4

出題範囲5

確認問題 標準解答

4
3Dモデルを挿入する、変更する

理解度チェック	習得すべき機能	参照Lesson	学習前	学習後	試験直前
■3Dモデルを挿入できる。		➡Lesson4-14	☑	☑	☑
■3Dモデルのサイズを変更できる。		➡Lesson4-14	☑	☑	☑
■3Dモデルのビューを変更できる。		➡Lesson4-15	☑	☑	☑
■3Dモデルのカメラの位置を設定できる。		➡Lesson4-15	☑	☑	☑

1　3Dモデルを挿入する

解説

■3Dモデルの挿入

「**3Dモデル**」とは、360度回転させて、あらゆる角度から表示できる立体的なオブジェクトのことです。3Dモデルを使うと、奥行きや細かい形状などを表現できるので、平面の画像とは異なる効果を生み出すことができます。

操作 ◆《挿入》タブ→《図》グループの `3D モデル` （3Dモデル）

❶このデバイス

コンピューター内にある3Dモデルを挿入できます。

❷3Dモデルのストック

インターネット上にあるオンライン3Dモデルを挿入できます。アニメーション化された3Dモデルも挿入できます。カテゴリーから選択するか、キーワード検索してダウンロードします。

■3Dモデルのサイズ変更

3Dモデルのサイズを変更するには、3Dモデルを選択すると周囲に表示される○（ハンドル）をドラッグします。
3Dモデルのサイズを数値で正確に指定する方法は、次のとおりです。

操作 ◆《3Dモデル》タブ→《サイズ》グループの `高さ:` （図形の高さ）／ `幅:` （図形の幅）

Lesson 4-14

 プレゼンテーション「Lesson4-14」を開いておきましょう。

次の操作を行いましょう。

(1) スライド3にあるSmartArtグラフィックの右側に、フォルダー「Lesson4-14」の3Dモデル「note pc」を挿入してください。

(2) 挿入した3Dモデルの高さを「6.01cm」、幅を「10.22cm」に設定してください。

Hint

数値を指定してサイズを変更するには、ボックスに直接入力します。

Lesson 4-14 Answer

(1)

① スライド3を選択します。

②《挿入》タブ→《図》グループの [🧊 3D モデル ▼] (3Dモデル) の [▼]→《このデバイス》をクリックします。

❗ Point

3Dモデルの挿入

スライドにコンテンツのプレースホルダーが配置されている場合、🗔 (3Dモデル)を使って、3Dモデルを直接挿入できます。

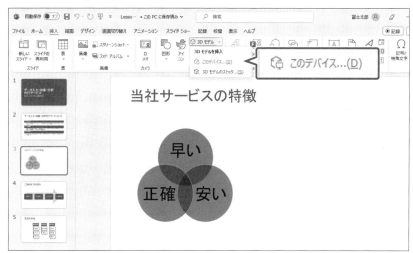

③《3Dモデルの挿入》ダイアログボックスが表示されます。

④ フォルダー「**Lesson4-14**」を開きます。

※《ドキュメント》→「MOS 365-PowerPoint(1)」→「Lesson4-14」を選択します。

⑤一覧から「**note pc**」を選択します。

⑥《**挿入**》をクリックします。

❗ Point

3Dモデルのファイルの拡張子

3Dモデルのファイルの拡張子には、「.3mf」や「.glb」などがあります。

求められるスキル

出題範囲1

出題範囲2

出題範囲3

出題範囲4

出題範囲5

確認問題 標準解答

⑦3Dモデルが挿入されます。

⑧3Dモデルをポイントします。

※マウスポインターの形が🖑に変わります。

⑨図のように、SmartArtグラフィックの右側にドラッグします。

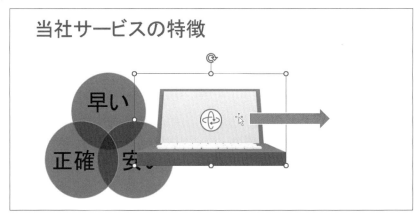

⑩3Dモデルが移動します。

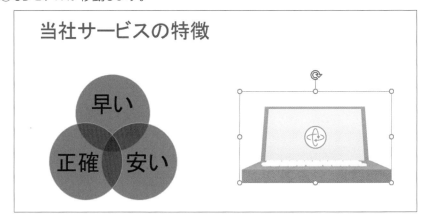

(2)

①スライド3を選択します。

②3Dモデルを選択します。

③《**3Dモデル**》タブ→《**サイズ**》グループの $\boxed{↕\text{高さ:}}$（図形の高さ）に「**6.01cm**」と入力します。

④《**3Dモデル**》タブ→《**サイズ**》グループの $\boxed{↔\text{幅:}}$（図形の幅）に「**10.22cm**」と入力します。

⑤3Dモデルのサイズが変更されます。

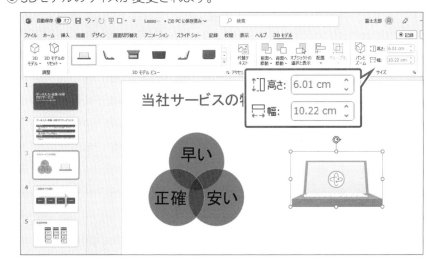

🖱 その他の方法

3Dモデルのサイズ変更

◆3Dモデルを選択→《3Dモデル》タブ→《サイズ》グループの 🗔（配置とサイズ）→📐（サイズとプロパティ）→《サイズ》→《高さ》／《幅》

◆3Dモデルを右クリック→《配置とサイズ》→📐（サイズとプロパティ）→《サイズ》→《高さ》／《幅》

◆3Dモデルを選択→○（ハンドル）をドラッグ

❗ Point

3Dモデルの削除

◆3Dモデルを選択→Delete

2 | 3Dモデルの見た目を変更する

解 説 ■ 3Dモデルの表示の変更

3Dモデルには、右や左、上、背面など枠内で回転させたパターンのビューが用意されています。また、カメラの位置を変更して、表示される角度や位置を詳細に設定することもできます。

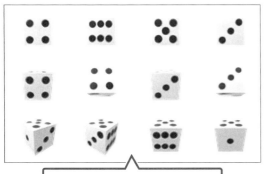

回転させたパターンを選択して、ビューを変更できる

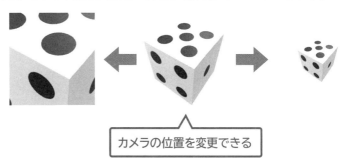

カメラの位置を変更できる

操作 ◆《3Dモデル》タブ→《3Dモデルビュー》グループのボタン

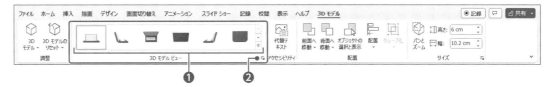

❶ 3Dモデルビュー
3Dモデルを各方向に回転させたパターンを選択して、ビューを変更します。

❷ [⤢]（3Dモデルの書式設定）
《3Dモデルの書式設定》作業ウィンドウを表示します。回転の角度やカメラの位置などを設定できます。

Lesson 4-15

OPEN プレゼンテーション「Lesson4-15」を開いておきましょう。

次の操作を行いましょう。
(1) スライド3の3Dモデルのビューを「左上前面」に変更してください。
(2) カメラの位置が後ろに移動するように、スライド3の3DモデルのZ方向のカメラの位置を「2.5」に設定してください。

Lesson 4-15 Answer

(1)
① スライド3を選択します。
② 3Dモデルを選択します。

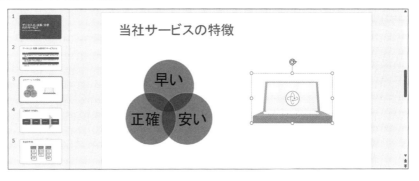

Point
3Dモデルの回転

3Dモデルの中央に表示される ⊕ をドラッグすると、任意の方向に回転できます。

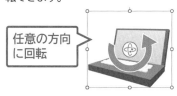

Point
3Dモデルのパンとズーム

3Dモデルは「パン」と「ズーム」を使って、全体を表示したり一部分を拡大したりできます。パンとズームを使うには、3Dモデルの右側に ⊕ を表示します。

⊕ を表示する方法は、次のとおりです。

◆3Dモデルを選択→《3Dモデル》タブ→《サイズ》グループの （パンとズーム）

上方向にドラッグするとズーム

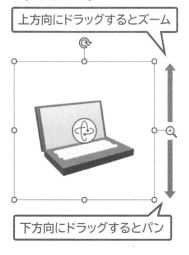

下方向にドラッグするとパン

Point
《3Dモデルの書式設定》

❶モデルの回転
回転角度を設定します。

❷カメラ
カメラの位置を上下・左右・前後に移動します。

Point
3Dモデルのリセット

◆《3Dモデル》タブ→《調整》グループの （3Dモデルのリセット）の →《3Dモデルのリセット》／《3Dモデルとサイズのリセット》

---

③《3Dモデル》タブ→《3Dモデルビュー》グループの ▾ →《左上前面》をクリックします。

④3Dモデルのビューが変更されます。

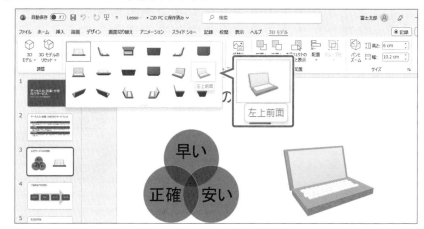

(2)

①スライド3を選択します。

②3Dモデルを選択します。

③《3Dモデル》タブ→《3Dモデルビュー》グループの 🔽 （3Dモデルの書式設定）をクリックします。

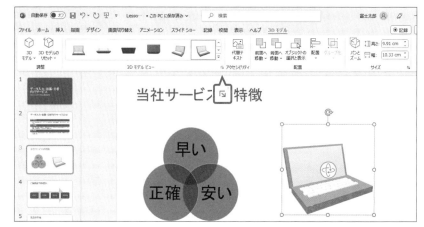

④《3Dモデルの書式設定》作業ウィンドウが表示されます。

⑤ 🔲 （3Dモデル）をクリックします。

⑥《カメラ》をクリックします。

⑦《カメラ》の詳細が表示されます。

⑧《位置》の《Z方向の位置》を「2.5」に設定します。

⑨カメラの位置が調整されます。

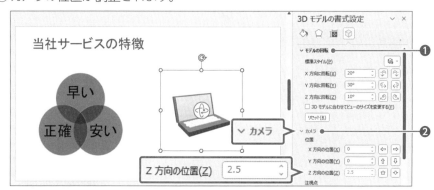

※《3Dモデルの書式設定》作業ウィンドウを閉じておきましょう。

5 メディアを挿入する、管理する

☑ 理解度チェック	習得すべき機能	参照Lesson	学習前	学習後	試験直前
	■ スライドにビデオやオーディオを挿入できる。	➡ Lesson4-16	☑	☑	☑
	■ ビデオのサイズを変更できる。	➡ Lesson4-16	☑	☑	☑
	■ 操作画面を録画して、スライドにビデオとして挿入できる。	➡ Lesson4-17	☑	☑	☑
	■ ビデオやオーディオのタイミングを設定できる。	➡ Lesson4-18	☑	☑	☑
	■ ビデオやオーディオの再生オプションを設定できる。	➡ Lesson4-19	☑	☑	☑
	■ ビデオやオーディオの開始時間や終了時間を設定できる。	➡ Lesson4-20	☑	☑	☑

1 サウンドやビデオを挿入する

解説

■ビデオ／オーディオの挿入

スライドには、ファイルの拡張子が「**.mp4**」「**.wmv**」などの動画ファイルや、「**.mp3**」「**.wav**」などの音声・音楽ファイルを挿入できます。PowerPointでは、動画ファイルを「**ビデオ**」、音声・音楽ファイルを「**オーディオ**」といいます。

操作 ◆《挿入》タブ→《メディア》グループの （ビデオの挿入）／ （オーディオの挿入）

■ビデオの移動とサイズ変更

ビデオを移動するには、ビデオを選択して移動先にドラッグします。
サイズを変更するには、ビデオを選択すると周囲に表示される〇（ハンドル）をドラッグします。
※オーディオのアイコンも、ビデオと同じ方法で、位置やサイズを変更できます。

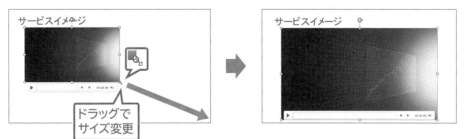

また、数値で正確に指定してビデオのサイズを変更することもできます。

操作 ◆《ビデオ形式》タブ→《サイズ》グループの 高さ:（ビデオの縦）／ 幅:（ビデオの横）

Lesson 4-16

OPEN　プレゼンテーション「Lesson4-16」を開いておきましょう。

次の操作を行いましょう。

(1) スライド1に、フォルダー「Lesson4-16」のオーディオ「サウンド」を挿入し、オーディオのアイコンをスライドの右上に移動してください。

(2) スライド5に、フォルダー「Lesson4-16」のビデオ「イメージ動画」を挿入し、ビデオの幅を「21cm」に変更してください。ビデオの位置は任意とします。

Lesson 4-16 Answer

(1)

① スライド1を選択します。

② 《**挿入**》タブ→《**メディア**》グループの（オーディオの挿入）→《**このコンピューター上のオーディオ**》をクリックします。

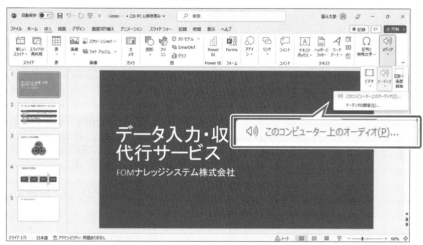

③ 《**オーディオの挿入**》ダイアログボックスが表示されます。

④ フォルダー「**Lesson4-16**」を開きます。

※《ドキュメント》→「MOS 365-PowerPoint(1)」→「Lesson4-16」を選択します。

⑤ 一覧から「**サウンド**」を選択します。

⑥ 《**挿入**》をクリックします。

⑦ オーディオのアイコンが挿入されます。

⑧ オーディオのアイコンをドラッグして、スライドの右上に移動します。

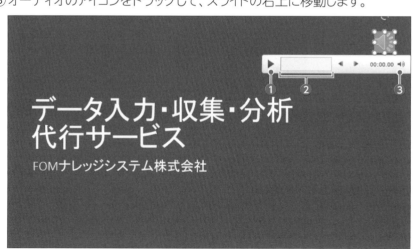

① Point

ビデオ／オーディオのコントロール

挿入したビデオやオーディオは、コントロールを使って再生したり、音量を調整したりできます。コントロールは、オーディオのアイコンやビデオをポイントしたり選択したりすると表示されます。

❶ ▶（再生/一時停止）

ビデオやオーディオを再生します。再生中は ❙❙ に変わります。

※ ❙❙ をクリックすると、ビデオやオーディオが一時的に停止します。

❷ タイムライン

再生箇所を帯の位置で表示します。

❸ ◀》（ミュート/ミュート解除）

ポイントすると、音量スライダーが表示され、音量を調節できます。

クリックすると、ミュート／ミュート解除を切り替えることができます。

求められるスキル

出題範囲1

出題範囲2

出題範囲3

出題範囲4

出題範囲5

確認問題 標準解答

Point

ビデオの挿入

スライドにコンテンツのプレースホルダーが配置されている場合、🎞（ビデオの挿入）を使ってビデオを直接挿入できます。

※お使いの環境によっては、🎞と表示される場合があります。

Point

ストックビデオとオンラインビデオ

❶ストックビデオ

著作権がフリーのビデオを挿入できます。ストックビデオは自由に使えるため、出典元や著作権を確認する手間を省くことができます。

❷オンラインビデオ

インターネット上にあるビデオを挿入できます。ビデオのキーワードを入力すると、インターネット上から目的にあったビデオを検索し、ダウンロードできます。

ただし、ほとんどのビデオには著作権が存在するので、安易に使用するのは禁物です。ビデオを使用する際には、ビデオを提供しているWebサイトで利用可否を確認する必要があります。

Point

ビデオ領域のトリミング

図と同じように、ビデオも左右の余白部分などの不要な領域をトリミングできます。

◆ビデオを選択→《ビデオ形式》タブ→《サイズ》グループの🔲（トリミング）

※トリミングについては、P.146を参照してください。

(2)

①スライド5を選択します。

②《挿入》タブ→《メディア》グループの🎞（ビデオの挿入）→《このデバイス》をクリックします。

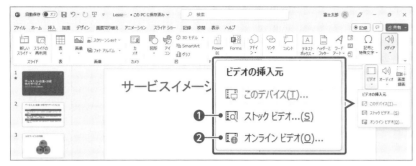

③《ビデオの挿入》ダイアログボックスが表示されます。

④フォルダー「**Lesson4-16**」を開きます。

※《ドキュメント》→「MOS 365-PowerPoint（1）」→「Lesson4-16」を選択します。

⑤一覧から「**イメージ動画**」を選択します。

⑥《挿入》をクリックします。

⑦ビデオが挿入されます。

※《デザイナー》作業ウィンドウが表示された場合は、閉じておきましょう。

⑧《ビデオ形式》タブ→《サイズ》グループの🔲幅：（ビデオの横）を「**21cm**」に設定します。

※ビデオの高さも自動的に変更されます。

⑨ビデオのサイズが変更されます。

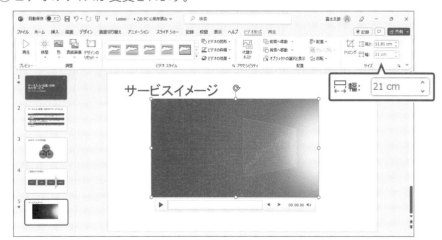

2 | 画面録画を作成する、挿入する

解説 ■画面録画の挿入

パソコンを操作している様子など、画面上での動きをそのまま録画して、ビデオとしてスライドに挿入できます。音声やマウスポインターの動きも録音・録画されます。

操作 ◆《挿入》タブ→《メディア》グループの ▤ (画面録画の挿入)

Lesson 4-17

 プレゼンテーション「Lesson4-17」を開いておきましょう。

出題範囲4　表、グラフ、SmartArt、3Dモデル、メディアの挿入

💡Hint

Windowsのカレンダーは、タスクバーの日付をクリックすると表示されます。

Lesson 4-17 Answer

次の操作を行いましょう。

(1) Windowsのカレンダーを表示して、翌月に切り替える操作を録画し、スライド5に挿入してください。録画範囲は全画面とします。

(1)

① スライド5を選択します。

② 《挿入》タブ→《メディア》グループの ▤ (画面録画の挿入)をクリックします。

③ PowerPointウィンドウが非表示になり、デスクトップに切り替わります。

④ 録画用のコントロールが表示されます。

🖱 その他の方法

全画面の選択

◆ ⊞ + Shift + F

⑤図のように、デスクトップの左上から右下までドラッグして、画面全体を選択します。

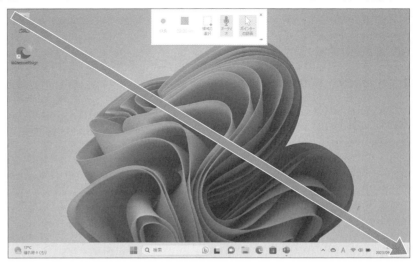

⑥録画する範囲が選択されます。

※録画する範囲が鮮明に表示され、● （録画）が押せる状態になります。

⑦ ● （録画） をクリックします。

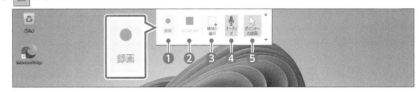

⑧カウントダウンのあと、録画が開始されます。

⑨タスクバーの日付をクリックします。

⑩ ⌃ をクリックします。

※カレンダーが表示されている場合は、⑪に進みます。

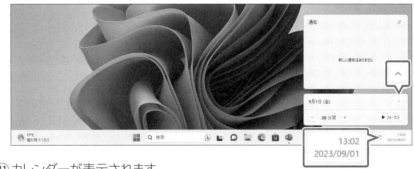

⑪カレンダーが表示されます。

⑫ ⌄ をクリックします。

🖱 Point

録画用のコントロール

❶ ● （録画）
録画を開始します。

❷ ⏸ （停止）
録画を停止し、スライドに録画した画面を挿入します。
録画が開始されると、録画時間がカウントされます。

❸ ▭ （カスタム領域の選択）
録画する範囲を選択します。

❹ 🎤 （通信デバイスの録音）
音声も一緒に録音するかどうかを設定します。
初期の設定では、録音されます。

❺ 🖱 （ポインターのキャプチャ）
マウスポインターの動きも一緒に録画するかどうかを設定します。
初期の設定では、録画されます。

⑬翌月に切り替わります。

⑭画面上端をポイントします。

⑮録画用のコントロールが再表示されます。

⑯ 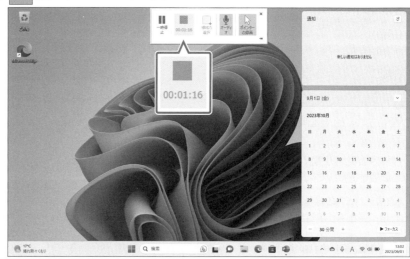 （停止）をクリックします。

その他の方法

録画の停止

◆ ■ + Shift + Q

⑰録画が停止され、スライドにビデオが挿入されます。

※《デザイナー》作業ウィンドウが表示された場合は、閉じておきましょう。

※ビデオが再生されることを確認しておきましょう。

解説 ■ビデオ／オーディオのタイミングの設定

ビデオやオーディオは、初期の設定では、スライドショーの実行中にクリックすると再生されますが、自動的に再生されるように設定を変更できます。

操作 ◆《再生》タブ→《ビデオのオプション》グループの《開始》

操作 ◆《再生》タブ→《オーディオのオプション》グループの《開始》

Lesson 4-18

OPEN プレゼンテーション「Lesson4-18」を開いておきましょう。

次の操作を行いましょう。

(1) スライド1のオーディオが自動的に再生されるように設定してください。

(2) スライド5のビデオを、クリックしたときに再生されるように設定してください。

Lesson 4-18 Answer

(1)

① スライド1を選択します。

② オーディオのアイコンを選択します。

③ 《再生》タブ→《オーディオのオプション》グループの《開始》の ☑ →《自動》をクリックします。

④ オーディオのタイミングが設定されます。

(2)

① スライド5を選択します。

② ビデオを選択します。

③ 《再生》タブ→《ビデオのオプション》グループの《開始》の ☑ →《クリック時》をクリックします。

④ ビデオのタイミングが設定されます。

※ スライドショーを実行して、オーディオが自動的に再生されること、ビデオをクリックすると再生されることを確認しておきましょう。

Point

ビデオやオーディオのタイミング

スライドショーでのビデオやオーディオの再生には、次の3つのタイミングがあります。

❶一連のクリック動作

スライドに設定されているアニメーションの順番で再生されます。
スライド上のビデオやオーディオをクリックする必要はありません。

❷自動

スライドが表示されたタイミングで再生されます。

❸クリック時

スライド上のビデオやオーディオをクリックしたタイミングで再生されます。

解説　■ビデオ／オーディオの再生オプションの設定

ビデオやオーディオは、再生するタイミングを設定するほかに、全画面に拡大して再生したり、繰り返し再生したりなど、オプションを設定できます。

操作　◆《再生》タブ→《ビデオのオプション》グループのボタン

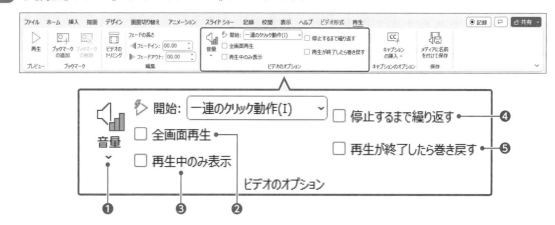

操作　◆《再生》タブ→《オーディオのオプション》グループのボタン

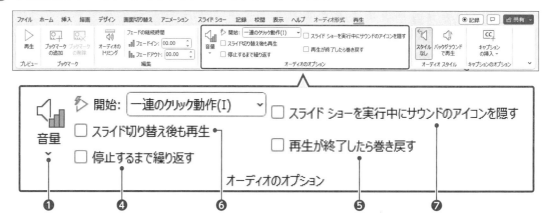

❶ （音量）

再生時の音量を設定します。

❷全画面再生

☑にすると、ビデオを全画面で再生します。

❸再生中のみ表示

☑にすると、再生中だけビデオを表示します。

❹停止するまで繰り返す

☑にすると、ビデオやオーディオを停止するまで繰り返し再生します。

❺再生が終了したら巻き戻す

☑にすると、再生後に開始位置に戻ります。

❻スライド切り替え後も再生

☑にすると、スライドを切り替えても、最後までオーディオを再生します。

❼スライドショーを実行中にサウンドのアイコンを隠す

☑にすると、スライドショーの実行中にアイコンを非表示にします。

Lesson 4-19

 プレゼンテーション「Lesson4-19」を開いておきましょう。

次の操作を行いましょう。

(1) スライド1のオーディオを、スライドを切り替えても再生されるように設定してください。

(2) スライド5のビデオが全画面で再生されるように設定してください。

Lesson 4-19 Answer

(1)

① スライド1を選択します。

② オーディオのアイコンを選択します。

③《**再生**》タブ→《**オーディオのオプション**》グループの《**スライド切り替え後も再生**》を☑にします。

④ オーディオの再生オプションが設定されます。

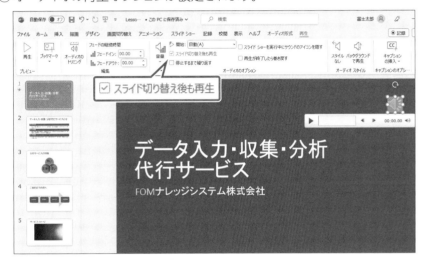

(2)

① スライド5を選択します。

② ビデオを選択します。

③《**再生**》タブ→《**ビデオのオプション**》グループの《**全画面再生**》を☑にします。

④ ビデオの再生オプションが設定されます。

※スライドショーを実行して、オーディオがスライドを切り替えても再生されること、ビデオが全画面で再生されることを確認しておきましょう。

求められるスキル

出題範囲1

出題範囲2

出題範囲3

出題範囲4

出題範囲5

確認問題 標準解答

 **解説** ■ビデオ／オーディオの再生時間のトリミング

ビデオやオーディオの先頭部分や末尾部分に再生したくない映像や音が含まれている場合、「**開始時間**」と「**終了時間**」を設定して再生時間をトリミングします。

開始時間を設定すると、それより前は再生されなくなり、終了時間を設定すると、それより後ろは再生されなくなります。

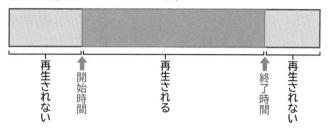

操作 ◆《再生》タブ→《編集》グループの (ビデオのトリミング)

操作 ◆《再生》タブ→《編集》グループの (オーディオのトリミング)

Lesson 4-20

OPEN プレゼンテーション「Lesson4-20」を開いておきましょう。

次の操作を行いましょう。

(1) スライド5のビデオを、「00：02」に開始して「00：08」に終了するようにトリミングしてください。

Lesson 4-20 Answer

(1)

①スライド5を選択します。

②ビデオを選択します。

③《**再生**》タブ→《**編集**》グループの (ビデオのトリミング) をクリックします。

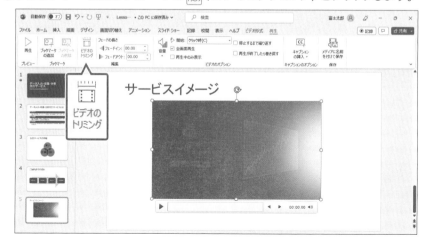

④《ビデオのトリミング》ダイアログボックスが表示されます。

※ ▶ (再生)をクリックして、映像を確認しておきましょう。

⑤《開始時間》に「00:02」と入力します。

⑥《終了時間》に「00:08」と入力します。

※ ▶ (再生)をクリックして、映像の前後が再生されないことを確認しておきましょう。

⑦《OK》をクリックします。

! Point

《ビデオのトリミング》

❶**継続時間**
ビデオ全体の再生時間が表示されます。

❷**開始時間**
開始時間を設定します。
をドラッグするか、ボックスに直接入力します。

❸**終了時間**
終了時間を設定します。
をドラッグするか、ボックスに直接入力します。

! Point

フェードイン・フェードアウトの設定

ビデオやオーディオに「フェードイン」や「フェードアウト」の時間を設定できます。
フェードインを設定すると、指定した時間で徐々に映像や音が現れます。
フェードアウトを設定すると、指定した時間で徐々に映像や音が消えていきます。トリミングをして映像や音がいきなり途切れるのを和らげることができます。

◆ビデオ／オーディオのアイコンを選択→《再生》タブ→《編集》グループの《フェードイン》／《フェードアウト》

⑧ビデオの開始時間と終了時間が設定されます。

※スライドショーを実行して、トリミングした時間を除いて、ビデオが再生されることを確認しておきましょう。

求められるスキル
出題範囲1
出題範囲2
出題範囲3
出題範囲4
出題範囲5
確認問題 標準解答

230

Exercise | 確認問題

標準解答 ▶ P.263

Lesson 4-21

 プレゼンテーション「Lesson4-21」を開いておきましょう。

あなたは、首都圏でカフェを展開するFOMクリエイトコーポレーションの企画推進室に所属しています。新しい店舗の企画案を説明するプレゼンテーションを作成します。
次の操作を行いましょう。

問題(1)	スライド2のSmartArtグラフィックの図形「ゆったりと過ごせる居心地のよい空間」の下に、図形「ドリンクの種類が豊富」を追加してください。
問題(2)	スライド3に、SmartArtグラフィック「縦方向カーブリスト」を挿入してください。テキストウィンドウの上から順に、「広い店舗」「リラックスできる空間」「海が見える」と入力します。
問題(3)	スライド3のSmartArtグラフィックの図形が、上から「広い店舗」「海が見える」「リラックスできる空間」と表示されるように順番を変更してください。
問題(4)	スライド3のSmartArtグラフィックに、SmartArtのスタイル「凹凸」を適用し、色を「カラフル-全アクセント」に変更してください。
問題(5)	スライド5の表の幅を「21cm」に変更してください。
問題(6)	スライド5の表に、表のスタイル「中間スタイル1-アクセント6」を適用してください。 次に、表スタイルのオプションを設定して、1行おきに色が付かないようにしてください。
問題(7)	スライド6の3Dモデルのビューを「右上前面」に変更してください。 次に、高さを「8.98cm」に設定してください。
問題(8)	スライド7の表の右端に1列追加してください。挿入した列には、上から「6日（日）」「102」「221」「289」「198」「130」と入力します。
問題(9)	スライド8のコンテンツのプレースホルダーに、「集合縦棒」グラフを作成してください。 グラフのデータは、スライド7の表をもとに作成します。
問題(10)	スライド8のグラフのグラフタイトルを非表示にしてください。次に、グラフスタイル「スタイル6」を適用し、色を「カラフルなパレット4」に変更してください。
問題(11)	スライド9の箇条書きを、SmartArtグラフィック「中心付き循環」に変換してください。
問題(12)	スライド10のコンテンツのプレースホルダーに、フォルダー「Lesson4-21」のビデオ「店舗予定地からの眺め」を挿入してください。
問題(13)	スライド10のビデオを、「00：09」に開始して「00：18」に終了するようにトリミングしてください。次に、ビデオを停止するまで再生を繰り返すように設定してください。

出題範囲 **5**

画面切り替えや
アニメーションの適用

1 画面切り替えを適用する、設定する

理解度チェック

習得すべき機能	参照Lesson	学習前	学習後	試験直前
■スライドに画面切り替えを適用できる。	➡Lesson5-1 ➡Lesson5-2	☑	☑	☑
■画面切り替えの効果のオプションを設定できる。	➡Lesson5-3	☑	☑	☑
■画面切り替えの継続時間を設定できる。	➡Lesson5-4	☑	☑	☑
■スライドが自動的に切り替わるように設定できる。	➡Lesson5-4	☑	☑	☑
■画面切り替え時にサウンドを設定できる。	➡Lesson5-4	☑	☑	☑

1 基本および3Dの画面切り替えを適用する

解説

■画面切り替えの適用

「画面切り替え」とは、スライドショーでスライドに動きを付けて切り替える効果のことです。モザイク状に徐々に切り替える、カーテンを開くように切り替える、ページをめくるように切り替えるなど、様々な切り替えが可能です。画面切り替えは、スライドごとに異なる効果を適用したり、すべてのスライドに同じ効果を適用したりできます。

操作 ◆《画面切り替え》タブ→《画面切り替え》グループ

Lesson 5-1

OPEN プレゼンテーション「Lesson5-1」を開いておきましょう。

Hint
すべてのスライドに同じ画面切り替えを適用するには、（すべてに適用）を使います。

次の操作を行いましょう。
(1) すべてのスライドに、画面切り替え「ピールオフ」を適用してください。

Lesson 5-1 Answer

(1)
① スライド1を選択します。
② 《画面切り替え》タブ→《画面切り替え》グループの→《はなやか》の《ピールオフ》をクリックします。

③スライド1に画面切り替えが適用されます。

※サムネイルの一覧のスライド番号の下に★が表示されます。

④《画面切り替え》タブ→《タイミング》グループの [🗐 すべてに適用] (すべてに適用) をクリックします。

⑤すべてのスライドに画面切り替えが適用されます。

※サムネイルの一覧のすべてのスライド番号の下に★が表示されます。

求められるスキル

出題範囲1

出題範囲2

出題範囲3

出題範囲4

出題範囲5

確認問題 標準解答

❗ Point

画面切り替えのプレビュー

画面切り替えを設定すると、設定直後に、画面切り替えのプレビューが表示されます。

再度、プレビューを確認する方法は、次のとおりです。

◆スライドを選択→《画面切り替え》タブ→《プレビュー》グループの [🖥プレビュー] (画面切り替えのプレビュー)

❗ Point

画面切り替えの解除

◆スライドを選択→《画面切り替え》タブ→《画面切り替え》グループの[▽]→《弱》の《なし》

※すべて解除するには、[🗐 すべてに適用] (すべてに適用) をクリックします。

※スライド1からスライドショーを実行して、画面切り替えを確認しておきましょう。

Lesson 5-2

📂 OPEN プレゼンテーション「Lesson5-2」を開いておきましょう。

次の操作を行いましょう。

(1) スライド2を複製し、複製したスライドの3つ図形を横に並べて配置してください。次に、複製したスライドに画面切り替え「変形」を適用してください。

Lesson 5-2 Answer

(1)

①スライド2を選択します。

②《ホーム》タブ→《スライド》グループの [🖼新しいスライド] (新しいスライド) の [新しいスライド▾]→《選択したスライドの複製》をクリックします。

③スライド2の後ろに、複製したスライドが挿入されます。

④スライド3を選択します。

⑤「FISH & SPA」と「スポーツエリア」の図形をドラッグして移動します。

※図形の選択を解除しておきましょう。

❗ Point

変形の画面切り替え

「変形」の画面切り替えを設定すると、スライドショーでスライドが切り替わるときに、前後のスライドの違いを認識し、図や文字などを動かして、アニメーションのような動きを付けることができます。

⑥《画面切り替え》タブ→《画面切り替え》グループの[▽]→《弱》の《変形》をクリックします。

⑦スライド3に画面切り替えが適用されます。

※スライドショーを実行して、画面切り替えを確認しておきましょう。

2　画面切り替えの効果とタイミングを設定する

解説　■画面切り替えの効果のオプションの設定

画面切り替えの種類によって、動きをアレンジできるものがあります。右方向から左方向にしたり、時計回りから反時計回りにしたりなどのアレンジができます。

操作　◆《画面切り替え》タブ→《画面切り替え》グループの 🖼 （効果のオプション）

※ボタンの絵柄や一覧に表示される効果のオプションは、適用している画面切り替えによって異なります。

Lesson 5-3

OPEN　プレゼンテーション「Lesson5-3」を開いておきましょう。

次の操作を行いましょう。

(1) スライド1に画面切り替え「コーム」を適用し、効果のオプションを「縦」に変更してください。

(2) スライド1以外のスライドに、画面切り替え「図形」を適用し、効果のオプションを「ひし形」に変更してください。

💡Hint

複数のスライドに同じ画面切り替えを設定するには、スライドを選択してから設定すると効率的です。

Lesson 5-3 Answer

(1)

① スライド1を選択します。

② 《画面切り替え》タブ→《画面切り替え》グループの 🔽 →《はなやか》の《コーム》をクリックします。

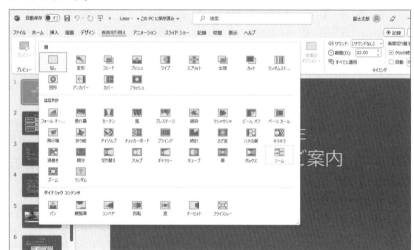

③ スライド1に画面切り替えが適用されます。

④《画面切り替え》タブ→《画面切り替え》グループの 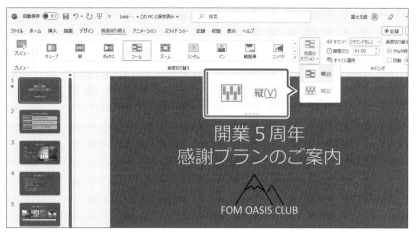 (効果のオプション) →《縦》をクリックします。

⑤画面切り替えの効果のオプションが設定されます。

(2)

①スライド2を選択します。

②[Shift]を押しながら、スライド6を選択します。

※[Shift]を使うと、連続する複数のスライドを選択できます。

③《画面切り替え》タブ→《画面切り替え》グループの □ →《弱》の《図形》をクリックします。

④スライド2からスライド6までに画面切り替えが適用されます。

⑤《画面切り替え》タブ→《画面切り替え》グループの 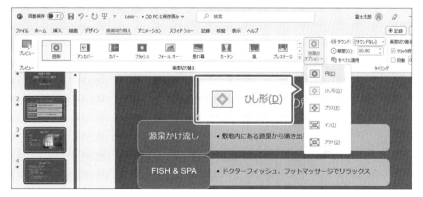 (効果のオプション) →《ひし形》をクリックします。

❗ Point

効果のオプションの解除

画面切り替えを再適用すると、効果のオプションは初期の設定に戻ります。

⑥画面切り替えの効果のオプションが設定されます。

※スライド1からスライドショーを実行して、画面切り替えを確認しておきましょう。

求められるスキル

出題範囲1

出題範囲2

出題範囲3

出題範囲4

出題範囲5

確認問題 標準解答

 **解説** ■画面切り替えの継続時間の設定

画面切り替えの「**期間**」とは、スライドショーで次の画面に切り替わるまでの継続時間のことです。短い時間を設定すると速く切り替わり、長い時間を設定するとゆっくり切り替わります。

操作 ◆《画面切り替え》タブ→《タイミング》グループの《期間》

■画面切り替えのタイミングの設定

画面を切り替える方法やタイミングを設定できます。

操作 ◆《画面切り替え》タブ→《タイミング》グループの《画面切り替えのタイミング》

❶クリック時

クリックしたときに、画面を切り替えるかどうかを設定します。

☐にすると、クリックでは画面は切り替わらなくなります。 Enter や ↓ などのキーボード操作でだけ画面が切り替わります。

❷自動

指定した時間が経過すると、自動的に画面が切り替わるように設定します。

■画面切り替えのサウンドの設定

スライドショーで画面を切り替えるとき、PowerPointに用意されている効果音を再生したり、ユーザーが用意したオーディオファイルを再生したりできます。

操作 ◆《画面切り替え》タブ→《タイミング》グループの《サウンド》

Lesson 5-4

 プレゼンテーション「Lesson5-4」を開いておきましょう。

次の操作を行いましょう。

(1) すべてのスライドに画面切り替え「垂れ幕」を適用し、継続時間を5秒に設定してください。すべての画面切り替え時には、サウンド「チャイム」が再生されるようにします。

(2) すべてのスライドが、7秒後に自動的に次のスライドに切り替わるように、画面切り替えのタイミングを設定してください。

Lesson 5-4 Answer

(1)

①《画面切り替え》タブ→《画面切り替え》グループの ▽ →《はなやか》の《垂れ幕》を
クリックします。

②《画面切り替え》タブ→《タイミング》グループの《サウンド》の ▽ →《チャイム》をク
リックします。

③《画面切り替え》タブ→《タイミング》グループの《期間》を「05.00」に設定します。

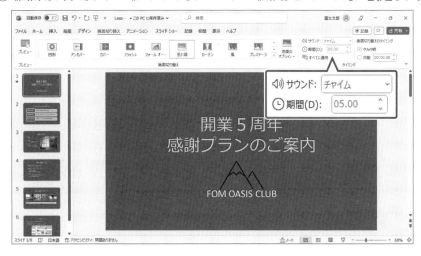

④《画面切り替え》タブ→《タイミング》グループの［すべてに適用］（すべてに適用）をク
リックします。

⑤すべてのスライドに画面切り替え、サウンド、継続時間が設定されます。

※スライドショーを実行して、画面切り替え、サウンド、継続時間を確認しておきましょう。

(2)

①《画面切り替え》タブ→《タイミング》グループの《自動》を ☑ にし、「00:07.00」に
設定します。

②《画面切り替え》タブ→《タイミング》グループの［すべてに適用］（すべてに適用）をク
リックします。

③すべてのスライドが自動的に切り替わるように設定されます。

※スライドショーを実行して、すべてのスライドが自動的に切り替わることを確認しておきま
しょう。

ⓘ Point

スライドの再生時間

スライド一覧表示にすると、各スライ
ドの再生時間を確認できます。

2 スライドのコンテンツにアニメーションを設定する

☑ 理解度チェック

	習得すべき機能	参照Lesson	学習前	学習後	試験直前
■	文字やオブジェクトにアニメーションを適用できる。	➡Lesson5-5	☑	☑	☑
■	3Dモデルにアニメーションを適用できる。	➡Lesson5-6	☑	☑	☑
■	アニメーションの効果のオプションを設定できる。	➡Lesson5-7	☑	☑	☑
■	アニメーションのタイミングを設定できる。	➡Lesson5-8	☑	☑	☑
■	アニメーションの軌跡効果を適用できる。	➡Lesson5-9	☑	☑	☑
■	アニメーションの再生順序を変更できる。	➡Lesson5-10	☑	☑	☑

1 テキストやグラフィック要素にアニメーションを適用する

解説 ■アニメーションの適用

「**アニメーション**」とは、スライド上のタイトルや箇条書きテキスト、図、表などのオブジェクトに対して、動きを付ける効果のことです。重要な箇所を強調するようなときに設定します。

操作 ◆《アニメーション》タブ→《アニメーション》グループ

PowerPointに用意されているアニメーションは、次のような種類があります。

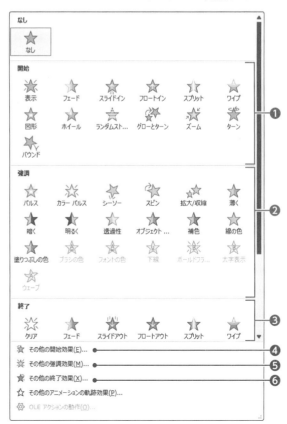

❶**開始**
文字やオブジェクトをスライドに表示するときのアニメーションを適用します。

❷**強調**
スライドに表示されている文字やオブジェクトを目立たせるアニメーションを適用します。

❸**終了**
文字やオブジェクトをスライドから非表示にするときのアニメーションを適用します。

❹**その他の開始効果**
一覧に表示されていない開始のアニメーションを適用します。

❺**その他の強調効果**
一覧に表示されていない強調のアニメーションを適用します。

❻**その他の終了効果**
一覧に表示されていない終了のアニメーションを適用します。

Lesson 5-5

 プレゼンテーション「Lesson5-5」を開いておきましょう。

次の操作を行いましょう。

(1) スライド1のタイトルに、強調のアニメーション「太字表示」を適用してください。

(2) スライド2の箇条書きに、開始のアニメーション「スライドイン」を適用してください。

(3) スライド3の図に、開始のアニメーション「フェード」を適用してください。

(4) スライド3の図に、終了のアニメーション「フェード」を追加してください。

💡Hint

アニメーションを追加するには、《アニメーション》タブ→《アニメーションの詳細設定》グループの ☆ (アニメーションの追加)を使います。

Lesson 5-5 Answer

❗Point

アニメーションのプレビュー

アニメーションを設定すると、設定直後に、アニメーションのプレビューが表示されます。
再度、プレビューを確認する方法は、次のとおりです。

◆スライドを選択→《アニメーション》タブ→《プレビュー》グループの ☆ (アニメーションのプレビュー)

❗Point

アニメーションの再生番号

アニメーションの再生番号は、《アニメーション》タブが選択されているときだけ表示されます。その他のタブが選択されているときや、スライドショーを実行しているときには表示されません。

(1)

① スライド1を選択します。

② タイトルのプレースホルダーを選択します。

③ 《アニメーション》タブ→《アニメーション》グループの ▽ →《強調》の《太字表示》をクリックします。

④ タイトルのプレースホルダーにアニメーションが適用されます。

※タイトルにアニメーションの再生番号が表示されます。

※サムネイルの一覧のスライド番号の下に ★ が表示されます。

(2)

① スライド2を選択します。

② 箇条書きのプレースホルダーを選択します。

③ 《アニメーション》タブ→《アニメーション》グループの ▽ →《開始》の《スライドイン》をクリックします。

④ 箇条書きのプレースホルダーにアニメーションが適用されます。

※箇条書きにアニメーションの再生番号が表示され、その番号順に再生されます。同じ番号は、同時に再生されることを意味します。

※サムネイルの一覧のスライド番号の下に ★ が表示されます。

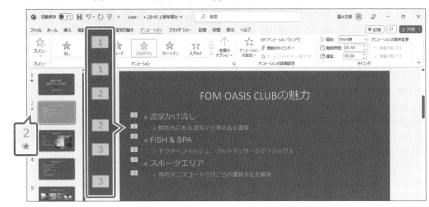

求められるスキル

出題範囲1

出題範囲2

出題範囲3

出題範囲4

出題範囲5

確認問題 標準解答

(3)

① スライド3を選択します。

② 図を選択します。

③《アニメーション》タブ→《アニメーション》グループの □ →《開始》の《フェード》を
クリックします。

④ 図にアニメーションが適用されます。

※図にアニメーションの再生番号が表示されます。

※サムネイルの一覧のスライド番号の下に ★ が表示されます。

(4)

① スライド3を選択します。

② 図を選択します。

③《アニメーション》タブ→《アニメーションの詳細設定》グループの ☆アニメーションの追加 （アニメー
ションの追加）→《終了》の《フェード》をクリックします。

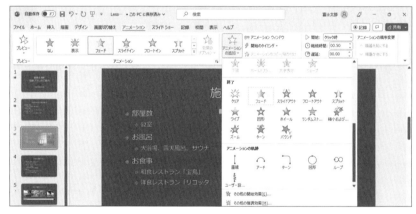

④ 図にアニメーションが追加されます。

※図にアニメーションの再生番号が追加されます。

※スライド1からスライドショーを実行して、アニメーションを確認しておきましょう。

❶ Point

アニメーションのコピー

同じアニメーションを複数のオブジェクトに設定するときは、アニメーションをコピーすると効率的です。

◆コピー元のオブジェクトを選択→《アニメーション》タブ→《アニメーションの詳細設定》グループの ☆ アニメーションのコピー/貼り付け （アニメーションのコピー/貼り付け）→コピー先のオブジェクトを選択

※ダブルクリックすると、連続コピーできます。 Esc を押すと、連続コピーを終了します。

❶ Point

アニメーションの解除

◆オブジェクトを選択→《アニメーション》タブ→《アニメーション》グループの □ →《なし》の《なし》

◆アニメーションの再生番号を選択→ Delete

2　3D要素にアニメーションを適用する

解説　■3Dモデルのアニメーションの設定

3Dモデルには、文字やオブジェクトと同様に、アニメーションを設定して動きを付けることができます。3Dモデルを選択すると、《**アニメーション**》グループに3Dのアニメーションが追加されます。

操作　◆《アニメーション》タブ→《アニメーション》グループの ▽ →《3D》

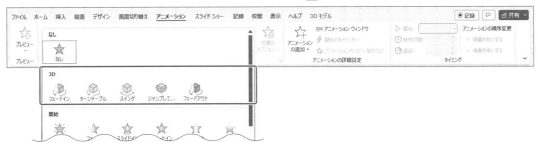

Lesson 5-6

OPEN プレゼンテーション「Lesson5-6」を開いておきましょう。

次の操作を行いましょう。

(1) スライド4の3Dモデルに、3Dのアニメーション「ジャンプしてターン」を適用してください。

Lesson 5-6 Answer

(1)

① スライド4を選択します。

② 3Dモデルを選択します。

③《**アニメーション**》タブ→《**アニメーション**》グループの ▽ →《**3D**》の《**ジャンプしてターン**》をクリックします。

④ 3Dモデルにアニメーションが適用されます。

※3Dモデルにアニメーションの再生番号が表示されます。

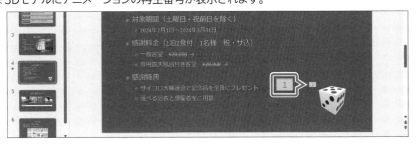

求められるスキル

出題範囲1

出題範囲2

出題範囲3

出題範囲4

出題範囲5

確認問題 標準解答

3 アニメーションの効果とタイミングを設定する

解説　■アニメーションの効果のオプションの設定

アニメーションの種類によって、動きをアレンジできるものがあります。下から出現する図形を上から出現するようにしたり、段落ごとに出現する箇条書きをすべて同時に出現するようにしたりなど、動きをアレンジできます。

操作　◆《アニメーション》タブ→《アニメーション》グループの（効果のオプション）

※ボタンの絵柄や一覧に表示される効果のオプションは、適用しているアニメーションによって異なります。

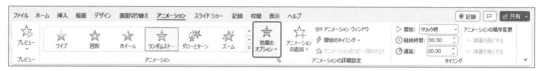

Lesson 5-7

OPEN　プレゼンテーション「Lesson5-7」を開いておきましょう。

次の操作を行いましょう。

(1) スライド2のSmartArtグラフィックに、開始のアニメーション「ランダムストライプ」を適用し、各図形が個別に表示されるように設定してください。

Lesson 5-7 Answer

(1)

① スライド2を選択します。

② SmartArtグラフィックを選択します。

③《アニメーション》タブ→《アニメーション》グループの →《開始》の《ランダムストライプ》をクリックします。

④ SmartArtグラフィックにアニメーションが適用されます。

⑤《アニメーション》タブ→《アニメーション》グループの（効果のオプション）→《連続》の《個別》をクリックします。

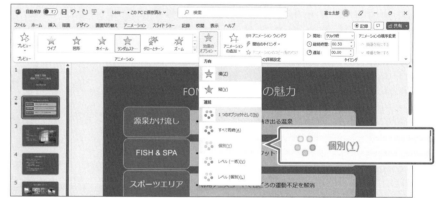

⑥ アニメーションの効果のオプションが設定されます。

※SmartArtグラフィックのアニメーションの再生番号が変更されます。

❗Point

効果のその他のオプション

アニメーションにサウンドを付けて再生したり、アニメーション終了後に非表示にしたりなど詳細を設定するには、ダイアログボックスを使います。ダイアログボックスを表示する方法は、次のとおりです。

◆《アニメーション》タブ→《アニメーション》グループの（効果のその他のオプションを表示）

※スライドショーを実行して、アニメーションを確認しておきましょう。

 **解説** ■アニメーションのタイミングの設定

初期の設定では、アニメーションはクリックまたは Enter を押すと再生されますが、自動的に再生されるように設定を変更することもできます。また、アニメーションの再生時間を調整したり、アニメーションの開始を遅らせたりすることもできます。

操作 ◆《アニメーション》タブ→《タイミング》グループ

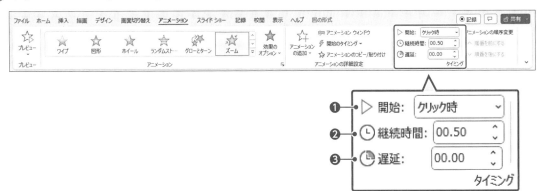

❶開始

アニメーションを再生するタイミングを選択します。《**クリック時**》を選択すると、クリックしたときにアニメーションが再生されます。《**直前の動作と同時**》や《**直前の動作の後**》を選択すると、直前の動作に合わせて、自動的にアニメーションが再生されます。

❷継続時間

アニメーションの再生時間を設定します。継続時間を短くするとより速く再生され、長くするとよりゆっくり再生されます。

❸遅延

アニメーションの開始を遅らせる時間を設定します。設定した時間が経過すると、アニメーションが再生されます。

Lesson 5-8

OPEN プレゼンテーション「Lesson5-8」を開いておきましょう。
※スライド5の図形と図には、アニメーションが適用されています。

次の操作を行いましょう。

(1) スライド5の図形「北湖フィッシングパーク」のアニメーションが再生されたあとに、その下の図「釣りの写真」が自動的に再生されるように、アニメーションのタイミングを設定してください。

(2) スライド5の図形「アールデコ博物館」とその下の図「ガラスの写真」のアニメーションが同時に再生されるように、アニメーションのタイミングを設定してください。図形と図のアニメーションの継続時間は2秒に設定します。

Lesson 5-8 Answer

(1)

①スライド5を選択します。

②《**アニメーション**》タブを選択します。

③現在のアニメーションの再生番号を確認します。

④図「**釣りの写真**」を選択します。

⑤《**アニメーション**》タブ→《**タイミング**》グループの《**開始**》の ∨ →《**直前の動作の後**》
をクリックします。

⑥図のアニメーションのタイミングが設定されます。

※図のアニメーションの再生番号が変更されます。

(2)

①スライド5を選択します。

②図「**ガラスの写真**」を選択します。

③《**アニメーション**》タブ→《**タイミング**》グループの《**開始**》の ∨ →《**直前の動作と同
時**》を選択します。

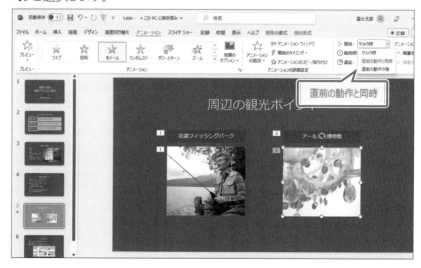

④図のアニメーションのタイミングが設定されます。

※図のアニメーションの再生番号が変更されます。

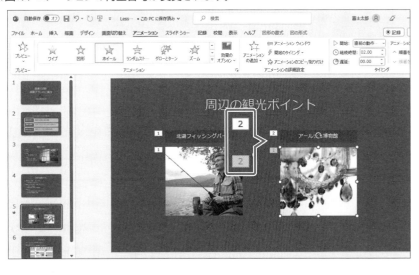

⑤図形「**アールデコ博物館**」を選択します。

⑥ [Shift] を押しながら、図「**ガラスの写真**」を選択します。

※ [Shift] を使うと、複数のオブジェクトを選択できます。

⑦《**アニメーション**》タブ→《**タイミング**》グループの《**継続時間**》を「**02.00**」に設定します。

⑧アニメーションの再生時間が設定されます。

※スライドショーを実行して、アニメーションを確認しておきましょう。

！Point

開始のタイミングの設定

スライド上の特定のオブジェクトをクリックしたときに、別のオブジェクトのアニメーションを再生することができます。

◆アニメーションを適用したオブジェクトを選択→《アニメーション》タブ→《アニメーションの詳細設定》グループの [開始のタイミング▾] (開始のタイミング)→《クリック時》→クリックするオブジェクトを選択

例：

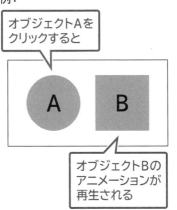

求められるスキル

出題範囲1

出題範囲2

出題範囲3

出題範囲4

出題範囲5

確認問題 標準解答

4　アニメーションの軌道効果を設定する

解説　■アニメーションの軌跡効果の適用

アニメーションの種類には、「**開始**」「**強調**」「**終了**」のほかに「**軌跡**」があります。軌跡を使うと、スライド上で文字やオブジェクトが移動するアニメーションを設定できます。例えば、図形の形状に合わせて移動したり、ユーザーが指定したルートで移動したりできます。

操作　◆《アニメーション》タブ→《アニメーション》グループの ⬇

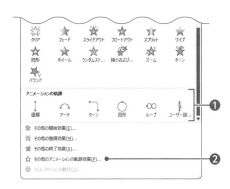

❶**アニメーションの軌跡**

文字やオブジェクトがスライド上を移動するアニメーションを設定します。

《**ユーザー設定パス**》を選択すると、ユーザーがアニメーションの移動ルートを設定します。

❷**その他のアニメーションの軌跡効果**

一覧に表示されていないアニメーションの軌跡効果を選択できます。

Lesson 5-9

OPEN　プレゼンテーション「Lesson5-9」を開いておきましょう。

次の操作を行いましょう。

(1) スライド5のバスのアイコンに、アニメーションの軌跡「直線」を適用し、右方向に表示されるように設定してください。

(2) スライド6の図「歩く人」に、アニメーションの軌跡効果を適用してください。「田代駅」から「FOM OASIS CLUB」まで最短ルートで移動するように、ユーザー設定パスを適用します。

Lesson 5-9 Answer

(1)

① スライド5を選択します。

② バスのアイコンを選択します。

③《アニメーション》タブ→《アニメーション》グループの ▽ →《アニメーションの軌跡》
の《直線》をクリックします。

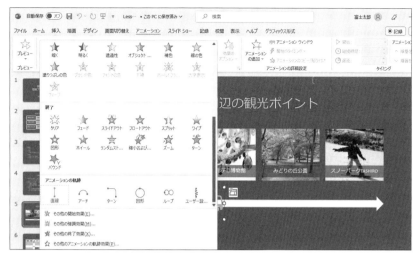

④ アイコンにアニメーションが適用されます。

⑤《アニメーション》タブ→《アニメーション》グループの （効果のオプション）→
《方向》の《直線（右へ）》をクリックします。

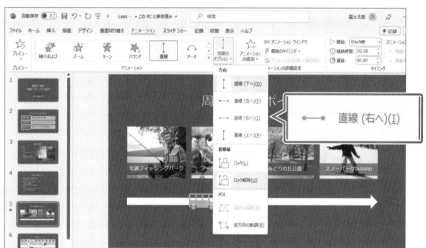

⑥ アニメーションの効果のオプションが設定されます。
※軌跡の開始位置に緑の ▷、終了位置に赤の ◁、ルートに点線で表示されます。

※スライドショーを実行して、アニメーションを確認しておきましょう。

(!) Point

軌跡の変更

開始位置や終了位置を変更して、
ルートの長さを変更できます。
ルートの点線をクリックすると、開始
位置と終了位置に〇（ハンドル）が表
示されます。この〇（ハンドル）をド
ラッグして調整します。

求められるスキル

出題範囲1

出題範囲2

出題範囲3

出題範囲4

出題範囲5

確認問題 標準解答

(2)

① スライド6を選択します。

② 図「**歩く人**」を選択します。

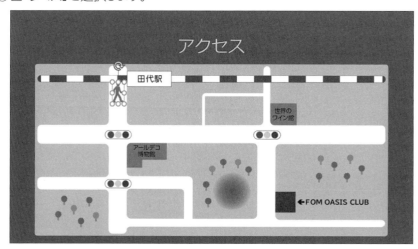

⊕ Point
ユーザー設定パス
ユーザーが設定する軌跡を「ユーザー設定パス」といいます。
ユーザー設定パスは、開始位置でクリックし、続けて経由位置をクリックし、最後に終了位置でダブルクリックします。

③《アニメーション》タブ→《アニメーション》グループの▽→《アニメーションの軌跡》
の《**ユーザー設定パス**》をクリックします。

※マウスポインターの形が╋に変わります。

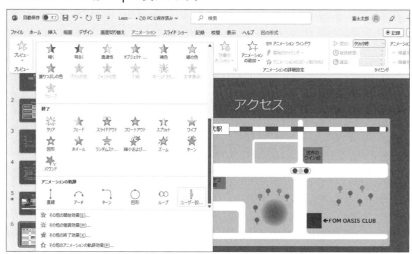

④ 図「**歩く人**」の位置でクリックします。

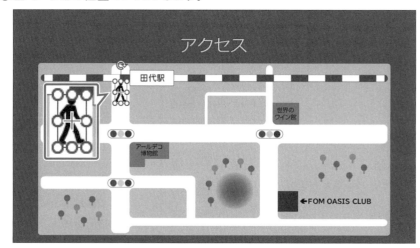

⑤1つ目の信号機の位置でクリックします。

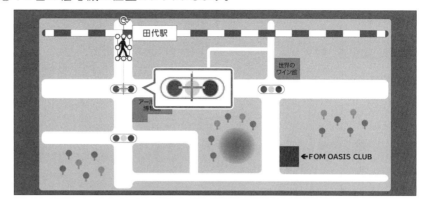

⑥2つ目の信号機の位置でクリックします。

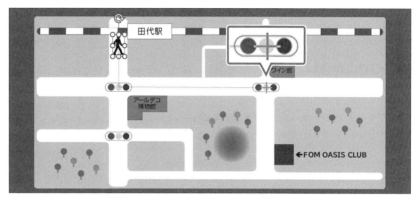

⑦「FOM OASIS CLUB」の建物の前でダブルクリックします。

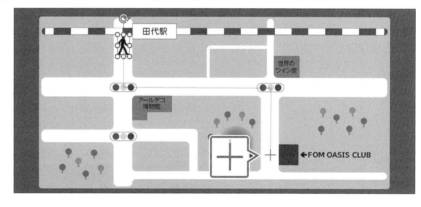

⑧図にアニメーションが適用されます。
※軌跡の開始位置に緑の▽、終了位置に赤の▼、ルートに点線が表示されます。
※選択を解除しておきましょう。

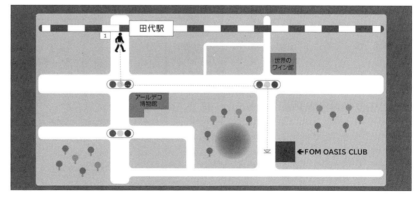

※スライドショーを実行して、アニメーションを確認しておきましょう。

💡 Point

ユーザー設定パスの編集

適用したユーザー設定パスは、あとから開始位置、経由位置、終了位置を調整できます。

◆ユーザー設定パスを選択→《アニメーション》タブ→《アニメーション》グループの ⚙（効果のオプション）→《パス》の《頂点の編集》→■（ハンドル）をドラッグ

求められるスキル

出題範囲1

出題範囲2

出題範囲3

出題範囲4

出題範囲5

確認問題 標準解答

5 　同じスライドにあるアニメーションの順序を並べ替える

解説 ■アニメーションの再生順序の変更

アニメーションを適用すると表示される「1」や「2」などの番号は、アニメーションが再生される順序を示しています。この番号は、アニメーションを適用した順序で割り振られますが、あとから変更することができます。

操作 ◆《アニメーション》タブ→《タイミング》グループの ^ 順番を前にする （順番を前にする）／ ∨ 順番を後にする （順番を後にする）

Lesson 5-10

OPEN　プレゼンテーション「Lesson5-10」を開いておきましょう。
※スライド6の矢印には、アニメーションが適用されています。

次の操作を行いましょう。

(1) スライド6の地図上の矢印のアニメーションが、上から順番に再生されるように変更してください。

Lesson 5-10 Answer

(1)

① スライド6を選択します。

② 《アニメーション》タブを選択します。

③ 現在のアニメーションの再生番号を確認します。

※ （アニメーションのプレビュー）をクリックして、アニメーションを確認しておきましょう。

④ 左の下向き矢印を選択します。

⑤ 《アニメーション》タブ→《タイミング》グループの ^ 順番を前にする （順番を前にする）を2回クリックします。

⚠ Point

アニメーションウィンドウ

アニメーションの再生順序は、アニメーションウィンドウで確認することもできます。

◆《アニメーション》タブ→《アニメーションの詳細設定》グループの〔 アニメーション ウィンドウ 〕（アニメーションウィンドウ）

🖱 その他の方法

アニメーションの再生順序の変更

◆《アニメーション》タブ→《アニメーションの詳細設定》グループの〔 アニメーション ウィンドウ 〕（アニメーションウィンドウ）→対象のアニメーションを選択→ ▲ ／ ▼

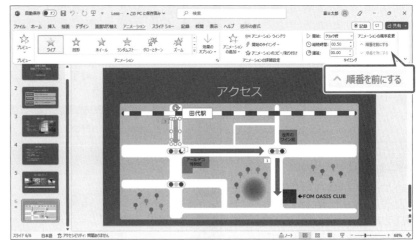

⑥左の下向き矢印の再生番号が「1」に変更されます。

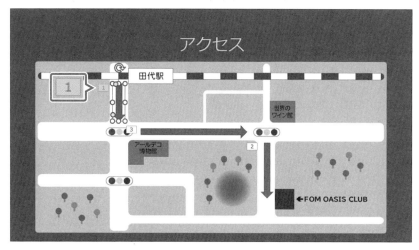

⑦中央の右向き矢印を選択します。

⑧《アニメーション》タブ→《タイミング》グループの ⌃ 順番を前にする （順番を前にする）をクリックします。

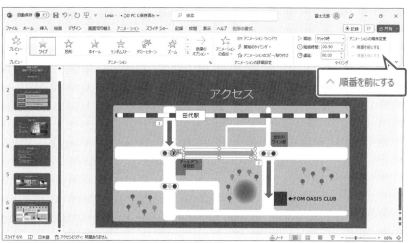

⑨中央の右向き矢印の再生番号が「2」に変更されます。

※アニメーションの再生番号が、上から順番に「1」「2」「3」になります。

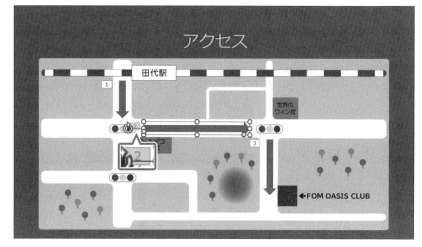

※スライドショーを実行して、アニメーションを確認しておきましょう。

求められるスキル

出題範囲1

出題範囲2

出題範囲3

出題範囲4

出題範囲5

確認問題 標準解答

Excercise | 確認問題

Lesson 5-11

 プレゼンテーション「Lesson5-11」を開いておきましょう。

あなたは、FOMトラベル株式会社に勤務しており、注目のパッケージツアーをお客様に紹介するプレゼンテーションを作成します。

次の操作を行いましょう。

問題(1)	スライド2の箇条書きに設定されているアニメーションが左から表示されるように設定してください。次に、アニメーションがクリックしたときに再生されるように設定してください。
問題(2)	スライド2の図形に、アニメーションの軌跡「ループ」を適用してください。縦方向の8の字に表示されるように設定します。
問題(3)	スライド3の図形「北京料理」に適用されているアニメーションが、図形「北方」と同時に再生されるように設定してください。 同様に、図形「上海料理」と「東方」、図形「広東料理」と「南方」、図形「四川料理」と「西方」がそれぞれ同時に再生されるように設定してください。
問題(4)	スライド4のグラフに、開始のアニメーション「ズーム」を適用し、項目別に表示されるように設定してください。
問題(5)	スライド5の5つの星に適用されているアニメーションが、右上から表示されるように設定してください。アニメーションの継続時間は1秒にします。
問題(6)	スライド5の旅行者の図に、アニメーションの軌跡「カーブS型(1)」を適用してください。アニメーションの継続時間は5秒にします。 💡Hint 「カーブS型(1)」を設定するには、《その他のアニメーションの軌跡効果》を使います。
問題(7)	スライド6の3Dモデルに、3Dのアニメーション「スイング」を適用してください。
問題(8)	スライド7の左から1番目の矢印に、強調のアニメーション「補色」を適用し、スライドと同時に再生されるように設定してください。
問題(9)	スライド7の左から2番目の矢印に、強調のアニメーション「補色」を適用し、直前の動作の1秒後に再生されるように設定してください。
問題(10)	スライド7の左から2番目の矢印に適用したアニメーションを、3番目以降のすべての矢印に、順番にコピーしてください。
問題(11)	すべてのスライドに、画面切り替え「スプリット」を適用し、15秒後に自動的に次のスライドに切り替わるように、画面切り替えのタイミングを設定してください。
問題(12)	スライド7に、画面切り替え「風」を適用し、スライドが左にめくられるように設定してください。

MOS PowerPoint 365

確認問題　標準解答

●完成図

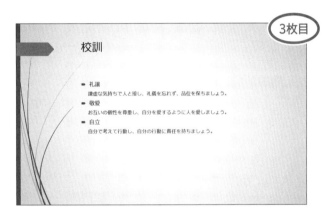

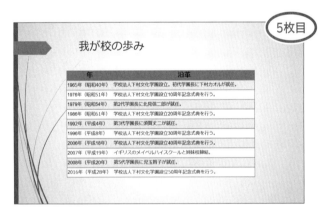

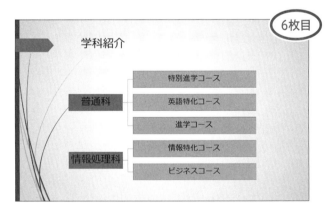

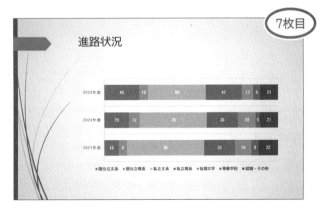

問題 (1)

①《デザイン》タブ→《ユーザー設定》グループの ⬚(スライドのサイズ)→《ユーザー設定のスライドのサイズ》をクリックします。

②《幅》に「25.03cm」と入力します。

③《高さ》に「15.05cm」と入力します。

④《OK》をクリックします。

⑤《サイズに合わせて調整》をクリックします。

問題 (2)

①《表示》タブ→《マスター表示》グループの ⬚(スライドマスター表示)をクリックします。

②サムネイルの一覧から《白紙 レイアウト：どのスライドでも使用されない》(上から8番目)を右クリックします。

③《レイアウトの複製》をクリックします。

④複製されたレイアウトが選択されていることを確認します。

⑤《スライドマスター》タブ→《マスターレイアウト》グループの ⬚(コンテンツ)の ⬚→《SmartArt》をクリックします。

⑥始点から終点までドラッグします。

⑦《スライドマスター》タブ→《マスターレイアウト》グループの ⬚(SmartArt)の ⬚→《テキスト》をクリックします。

⑧始点から終点までドラッグします。

⑨《スライドマスター》タブ→《マスターの編集》グループの ⬚名前の変更(名前の変更)をクリックします。

⑩《レイアウト名》に「図表とテキスト」と入力します。

⑪《名前の変更》をクリックします。

問題 (3)

①スライドマスター表示になっていることを確認します。

②サムネイルの一覧から《ビュー スライドマスター：スライド1-7で使用される》(上から1番目)を選択します。

③《スライドマスター》タブ→《テーマの編集》グループの ⬚(テーマ)→《Office》の《ウィスプ》をクリックします。

④《スライドマスター》タブ→《背景》グループの ⬚配色(テーマの色)→《緑》をクリックします。

問題 (4)

①スライドマスター表示になっていることを確認します。

②サムネイルの一覧から《タイトルスライド レイアウト：スライド1で使用される》(上から2番目)を選択します。

③《スライドマスター》タブ→《背景》グループの《背景を非表示》を ✔ にします。

④《スライドマスター》タブ→《閉じる》グループの ⬚(マスター表示を閉じる)をクリックします。

問題 (5)

①《表示》タブ→《マスター表示》グループの ⬚(ノートマスター表示)をクリックします。

②フッターのプレースホルダーを選択します。

③「下村文化学園」と入力します。

④《ノートマスター》タブ→《閉じる》グループの ⬚(マスター表示を閉じる)をクリックします。

問題 (6)

①スライド5を選択します。

②《校閲》タブ→《コメント》グループの ⬚(コメントの挿入)をクリックします。

③「最新の情報を確認する」と入力します。

④ ⬚(コメントを投稿する)をクリックします。

※《コメント》作業ウィンドウを閉じておきましょう。

問題 (7)

①《ファイル》タブを選択します。

②《情報》→《問題のチェック》→《ドキュメント検査》をクリックします。

※保存に関するメッセージが表示された場合は、《はい》をクリックします。

③《ドキュメントのプロパティと個人情報》が ✔ になっていることを確認します。

④《プレゼンテーションノート》が ✔ になっていることを確認します。

⑤《検査》をクリックします。

⑥《ドキュメントのプロパティと個人情報》の《すべて削除》をクリックします。

⑦《プレゼンテーションノート》の《すべて削除》をクリックします。

⑧《閉じる》をクリックします。

※ドキュメントのプロパティと作成者の情報、スライド1のノートが削除されていることを確認しておきましょう。

問題 (8)

①《表示》タブ→《カラー/グレースケール》グループの ⬚グレースケール(グレースケール)をクリックします。

②スライド1を選択します。

③アイコンを選択します。

④《グレースケール》タブ→《選択したオブジェクトの変更》グループの ⬚(反転させたグレースケール)をクリックします。

⑤《グレースケール》タブ→《閉じる》グループの ⬚(カラー表示に戻る)をクリックします。

求められるスキル

出題範囲1

出題範囲2

出題範囲3

出題範囲4

出題範囲5

確認問題 標準解答

問題 (9)

①《スライドショー》タブ→《スライドショーの開始》グループの
[目的別スライドショー]（目的別スライドショー）→《目的別スライドショー》を
クリックします。

②《新規作成》をクリックします。

③《スライドショーの名前》に「短縮紹介」と入力します。

④《プレゼンテーション中のスライド》の一覧から「1. 2024年
度 学校案内」を✔にします。

⑤同様に、「6. 学科紹介」「7. 進路状況」を✔にします。

⑥《追加》をクリックします。

⑦《OK》をクリックします。

⑧《閉じる》をクリックします。

問題 (10)

①《ファイル》タブを選択します。

②《印刷》をクリックします。

③《部数》を「2」に設定します。

④《フルページサイズのスライド》→《コメントの印刷》をクリック
して、オフにします。

⑤《フルページサイズのスライド》→《配布資料》の《3スライド》
をクリックします。

⑥《カラー》→《グレースケール》をクリックします。

※ [Esc]を押して、標準の表示に戻しておきましょう。

問題 (11)

①《ファイル》タブを選択します。

②《情報》→《プレゼンテーションの保護》→《常に読み取り専用
で開く》をクリックします。

●完成図

1枚目

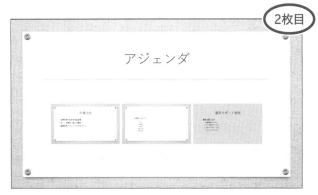

2枚目

3枚目

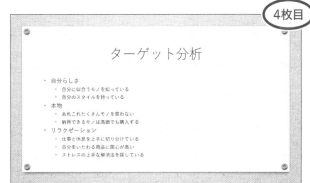

4枚目

5枚目

6枚目

7枚目

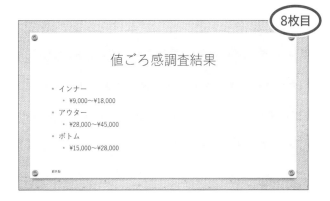

8枚目

求められるスキル

出題範囲1

出題範囲2

出題範囲3

出題範囲4

出題範囲5

確認問題 標準解答

顧客サポート戦略

9枚目

- 顧客の囲い込み
  - 会員情報サービス
  - サイズ補正サービス
  - プチオーダーシステム
  - ネーミングサービス

ブランドイメージ戦略

10枚目

- 専属モデルの起用によるブランドイメージの浸透
  - 新シリーズ発表会
  - SNSによる発信
  - 全国拠点ファッションショー

問題 (1)

① スライド1を選択します。

② 《ホーム》タブ→《スライド》グループの 🖼 (新しいスライド)の 🖼 →《アウトラインからスライド》をクリックします。

③ フォルダー「Lesson2-14」を開きます。

※《ドキュメント》→「MOS 365-PowerPoint(1)」→「Lesson2-14」を選択します。

④ 一覧から「企画骨子」を選択します。

⑤ 《挿入》をクリックします。

※スライド2からスライド6までが挿入されます。

⑥ スライド2を選択します。

⑦ [Shift]を押しながら、スライド6を選択します。

⑧ 《ホーム》タブ→《スライド》グループの 🖼 (リセット) をクリックします。

問題 (2)

① スライド6を選択します。

② 《ホーム》タブ→《スライド》グループの 🖼 (新しいスライド)の 🖼 →《スライドの再利用》をクリックします。

③ 《参照》をクリックします。

④ フォルダー「Lesson2-14」を開きます。

※《ドキュメント》→「MOS 365-PowerPoint(1)」→「Lesson2-14」を選択します。

⑤ 一覧から「戦略」を選択します。

⑥ 《コンテンツの選択》をクリックします。

※お使いの環境によっては、《開く》と表示される場合があります。

⑦ 《元の書式を使用する》を ☐ にします。

※お使いの環境によっては、《元の書式を保持する》と表示される場合があります。

⑧ スライド1の「セールスポイント」をクリックします。

⑨ スライド2の「顧客サポート戦略」をクリックします。

⑩ スライド3の「ブランドイメージ戦略」をクリックします。

※スライド7から9までが挿入されます。

※《スライドの再利用》作業ウィンドウを閉じておきましょう。

問題 (3)

① スライド7を選択します。

② スライド4の後ろにドラッグします。

問題 (4)

① スライド8を選択します。

② 《ホーム》タブ→《スライド》グループの 🖼 (セクション)→《セクションの追加》をクリックします。

③ 《セクション名》に「販売戦略」と入力します。

④ 《名前の変更》をクリックします。

問題 (5)

① セクション名「販売戦略」をクリックします。

※スライド8とスライド9が選択されます。

② 《デザイン》タブ→《ユーザー設定》グループの 🖼 (背景の書式設定) をクリックします。

③ 《塗りつぶし》の詳細が表示されていることを確認します。

※表示されていない場合は、《塗りつぶし》をクリックします。

④ 《塗りつぶし (単色)》を ⦿ にします。

⑤ 《色》の 🖼 (塗りつぶしの色) をクリックし、一覧から《テーマの色》の《ゴールド、アクセント1、白+基本色60%》を選択します。

⑥ 《背景グラフィックを表示しない》を ☑ にします。

※《背景の書式設定》作業ウィンドウを閉じておきましょう。

問題 (6)

① スライド4を選択します。

② [Shift]を押しながら、スライド5を選択します。

③ 《ホーム》タブ→《スライド》グループの 🖼 (スライドのレイアウト)→《タイトル付きのコンテンツ》をクリックします。

問題 (7)

① スライド7を選択します。

② 《挿入》タブ→《テキスト》グループの 🖼 (ヘッダーとフッター) をクリックします。

③ 《スライド》タブを選択します。

④ 《フッター》を ☑ にし、「部外秘」と入力します。

⑤ 《適用》をクリックします。

⑥ 《スライドショー》タブ→《設定》グループの 🖼 (非表示スライド) をクリックします。

問題 (8)

① 《挿入》タブ→《リンク》グループの 🖼 (ズーム)→《サマリーズーム》をクリックします。

※《リンク》グループが折りたたまれている場合は、展開して操作します。

② 「2.市場分析」「4.商品コンセプト」「8.顧客サポート戦略」を ☑ にします。

③ 《挿入》をクリックします。

④ スライド2を選択します。

⑤ タイトルに「アジェンダ」と入力します。

●完成図

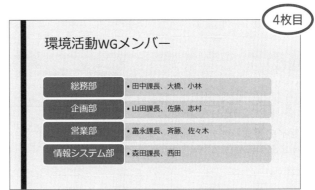

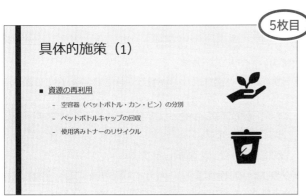

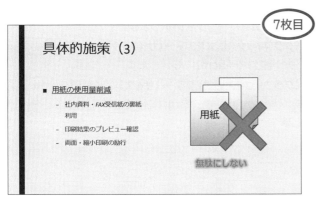

問題 (1)

① スライド1を選択します。

② タイトルのプレースホルダーを選択します。

③ 《ホーム》タブ→《フォント》グループの 🔲 (フォント) をクリックします。

④ 《フォント》タブを選択します。

⑤ 🔲▾ (フォントの色) をクリックし、一覧から《テーマの色》の《緑、アクセント4、黒+基本色50%》を選択します。

⑥ 《下線のスタイル》の ▾ をクリックし、一覧から ▭▭▭ (一重線) を選択します。

⑦ 🔲▾ (下線の色) をクリックし、一覧から《テーマの色》の《緑、アクセント4、黒+基本色25%》を選択します。

⑧ 《文字幅と間隔》タブを選択します。

⑨ 《間隔》の ▾ をクリックし、一覧から《文字間隔を広げる》を選択します。

⑩ 《幅》を「2.5」ptに設定します。

⑪ 《OK》をクリックします。

問題 (2)

① スライド1を選択します。

② 図形「ECO2023」を選択します。

③ 《図形の書式》タブ→《図形のスタイル》グループの ▾ →《テーマスタイル》の《光沢-ゴールド、アクセント2》をクリックします。

問題 (3)

① スライド1を選択します。

② 図形「ECO2023」を選択します。

③ 《図形の書式》タブ→《サイズ》グループの 🔲 (図形の高さ) を「4cm」に設定します。

④ 《図形の書式》タブ→《サイズ》グループの 🔲 (図形の幅) を「14cm」に設定します。

問題 (4)

① スライド2を選択します。

② 図形「CO_2」を選択します。

③ 《図形の書式》タブ→《図形の挿入》グループの 🔲▾ (図形の編集) →《図形の変更》→《基本図形》の 🔲 (楕円) をクリックします。

問題 (5)

① スライド2を選択します。

② 下向き矢印の図形を選択します。

③ 「30%」と入力します。

問題 (6)

① スライド2を選択します。

② 下向き矢印の図形を選択します。

③ 《図形の書式》タブ→《図形のスタイル》グループの 図形の塗りつぶし▾ (図形の塗りつぶし) →《テーマの色》の《白、背景1、黒+基本色50%》をクリックします。

④ 《図形の書式》タブ→《図形のスタイル》グループの 図形の枠線▾ (図形の枠線) →《枠線なし》をクリックします。

問題 (7)

① スライド2を選択します。

② 図形「CO_2」を選択します。

③ [Shift] を押しながら、図形「30%」を選択します。

④ 《図形の書式》タブ→《配置》グループの 🔲 配置▾ (オブジェクトの配置) →《左右中央揃え》をクリックします。

⑤ 《図形の書式》タブ→《配置》グループの 🔲 グループ化▾ (オブジェクトのグループ化) →《グループ化》をクリックします。

問題 (8)

① スライド5を選択します。

② 《挿入》タブ→《図》グループの 🔲 (アイコンの挿入) をクリックします。

③ 検索のボックスに「リサイクル」と入力します。

④ アイコンをクリックします。

※ アイコンは定期的に更新されているため、完成図と同じアイコンが表示されない場合があります。その場合は、任意のアイコンを選択しましょう。

⑤ アイコンに 🔵 が表示されます。

⑥ 《挿入》をクリックします。

※ 《デザイナー》作業ウィンドウが表示された場合は、閉じておきましょう。

⑦ リサイクルのアイコンをドラッグして、ごみ箱のアイコンの上側に移動します。

⑧ ごみ箱のアイコンを選択します。

⑨ 《グラフィックス形式》タブ→《サイズ》グループの 🔲 高さ: (図形の高さ) が「5cm」、🔲 幅: (図形の幅) が「5cm」になっていることを確認します。

⑩ リサイクルのアイコンを選択します。

⑪ 《グラフィックス形式》タブ→《サイズ》グループの 🔲 高さ: (図形の高さ) を「5cm」に設定します。

⑫ 《グラフィックス形式》タブ→《サイズ》グループの 🔲 幅: (図形の幅) が自動的に「5cm」に変更されていることを確認します。

問題 (9)

① スライド6を選択します。

② 上の図を選択します。

③ 《図の形式》タブ→《サイズ》グループの 🔲 (トリミング) をクリックします。

④ 図の右側の ▮ をポイントします。

⑤ 左方向にドラッグします。

※ 下の図の右端に赤い点線が表示されます。

⑥ 図以外の場所をクリックします。

問題 (10)

① スライド6を選択します。

② 上の図を選択します。

③ 《図の形式》タブ→《調整》グループの 🔲 アート効果 ▾ (アート効果) →《カットアウト》をクリックします。

④ 《図の形式》タブ→《図のスタイル》グループの ▾ →《四角形、ぼかし》をクリックします。

⑤ 同様に、下の図にアート効果と図のスタイルを設定します。

問題 (11)

① スライド7を選択します。

② グループ化された図形「用紙」を選択します。

※ グループ化された図形全体が選択された状態にします。

③ 《図形の書式》タブ→《配置》グループの 🔲 背面へ移動 ▾ (背面へ移動) の ▾ →《最背面へ移動》をクリックします。

問題 (12)

① スライド7を選択します。

② テキストボックス「無駄にしない」を選択します。

③ 《図形の書式》タブ→《ワードアートのスタイル》グループの ▾ →《塗りつぶし：緑、アクセントカラー4；面取り（ソフト）》をクリックします。

④ 《図形の書式》タブ→《ワードアートのスタイル》グループの 🅐 ▾ (文字の効果) →《光彩》→《光彩の種類》の《光彩：18pt；ゴールド、アクセントカラー2》をクリックします。

問題 (13)

① スライド3を選択します。

② 図を選択します。

③ 《図の形式》タブ→《アクセシビリティ》グループの 🔲 (代替テキストウィンドウを表示します) をクリックします。

④ 《代替テキスト》作業ウィンドウのボックスに「3Rの図」と入力します。

⑤ スライド7を選択します。

⑥ グループ化された図形「用紙」を選択します。

⑦ Shift を押しながら、図形「×」を選択します。

⑧ 《代替テキスト》作業ウィンドウの《装飾用にする》を ✔ にします。

※ 《代替テキスト》作業ウィンドウを閉じておきましょう。

問題 (14)

① スライド3を選択します。

② 《挿入》タブ→《リンク》グループの 🔲 (ズーム) →《スライドズーム》をクリックします。

※ 《リンク》グループが折りたたまれている場合は、展開して操作します。

③ 「5. 具体的施策（1）」を ✔ にします。

④ 《挿入》をクリックします。

⑤ サムネイルを選択し、「▼具体的な施策はこちら▼」の下側にドラッグします。

求められるスキル

出題範囲1

出題範囲2

出題範囲3

出題範囲4

出題範囲5

確認問題 標準解答

●完成図

1枚目

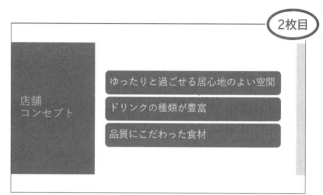

2枚目

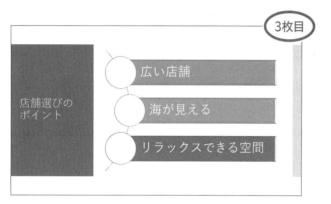

3枚目

4枚目

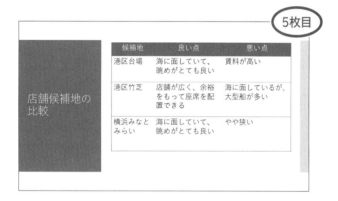

5枚目

6枚目

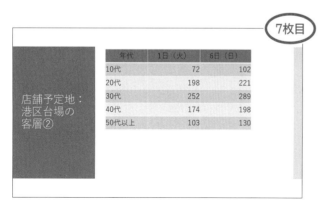

7枚目

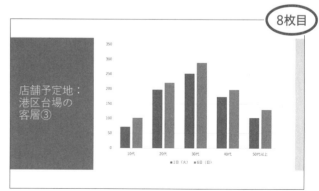

8枚目

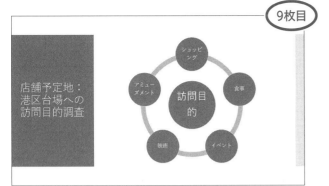

店舗予定地：
港区台場への
訪問目的調査

店舗予定地：
港区台場から
の眺め

求められるスキル

出題範囲1

出題範囲2

出題範囲3

出題範囲4

出題範囲5

確認問題 標準解答

問題(1)

①スライド2を選択します。

②SmartArtグラフィックを選択します。

③テキストウィンドウの「ゆったりと過ごせる居心地のよい空間」の後ろをクリックして、カーソルを表示します。

※テキストウィンドウが表示されていない場合は、表示しておきましょう。

④ [Enter] を押して、改行します。

⑤テキストウィンドウの2行目に「ドリンクの種類が豊富」と入力します。

問題(2)

①スライド3を選択します。

②コンテンツのプレースホルダーの ▣ (SmartArtグラフィックの挿入) をクリックします。

③左側の一覧から《リスト》を選択します。

④中央の一覧から《縦方向カーブリスト》を選択します。

⑤《OK》をクリックします。

⑥テキストウィンドウの1行目に「広い店舗」、2行目に「リラックスできる空間」、3行目に「海が見える」と入力します。

問題(3)

①スライド3を選択します。

②図形「海が見える」を選択します。

③《SmartArtのデザイン》タブ→《グラフィックの作成》グループの [↑ 上へ移動] (選択したアイテムを上へ移動) をクリックします。

問題(4)

①スライド3を選択します。

②SmartArtグラフィックを選択します。

③《SmartArtのデザイン》タブ→《SmartArtのスタイル》グループの ▽ →《3-D》の《凹凸》をクリックします。

④《SmartArtのデザイン》タブ→《SmartArtのスタイル》グループの ▦ (色の変更) →《カラフル》の《カラフル-全アクセント》をクリックします。

問題(5)

①スライド5を選択します。

②表を選択します。

③《レイアウト》タブ→《表のサイズ》グループの ▤幅: (幅) を「21cm」に設定します。

問題(6)

①スライド5を選択します。

②表を選択します。

③《テーブルデザイン》タブ→《表のスタイル》グループの ▽ →《中間》の《中間スタイル1-アクセント6》をクリックします。

④《テーブルデザイン》タブ→《表スタイルのオプション》グループの《縞模様(行)》を ☐ にします。

問題(7)

①スライド6を選択します。

②3Dモデルを選択します。

③《3Dモデル》タブ→《3Dモデルビュー》グループの ▽ →《右上前面》をクリックします。

④《3Dモデル》タブ→《サイズ》グループの ▯高さ: (図形の高さ) に「8.98cm」と入力します。

※高さを変更すると、自動的に幅も調整されます。

問題(8)

①スライド7を選択します。

②表の2列目をクリックして、カーソルを表示します。

※2列目であれば、どこでもかまいません。

③《レイアウト》タブ→《行と列》グループの [右に列を挿入] (右に行を挿入) をクリックします。

④3列目に、上から「6日(日)」「102」「221」「289」「198」「130」と入力します。

確認問題 標準解答

問題(9)

①スライド8を選択します。

②コンテンツのプレースホルダーの ▊▊ (グラフの挿入) をクリックします。

③左側の一覧から《縦棒》を選択します。

④右側の一覧から ▊▊ (集合縦棒) を選択します。

⑤《OK》をクリックします。

⑥スライド7を選択します。

⑦表を選択します。

⑧《ホーム》タブ→《クリップボード》グループの ▢ (コピー) をクリックします。

⑨スライド8を選択します。

⑩ワークシートのセル【A1】を右クリックします。

⑪《貼り付けのオプション》の ▢ (貼り付け先の書式に合わせる) をクリックします。

※入力されているデータを上書きします。
※ワークシートのサイズを大きくすると、操作しやすくなります。

⑫列番号【D】を右クリックします。

⑬《削除》をクリックします。

⑭ワークシートの ▊ (閉じる) をクリックします。

問題(10)

①スライド8を選択します。

②グラフを選択します。

③《グラフのデザイン》タブ→《グラフのレイアウト》グループの ▢ (グラフ要素を追加)→《グラフタイトル》→《なし》をクリックします。

④《グラフのデザイン》タブ→《グラフスタイル》グループの ▢ →《スタイル6》をクリックします。

⑤《グラフのデザイン》タブ→《グラフスタイル》グループの ▢ (グラフクイックカラー)→《カラフル》の《カラフルなパレット4》をクリックします。

問題(11)

①スライド9を選択します。

②箇条書きのプレースホルダーを選択します。

③《ホーム》タブ→《段落》グループの ▢ (SmartArtグラフィックに変換)→《その他のSmartArtグラフィック》をクリックします。

④左側の一覧から《循環》を選択します。

⑤中央の一覧から《中心付き循環》を選択します。

⑥《OK》をクリックします。

問題(12)

①スライド10を選択します。

②コンテンツのプレースホルダーの ▢ (ビデオの挿入) をクリックします。

※お使いの環境によっては、▢ と表示される場合があります。

③フォルダー「Lesson4-21」を開きます。

※《ドキュメント》→「MOS 365-PowerPoint(1)」→「Lesson4-21」を選択します。

④一覧から「店舗予定地からの眺め」を選択します。

⑤《挿入》をクリックします。

※《デザイナー》作業ウィンドウが表示された場合は、閉じておきましょう。

問題(13)

①スライド10を選択します。

②ビデオを選択します。

③《再生》タブ→《編集》グループの ▢ (ビデオのトリミング) をクリックします。

④《開始時間》に「00:09」と入力します。

⑤《終了時間》に「00:18」と入力します。

※ ▶ (再生) をクリックして、映像の前後が再生されないことを確認しておきましょう。

⑥《OK》をクリックします。

⑦《再生》タブ→《ビデオのオプション》グループの《停止するまで繰り返す》を ✔ にします。

●完成図

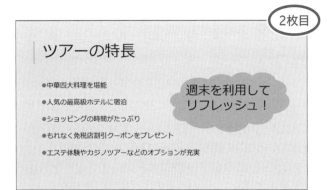

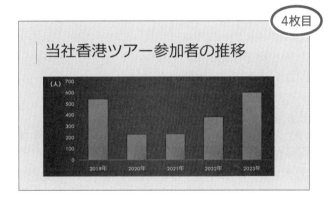

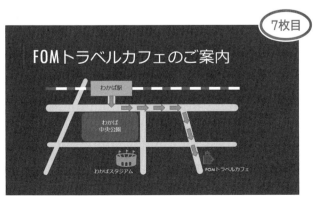

求められるスキル

出題範囲1

出題範囲2

出題範囲3

出題範囲4

出題範囲5

確認問題　標準解答

問題（1）

①スライド2を選択します。

②箇条書きのプレースホルダーを選択します。

③《アニメーション》タブ→《アニメーション》グループの ⬆効果のオプション（効果のオプション）→《方向》の《左から》をクリックします。

④《アニメーション》タブ→《タイミング》グループの《開始》の⬇→《クリック時》をクリックします。

問題（2）

①スライド2を選択します。

②図形を選択します。

③《アニメーション》タブ→《アニメーション》グループの ⬇→《アニメーションの軌跡》の《ループ》をクリックします。

④《アニメーション》タブ→《アニメーション》グループの ∞効果のオプション（効果のオプション）→《ループ》の《8の字（縦）》をクリックします。

問題（3）

①スライド3を選択します。

②《アニメーション》タブを選択します。

③現在のアニメーションの再生番号を確認します。

④図形「北京料理」を選択します。

⑤《アニメーション》タブ→《タイミング》グループの《開始》の⬇→《直前の動作と同時》をクリックします。

⑥同様に、図形「上海料理」「広東料理」「四川料理」のアニメーションのタイミングを設定します。

問題（4）

①スライド4を選択します。

②グラフを選択します。

③《アニメーション》タブ→《アニメーション》グループの ⬇→《開始》の《ズーム》をクリックします。

④《アニメーション》タブ→《アニメーション》グループの ★効果のオプション（効果のオプション）→《連続》の《項目別》をクリックします。

問題（5）

①スライド5を選択します。

②すべての星の図形を囲むように、ドラッグして選択します。
※マウスポインターが ↘ の状態で、右上から左下にドラッグします。

③《アニメーション》タブ→《アニメーション》グループの ⬆効果のオプション（効果のオプション）→《右上から》をクリックします。

④《アニメーション》タブ→《タイミング》グループの《継続時間》を「01.00」に設定します。

問題（6）

①スライド5を選択します。

②図を選択します。

③《アニメーション》タブ→《アニメーション》グループの ⬇→《その他のアニメーションの軌跡効果》をクリックします。

④《線と曲線》の《カーブS型（1）》をクリックします。

⑤《OK》をクリックします。

⑥《アニメーション》タブ→《タイミング》グループの《継続時間》を「05.00」に設定します。

問題（7）

①スライド6を選択します。

②3Dモデルを選択します。

③《アニメーション》タブ→《アニメーション》グループの ⬇→《3D》の《スイング》をクリックします。

問題（8）

①スライド7を選択します。

②左から1番目の矢印を選択します。

③《アニメーション》タブ→《アニメーション》グループの ⬇→《強調》の《補色》をクリックします。

④《アニメーション》タブ→《タイミング》グループの《開始》の⬇→《直前の動作と同時》をクリックします。

問題（9）

①スライド7を選択します。

②左から2番目の矢印を選択します。

③《アニメーション》タブ→《アニメーション》グループの ⬇→《強調》の《補色》をクリックします。

④《アニメーション》タブ→《タイミング》グループの《開始》の⬇→《直前の動作の後》をクリックします。

⑤《アニメーション》タブ→《タイミング》グループの《遅延》を「01.00」に設定します。

問題（10）

①スライド7を選択します。

②左から2番目の矢印を選択します。

③《アニメーション》タブ→《アニメーションの詳細設定》グループの ☆アニメーションのコピー/貼り付け（アニメーションのコピー/貼り付け）をダブルクリックします。

④左から3～8番目の矢印を、順番にクリックします。

⑤Escを押して、連続コピーを終了します。

問題（11）

①《画面切り替え》タブ→《画面切り替え》グループの ⬇→《弱》の《スプリット》をクリックします。

②《画面切り替え》タブ→《タイミング》グループの《自動》を☑にし、「00:15.00」に設定します。

③《画面切り替え》タブ→《タイミング》グループの 🔁すべてに適用（すべてに適用）をクリックします。

問題（12）

①スライド7を選択します。

②《画面切り替え》タブ→《画面切り替え》グループの ⬇→《はなやか》の《風》をクリックします。

③《画面切り替え》タブ→《画面切り替え》グループの 🔲効果のオプション（効果のオプション）→《左》をクリックします。

MOS PowerPoint 365

模擬試験プログラム
の使い方

模擬試験プログラムを起動しましょう。

※事前に模擬試験プログラムをインストールしておきましょう。模擬試験プログラムのダウンロード・インストールについては、P.6「5 模擬試験プログラムについて」を参照してください。

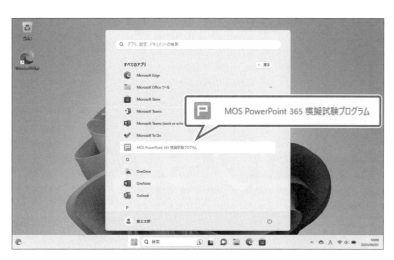

MOS PowerPoint 365 模擬試験プログラム

①すべてのアプリを終了します。

※アプリを起動していると、模擬試験プログラムが正しく動作しない場合があります。

②デスクトップを表示します。

③ ■(スタート) →《すべてのアプリ》→《MOS PowerPoint 365 模擬試験プログラム》をクリックします。

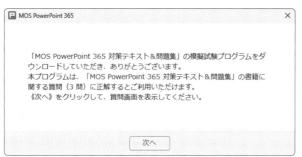

MOS PowerPoint 365

「MOS PowerPoint 365 対策テキスト＆問題集」の模擬試験プログラムをダウンロードしていただき、ありがとうございます。
本プログラムは、「MOS PowerPoint 365 対策テキスト＆問題集」の書籍に関する質問（3問）に正解するとご利用いただけます。
《次へ》をクリックして、質問画面を表示してください。

次へ

④模擬試験プログラムの利用に関するメッセージが表示されます。

※模擬試験プログラムを初めて起動したときに表示されます。以降の質問に正解すると、次回からは表示されません。

⑤《次へ》をクリックします。

⑥書籍に関する質問が表示されます。該当ページを参照して、答えを入力します。

※質問は3問表示されます。質問の内容はランダムに出題されます。

⑦模擬試験プログラムのスタートメニューが表示されます。

Microsoft® Office Specialist

PowerPoint 365

▼ 試験回を選択してください。

第1回模擬試験
第2回模擬試験
第3回模擬試験
第4回模擬試験
第5回模擬試験
ランダム試験

▼ 試験のオプションを設定してください。

☐ 試験時間をカウントしない ⑦
☐ 試験中に採点する ⑦
☐ 試験中に解答動画を見る ⑦

▼ 「試験開始」をクリックして試験を開始してください。

試験開始

バージョン情報　©2023 FUJITSU LEARNING MEDIA LIMITED.　　解答動画　試験履歴　終了

!Point

模擬試験プログラム利用時のおすすめ環境

模擬試験プログラムは、ディスプレイの解像度が1280×768ピクセル以上の環境でご利用いただけます。
ディスプレイの解像度と拡大率との組み合わせによっては、文字やボタンが小さかったり、逆に大きすぎてはみ出したりすることがあります。
そのような場合には、次の解像度と拡大率の組み合わせをお試しください。

ディスプレイの解像度	拡大率
1280×768ピクセル	100%
1920×1080ピクセル	125%または150%

※ディスプレイの解像度と拡大率を変更する方法は、P.3「Point ディスプレイの解像度と拡大率の設定」を参照してください。

本書に掲載しているボタンと同じ状態で操作できる！

●解像度1280×768ピクセル・拡大率100%の場合

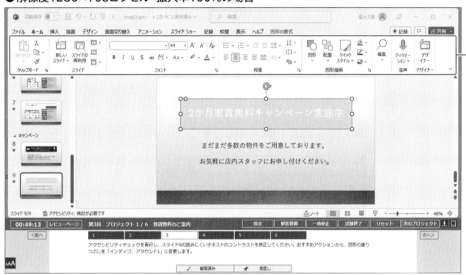

PowerPointウィンドウの作業領域が広くて全体を見ながら操作できる！

●解像度1920×1080ピクセル・拡大率125%の場合

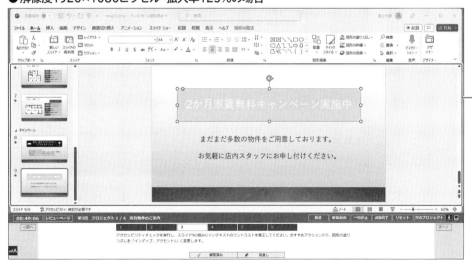

模擬試験プログラムを使って、模擬試験を実施する流れを確認しましょう。

① スタートメニューで試験回とオプションを選択する

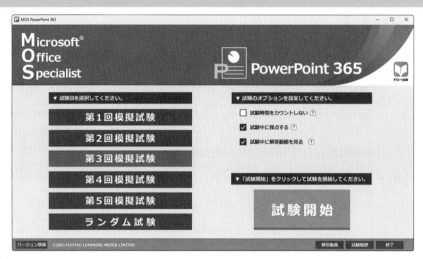

② 試験実施画面で問題に解答する

③ 試験結果画面で採点結果や正答率を確認する

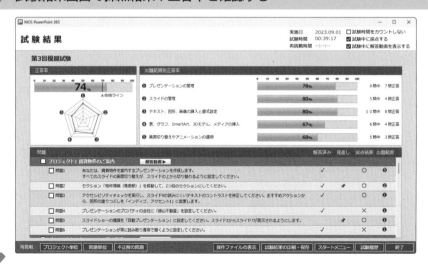

④ 解答動画で標準解答の操作を確認する

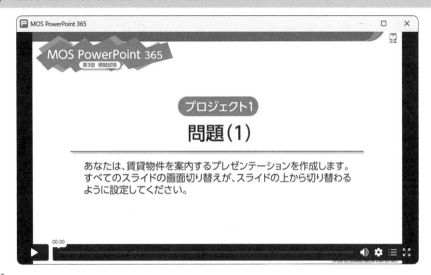

⑤ 間違えた問題に再挑戦する

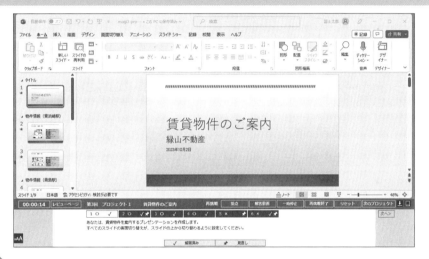

⑥ 試験履歴画面で過去の正答率を確認する

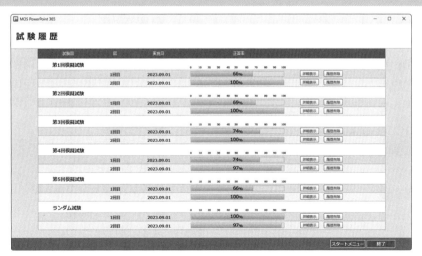

3 | 模擬試験プログラムの使い方

1 | スタートメニュー

模擬試験プログラムを起動すると、スタートメニューが表示されます。
スタートメニューから実施する試験回を選択します。

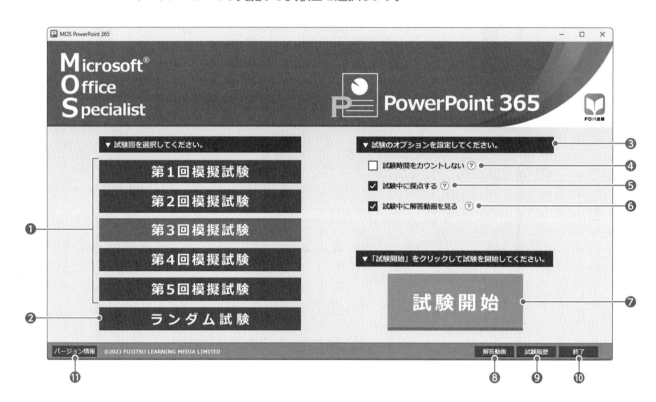

❶模擬試験
5回分の模擬試験から実施する試験を選択します。

❷ランダム試験
5回分の模擬試験のすべての問題の中からランダムに出題されます。

❸試験モードのオプション
試験モードのオプションを設定できます。⑦をポイントすると、説明が表示されます。

❹試験時間をカウントしない
☑にすると、試験時間をカウントしないで、試験を行うことができます。

❺試験中に採点する
☑にすると、試験中に問題ごとの採点結果を確認できます。

❻試験中に解答動画を見る
☑にすると、試験中に標準解答の動画を確認できます。

❼試験開始
選択した試験回、設定したオプションで試験を開始します。

❽解答動画
FOM出版のホームページを表示して、標準解答の動画を確認できます。模擬試験を行う前に、操作を確認したいときにご利用ください。
※インターネットに接続できる環境が必要です。

❾試験履歴
試験履歴画面を表示します。

❿終了
模擬試験プログラムを終了します。

⓫バージョン情報
模擬試験プログラムのバージョンを確認します。

模擬試験プログラムの使い方

第1回模擬試験

第2回模擬試験

第3回模擬試験

第4回模擬試験

第5回模擬試験

● Point

模擬試験プログラムのアップデート

模擬試験プログラムはアップデートする場合があります。模擬試験プログラムをアップデートするための更新プログラムの提供については、FOM出版のホームページでお知らせします。

《更新プログラムの確認》をクリックすると、FOM出版のホームページが表示され、更新プログラムに関する最新情報を確認できます。

※インターネットに接続できる環境が必要です。

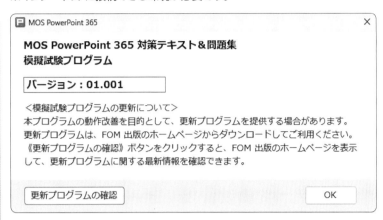

● Point

模擬試験の解答動画

模擬試験の解答動画は、FOM出版のホームページで見ることができます。スマートフォンやタブレットで解答動画を見ながらパソコンで操作したり、スマートフォンで操作手順を復習したりと活用範囲が広がります。

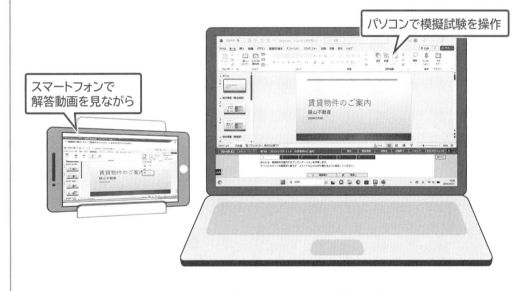

※スマートフォンやタブレットで解答動画を視聴する方法は、表紙の裏側を参照してください。

試験を開始すると、次のような画面が表示されます。

模擬試験プログラムの試験形式について
模擬試験プログラムの試験実施画面や試験形式は、FOM出版が独自に開発したもので、本試験とは異なります。

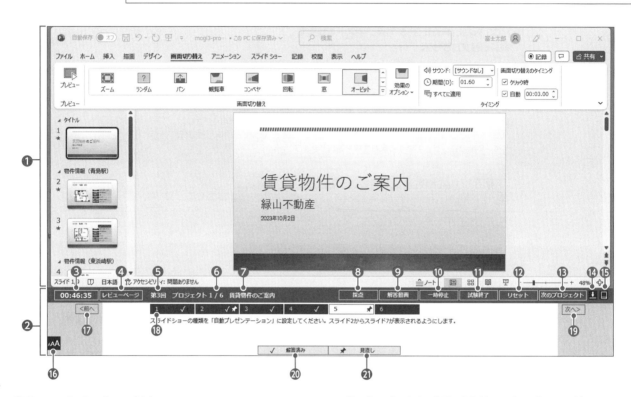

❶PowerPointウィンドウ

PowerPointが起動し、ファイルが開かれます。問題の指示に従って、解答操作を行います。

❷問題ウィンドウ

問題が表示されます。問題には、ファイルに対して行う具体的な指示が記述されています。複数の問題が用意されています。

❸タイマー

試験の残り時間が表示されます。試験時間を延長して実施した場合、超過した時間が赤字で表示されます。
※タイマーは、スタートメニューで《試験時間をカウントしない》を ☑ にすると表示されません。

❹レビューページ

レビューページを表示します。別のプロジェクトの問題に切り替えたり、試験を終了したりできます。
※レビューページについては、P.279を参照してください。

❺試験回

選択している試験回が表示されます。

❻プロジェクト番号／全体のプロジェクト数

表示されているプロジェクトの番号と全体のプロジェクト数が表示されます。
「プロジェクト」とは、操作を行うファイルのことです。複数のプロジェクトが用意されています。

❼プロジェクト名

表示されているプロジェクト名が表示されます。
※拡大率を「100%」より大きくしている場合、プロジェクト名の一部またはすべてが表示されないことがあります。

❽採点

表示されているプロジェクトの正誤を判定します。
試験中に採点結果を確認できます。
※《採点》ボタンは、スタートメニューで《試験中に採点する》を ☑ にすると表示されます。

❾ 解答動画

表示されているプロジェクトの標準解答の動画を表示します。

※インターネットに接続できる環境が必要です。
※解答動画については、P.280を参照してください。
※《解答動画》ボタンは、スタートメニューで《試験中に解答動画を見る》を☑にすると表示されます。

❿ 一時停止

タイマーが一時停止します。

※《再開》をクリックすると、一時停止が解除されます。

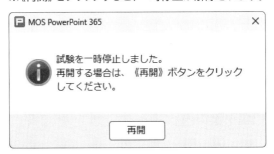

⓫ 試験終了

試験を終了します。

※《採点して終了》をクリックすると、試験を採点して終了し、試験結果画面が表示されます。《採点せずに終了》をクリックすると、試験を採点せずに終了し、スタートメニューに戻ります。採点せずに終了した場合は、試験結果は試験履歴に残りません。

⓬ リセット

表示されているプロジェクトを初期の状態に戻します。プロジェクトは最初からやり直すことができますが、経過した試験時間は元に戻りません。

⓭ 次のプロジェクト

次のプロジェクトを表示します。

⓮ ⬇

問題ウィンドウを折りたたんで、PowerPointウィンドウを大きく表示します。問題ウィンドウを折りたたむと、⬇から⬆に切り替わります。クリックすると、問題ウィンドウが元のサイズに戻ります。

⓯ 🖥

PowerPointウィンドウと問題ウィンドウのサイズを初期の状態に戻します。

⓰ ᴀA

問題の文字サイズを調整するスケールを表示します。《＋》や《－》をクリックしたり、▮をドラッグしたりして文字サイズを調整します。文字サイズは5段階で調整できます。

⓱ 前へ

プロジェクト内の前の問題に切り替えます。

⓲ 問題番号

問題を切り替えます。表示されている問題番号は、背景が白色で表示されます。

⓳ 次へ

プロジェクト内の次の問題に切り替えます。

⓴ 解答済み

問題番号の横に✓を表示します。解答済みにする場合などに使用します。マークの有無は、採点に影響しません。

㉑ 見直し

問題番号の横に📌を表示します。あとから見直す場合などに使用します。マークの有無は、採点に影響しません。

❗Point

試験時間の延長

試験時間の50分が経過すると、次のようなメッセージが表示されます。

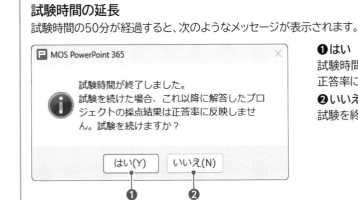

❶ はい
試験時間を延長して、解答の操作を続けることができます。ただし、正答率に反映されるのは、時間内に解答したプロジェクトだけです。

❷ いいえ
試験を終了します。

模擬試験プログラムの便利な機能

試験を快適に操作するための機能や、PowerPointの設定には、次のようなものがあります。

問題の文字のコピー

問題で下線が付いている文字は、クリックするだけでコピーできます。コピーした文字は、PowerPointウィンドウ内に貼り付けることができます。

正しい操作を行っていても、入力した文字が間違っていたら不正解になってしまいます。入力の手間を減らし、入力ミスを防ぐためにも、問題の文字のコピーを積極的に活用しましょう。

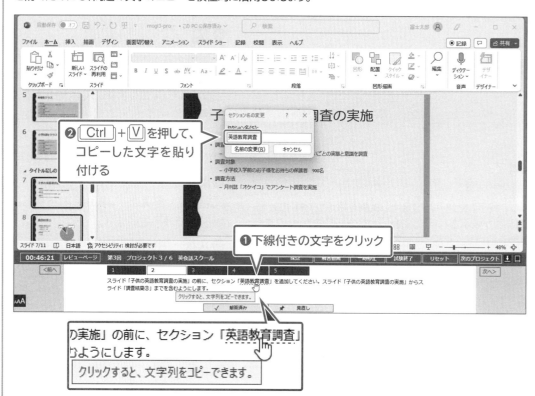

問題の文字サイズの調整

AA をクリックするとスケールが表示され、5段階で文字サイズを調整できます。また、問題ウィンドウがアクティブになっている場合は、 Ctrl + ＋ または Ctrl + － を使っても文字サイズを調整できます。

文字を大きくすると、問題がすべて表示されない場合があります。その場合は、問題の右端に表示されるスクロールバーを使って、問題を表示します。

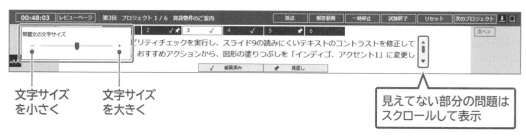

模擬試験プログラムの使い方

第1回模擬試験

第2回模擬試験

第3回模擬試験

第4回模擬試験

第5回模擬試験

リボンの折りたたみ

PowerPointのリボンを折りたたんで作業領域を広げることができます。リボンのタブをダブルクリックすると、タブだけの表示になります。折りたたまれたリボンは、タブをクリックすると表示されます。

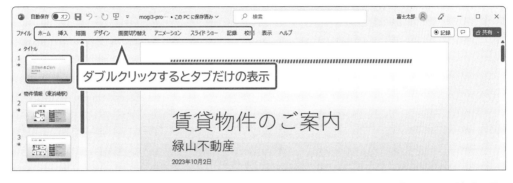

ダブルクリックするとタブだけの表示

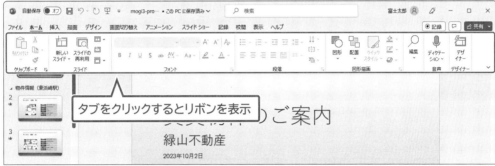

タブをクリックするとリボンを表示

問題ウィンドウとPowerPointウィンドウのサイズ変更

問題ウィンドウの上側やPowerPointウィンドウの下側をドラッグすると、ウィンドウの高さを調整できます。
問題の文字が小さくて読みにくいときは、問題ウィンドウを広げて文字のサイズを大きくすると読みやすくなります。
また、作業領域が狭くて操作しにくいときは、PowerPointウィンドウを広げるとよいでしょう。
問題ウィンドウの ■ をクリックすると、問題ウィンドウとPowerPointウィンドウのサイズを初期の状態に戻します。

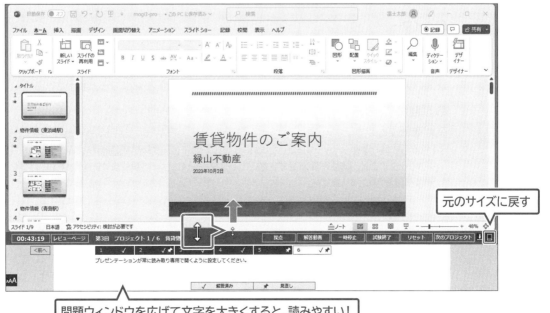

元のサイズに戻す

問題ウィンドウを広げて文字を大きくすると、読みやすい！

3 | レビューページ

試験実施画面の《レビューページ》ボタンをクリックすると、レビューページが表示されます。問題番号をクリックすると、試験実施画面が表示されます。

❶問題

プロジェクト番号と問題番号、問題の先頭の文章が表示されます。

問題番号をクリックすると、その問題の試験実施画面が表示され、解答の操作をやり直すことができます。

❷解答済み

試験中に解答済みマークを付けた問題に✔が表示されます。

❸見直し

試験中に見直しマークを付けた問題に📌が表示されます。

❹タイマー

試験の残り時間が表示されます。試験時間を延長して実施した場合、超過した時間が赤字で表示されます。

※タイマーは、スタートメニューで《試験時間をカウントしない》を☑にすると表示されません。

❺試験終了

試験を終了します。

※《採点して終了》をクリックすると、試験を採点して終了し、試験結果画面が表示されます。《採点せずに終了》をクリックすると、試験を採点せずに終了し、スタートメニューに戻ります。採点せずに終了した場合は、試験結果は試験履歴に残りません。

4 | 解答動画画面

各問題の標準解答の操作手順を動画で確認できます。動画はプロジェクト単位で表示されます。
動画の再生や問題の切り替えは、画面下側に表示されるコントローラーを使って操作します。コントローラーが表示されていない場合は、マウスを動かすと表示されます。
※動画を視聴するには、インターネットに接続できる環境が必要です。

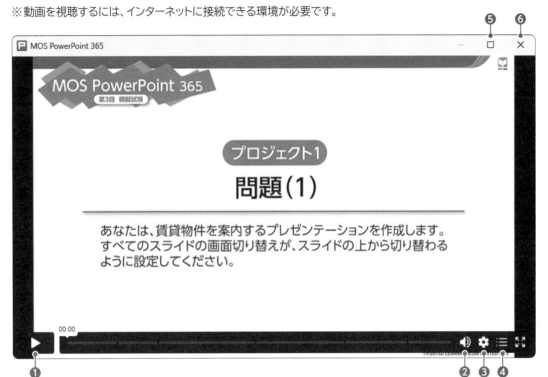

❶ ▶ (再生／一時停止)

動画を再生します。再生中は ▮▮ に変わります。 ▮▮ をクリックすると、動画が一時停止します。

❷ 🔊 (音声)

音量を調節します。ポイントすると、音量スライダーが表示されます。クリックすると、 🔇 になり、音声をオフにできます。

❸ ⚙ (設定)

動画の画質とスピードを設定するコマンドを表示します。

❹ ☰ (チャプター)

問題番号の一覧を表示します。一覧から問題番号を選択すると、解答動画が切り替わります。

❺ ☐ (最大化)

解答動画画面を最大化します。最大化すると、 🗗 になります。

❻ ✕ (閉じる)

解答動画画面を終了します。

5　試験結果画面

試験を採点して終了すると、試験結果画面が表示されます。

> **模擬試験プログラムの採点方法について**
> 模擬試験プログラムの採点方法は、FOM出版が独自に開発したもので、本試験とは異なります。採点の基準
> や配点は公開されていません。

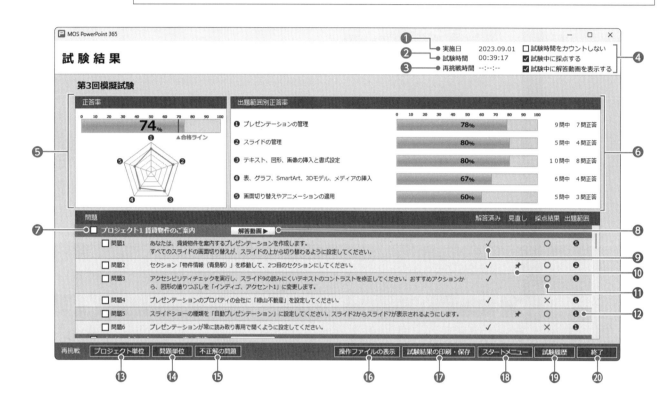

❶実施日
試験を実施した日付が表示されます。

❷試験時間
試験開始から試験終了までに要した時間が表示されます。

❸再挑戦時間
再挑戦に要した時間が表示されます。

❹試験モードのオプション
試験を実施するときに設定した試験モードのオプション
が表示されます。

❺正答率
全体の正答率が%で表示されます。合格ラインの目安の
70%を超えているかどうかを確認できます。
※試験時間を延長して解答した場合、時間内に解答したプロジェ
　クトだけが正答率に反映されます。

❻出題範囲別正答率
出題範囲別の正答率が%で表示されます。
※試験時間を延長して解答した場合、時間内に解答したプロジェ
　クトだけが正答率に反映されます。

❼チェックボックス
クリックすると、☑と☐を切り替えることができます。
※プロジェクト番号の左側にあるチェックボックスをクリックする
　と、プロジェクト内のすべての問題をまとめて切り替えること
　ができます。

❽解答動画
プロジェクトの標準解答の動画を表示します。
※解答動画については、P.280を参照してください。
※インターネットに接続できる環境が必要です。

❾解答済み
試験中に解答済みマークを付けた問題に✔が表示され
ます。

❿見直し
試験中に見直しマークを付けた問題に📌が表示され
ます。

⓫採点結果
採点結果が表示されます。
※試験時間を延長して解答した問題や再挑戦で解答した問題は、
　「○」や「×」が灰色で表示されます。

⓬出題範囲
問題に対応する出題範囲の番号が表示されます。

模擬試験プログラムの使い方

第1回模擬試験

第2回模擬試験

第3回模擬試験

第4回模擬試験

第5回模擬試験

再挑戦（⓭～⓯）

⓭プロジェクト単位

チェックボックスが ✓ になっているプロジェクト、または
チェックボックスが ✓ になっている問題を含むプロジェクトの再挑戦を開始します。

⓮問題単位

チェックボックスが ✓ になっている問題の再挑戦を開始します。

⓯不正解の問題

不正解の問題の再挑戦を開始します。

⓰操作ファイルの表示

試験中に自分で操作したファイルを表示します。

※試験を採点して終了した直後にだけ表示されます。試験履歴画面から試験結果画面を表示した場合は表示されません。

⓱試験結果の印刷・保存

試験結果レポートを印刷したり、PDFファイルとして保存したりします。また、試験結果をCSVファイルで保存します。

⓲スタートメニュー

スタートメニューを表示します。

⓳試験履歴

試験履歴画面を表示します。

⓴終了

模擬試験プログラムを終了します。

❗ Point

操作ファイルの表示

試験中に自分で操作したファイルが表示されます。試験中に表示しなかったプロジェクトや、問題と異なる名前で保存したファイルは、表示されません。

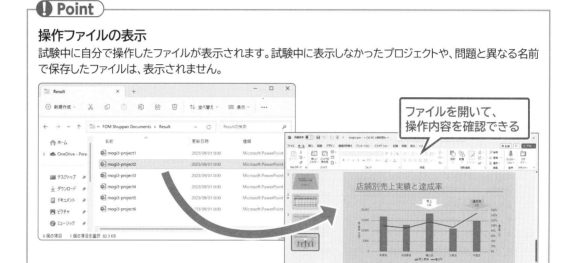

ファイルを開いて、操作内容を確認できる

※印刷に関する設定などは、操作ファイルには保存されません。

※操作ファイルを開いていると、画面の切り替えや、模擬試験プログラムを終了できません。確認後、操作ファイルを閉じておきましょう。

❗ Point

操作ファイルの保存

試験履歴画面やスタートメニューなど別の画面に切り替えたり、模擬試験プログラムを終了したりすると、操作ファイルは削除されます。

操作ファイルを保存しておく場合は、試験結果画面が表示されたら、すぐに別のフォルダーなどにコピーしておきましょう。

Ctrl を押しながらドラッグして、ファイルをコピー

⚠ Point

試験結果の印刷・保存

試験結果レポートやCSVファイルには、名前を入力できます。名前の入力を省略すると、空白になります。

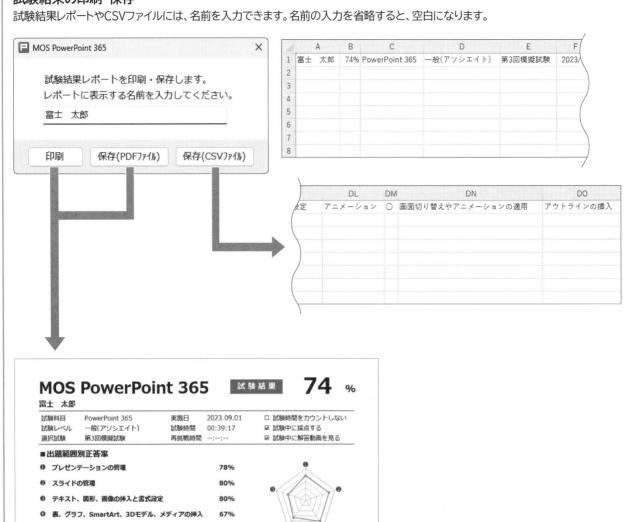

模擬試験プログラムの使い方

第1回模擬試験

第2回模擬試験

第3回模擬試験

第4回模擬試験

第5回模擬試験

6 再挑戦画面

試験結果画面の再挑戦の《**プロジェクト単位**》、《**問題単位**》、《**不正解の問題**》の各ボタンをクリックすると、問題に再挑戦できます。
再挑戦画面では、操作前のファイルが表示されます。

1 プロジェクト単位で再挑戦

《**プロジェクト単位**》ボタンをクリックすると、選択したプロジェクトに含まれるすべての問題に再挑戦できます。

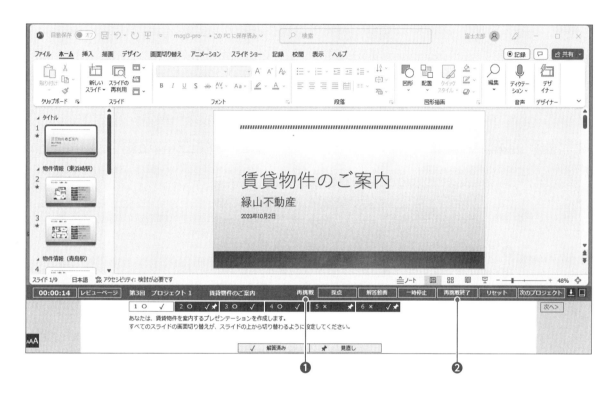

❶再挑戦

再挑戦モードの場合、「**再挑戦**」と表示されます。

❷再挑戦終了

再挑戦を終了します。

※《採点して終了》をクリックすると、試験を採点して終了し、試験結果画面に戻ります。《採点せずに終了》をクリックすると、試験を採点せずに終了し、試験結果画面に戻ります。採点せずに終了した場合は、試験結果は試験結果画面に反映されません。

2 問題単位で再挑戦

《**問題単位**》ボタンをクリックすると、選択した問題に再挑戦できます。また、《**不正解の問題**》ボタンをクリックすると、採点結果が×の問題に再挑戦できます。

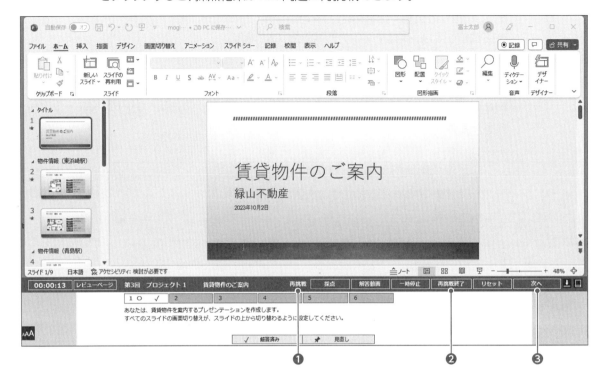

❶再挑戦

再挑戦モードの場合、「**再挑戦**」と表示されます。

❷再挑戦終了

再挑戦を終了します。

※《採点して終了》をクリックすると、試験を採点して終了し、試験結果画面に戻ります。《採点せずに終了》をクリックすると、試験を採点せずに終了し、試験結果画面に戻ります。採点せずに終了した場合は、試験結果は試験結果画面に反映されません。

❸次へ

次の問題を表示します。

> **! Point**
>
> **問題単位で再挑戦中のレビューページ**
> 問題単位で再挑戦しているときにレビューページを表示すると、選択した問題以外は灰色で表示されます。
>
>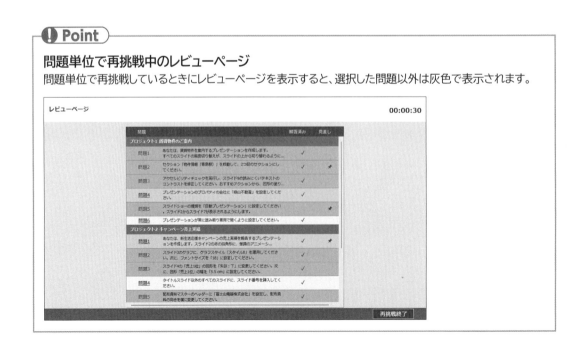

7 試験履歴画面

試験履歴画面では、実施した試験が一覧で表示されます。

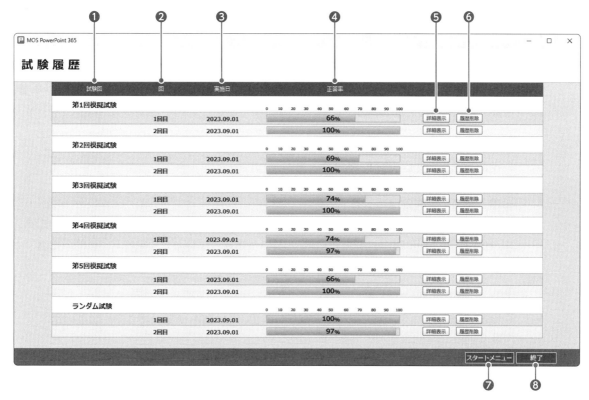

❶試験回
試験回が表示されます。

❷回
試験を実施した回数が表示されます。試験履歴として記録されるのは、最も新しい10回分です。
11回以上試験を実施した場合は、古いものから削除されます。

❸実施日
試験を実施した日付が表示されます。

❹正答率
試験の正答率が表示されます。

❺詳細表示
選択した試験の試験結果画面を表示します。

❻履歴削除
選択した試験の履歴を削除します。

❼スタートメニュー
スタートメニューを表示します。

❽終了
模擬試験プログラムを終了します。

模擬試験プログラムを使って学習する場合、次のような点に注意してください。

●ファイル操作
模擬試験で使用するファイルは、デスクトップのフォルダー「FOM Shuppan Documents」のフォルダー「MOS 365-PowerPoint(2)」に保存されています。このフォルダーは、模擬試験プログラムを起動すると自動的に作成されます。

●文字入力の操作
英数字を入力するときは、半角で入力します。

●こまめに上書き保存する
試験中の停電やフリーズに備えて、ファイルはこまめに上書き保存しましょう。模擬試験プログラムを強制終了した場合、再起動すると、ファイルを最後に保存した状態から試験を再開できます。
※強制終了については、P.341を参照してください。

●指示がない操作はしない
問題で指示されている内容だけを操作します。特に指示がない場合は、既定のままにしておきます。

●試験中の採点
アニメーションを設定する問題など、問題の内容によっては、試験中に《採点》ボタンを押したあと、採点結果が表示されるまでに時間がかかる場合があります。採点は試験時間に含まれないため、試験結果が表示されるまで、しばらくお待ちください。

●ダイアログボックスは閉じて、試験を終了する
次の問題に切り替えたり、試験を終了したりする前に、必ずダイアログボックスを閉じてください。

●入力中のデータは確定して、試験を終了する
データを入力したら、必ず確定してください。確定せずに試験を終了すると、正しく動作しなくなる可能性があります。

●試験開始後、Windowsの設定を変更しない
模擬試験プログラムの起動中にWindowsの設定を変更しないでください。設定を変更すると、正しく動作しなくなる可能性があります。

MOS PowerPoint 365

模擬試験

模擬試験プログラムを使わずに学習される方へ
模擬試験プログラムを使わずに学習される場合は、データファイルの場所を自分がセットアップした
場所に読み替えてください。

プロジェクト1

理解度チェック

☑☑☑☑☑ 問題(1) あなたは、クッキングスクールの開講コースを案内するプレゼンテーションを作成します。スライド「スクールの特長」の箇条書きを、SmartArtグラフィック「線区切りリスト」に変換してください。

☑☑☑☑☑ 問題(2) スライド「中華料理コース」の後ろに、デスクトップのフォルダー「FOM Shuppan Documents」のフォルダー「MOS 365-PowerPoint(2)」のプレゼンテーション「製菓コース」のスライドを、元の書式は使用しないで挿入してください。スライド7から9に、「製菓コース」「和菓子コース」「洋菓子コース」の順番で挿入します。

☑☑☑☑☑ 問題(3) スライド「お問い合わせ」の図の幅を「15cm」に設定してください。図は、コック帽のアイコンの背面に表示されるようにします。

☑☑☑☑☑ 問題(4) スライド「コースのご案内」に、SmartArtグラフィック「カード型リスト」を挿入し、テキストウィンドウの上から「料理コース」「製菓コース」と入力してください。不要な図形は削除し、SmartArtグラフィックの色は「グラデーション 透過-アクセント1」に変更します。

☑☑☑☑☑ 問題(5) 配布資料マスターに、日付のプレースホルダーを表示してください。

☑☑☑☑☑ 問題(6) プレゼンテーションのプロパティのコメントに「2023年度下期」、分類に「コース案内」を設定してください。

 プロジェクト2

理解度チェック

☑☑☑☑☑ 問題(1) あなたは、スキル診断システムを提案するプレゼンテーションを作成します。
タイトルスライドに、セクションズームを挿入し、「セクション2:システムの説明」と「セクション3:ご提案」にリンクを作成してください。サムネイルは、タイトルの下側に横に並べて配置し、黒い領域とは重ならないようにします。

☑☑☑☑☑ 問題(2) スライド3の箇条書きのアニメーションの方向を「左下から」に設定し、クリックすると箇条書きが1つずつ表示されるようにしてください。

☑☑☑☑☑ 問題(3) スライド9とスライド10を非表示スライドに設定してください。

☑☑☑☑☑ 問題(4) スライド12を複製してください。複製したスライドはスライド12の下に配置し、スライドのタイトルは「富士人材派遣株式会社様導入スケジュール」に変更します。

☑☑☑☑☑ 問題(5) スライドマスターの一覧の最後に、新しいレイアウト「事例」を作成し、左側にコンテンツのプレースホルダー、右側にSmartArtのプレースホルダーを配置してください。プレースホルダーのサイズは任意とします。

☑☑☑☑☑ 問題(6) スライドショーの種類を「発表者として使用する」に設定し、クリックしたときにスライドが切り替わるようにしてください。

プロジェクト3

理解度チェック

☑☑☑☑☑ 問題（1） あなたは、中堅社員向け経営戦略セミナーのプレゼンテーションを作成します。
プレゼンテーションのセクション名を変更してください。「セクション1」は「表題」、「セクション2」は「SWOT分析」、「セクション3」は「ABC分析」にします。

☑☑☑☑☑ 問題（2） スライド3の箇条書きの行頭文字を、段落番号「1.2.3.」に変更してください。

☑☑☑☑☑ 問題（3） スライド6のコンテンツのプレースホルダーに、2列4行の表を挿入してください。1行目の左から「区分」「内容」、2行目の左から「A」「影響度大」、3行目の左から「B」「影響度は中程度」、4行目の左から「C」「影響度小」と入力します。次に、表にスタイル「スタイル（淡色）3」を適用してください。

☑☑☑☑☑ 問題（4） スライド2とスライド5に、画面切り替え「プッシュ」を設定してください。

☑☑☑☑☑ 問題（5） スライド1からスライド4までを選択して、「SWOT分析」という名前の目的別スライドショーを作成してください。スライドショーは実行しないでください。

プロジェクト4

理解度チェック

☑☑☑☑☑ 問題（1） あなたは、香港グルメツアーの内容を紹介するプレゼンテーションを作成します。
スライド「中華四大料理」にある4つの楕円の左側をそろえて配置してください。次に、吹き出し「地域による違いを楽しもう！」をスライドの下端にそろえてください。

☑☑☑☑☑ 問題（2） スライド「香港ツアー参加者の推移」のコンテンツのプレースホルダーに、表のデータをもとに「集合縦棒」グラフを挿入し、グラフタイトルと凡例を非表示にしてください。グラフのデータは、表のデータを利用しても、直接セルに入力してもかまいません。

☑☑☑☑☑ 問題（3） スライド「ツアー日程表」とスライド「ツアー概要」の順番を入れ替えてください。

☑☑☑☑☑ 問題（4） スライド「FOMトラベルカフェのご案内」の文字列「来店予約」に、Webページ「https://www.fomtravelcafe.xx.xx/」を表示するハイパーリンクを挿入してください。

☑☑☑☑☑ 問題（5） 1ページに2スライドを表示した配布資料が、4部印刷されるように設定してください。1ページ目を4部印刷したあと、2ページ目が印刷されるようにします。

☑☑☑☑☑ 問題（6） スライド「FOMトラベルカフェのご案内」のビデオを、「00:10」で終了するようにトリミングしてください。

模擬試験プログラムの使い方

第1回模擬試験

第2回模擬試験

第3回模擬試験

第4回模擬試験

第5回模擬試験

プロジェクト5

理解度チェック

☑☑☑☑ 問題(1) あなたは、歯の健康について紹介するプレゼンテーションを作成します。
スライド3の3Dモデルに「ジャンプしてターン」のアニメーションを設定してください。

☑☑☑☑ 問題(2) スライド5の画像に、アート効果「線画」、ぼかし「10ポイント」を適用してください。

☑☑☑☑ 問題(3) スライド6にある歯のアイコンの塗りつぶしの色を「ピンク、アクセント5、白＋基本色80%」、枠線の色を「ピンク、アクセント5」、高さと幅を「4cm」に設定してください。

☑☑☑☑ 問題(4) スライド7のコメントを削除してください。

☑☑☑☑ 問題(5) スライド7のグラフを「3-D円」に変更し、グラフスタイル「スタイル6」を適用してください。グラフは、スライド「歯ぐきのチェック」にある表と同じ幅にします。

☑☑☑☑ 問題(6) スライドマスターのフッターを削除し、スライド番号のフォントサイズを「18」に設定してください。

プロジェクト6

理解度チェック

☑☑☑☑ 問題(1) あなたは、クリスマスリース作りの体験レッスンを紹介するプレゼンテーションを作成します。
タイトルスライドに、デスクトップのフォルダー「FOM Shuppan Documents」のフォルダー「MOS 365-PowerPoint(2)」のオーディオ「music」を挿入してください。自動で再生されるようにします。

☑☑☑☑ 問題(2) スライド「クリスマスを彩るリース作り」にあるテキストボックスの高さを「8.05cm」、文字の間隔を「広く」に設定してください。

☑☑☑☑ 問題(3) スライド「リース作りの工程」の星の図形に、強調のアニメーション「スピン」を設定してください。

☑☑☑☑ 問題(4) スライド「リース作りの工程」の後ろに、デスクトップのフォルダー「FOM Shuppan Documents」のフォルダー「MOS 365-PowerPoint(2)」の文書「レッスン詳細」のアウトラインを使用して、スライドを挿入してください。

☑☑☑☑ 問題(5) スライドマスターの「タイトルのみ」レイアウトを変更して、フッターにあるプレースホルダーを非表示にしてください。次に、背景の色を「オレンジ、アクセント2」に変更してください。

プロジェクト7

理解度チェック

☑☑☑☑ 問題(1) あなたは、区民暮らしの相談案内のプレゼンテーションを作成します。
スライドマスターのテーマの色を「青」に変更してください。次に、プレゼンテーションを最終版として保存してください。

模擬試験プログラムの使い方

第1回模擬試験

第2回模擬試験

第3回模擬試験

第4回模擬試験

第5回模擬試験

●解答は、標準的な操作手順で記載しています。
●📖は、問題を解くために必要な機能を解説しているページを示しています。

● プロジェクト1

問題(1) 📖 P.208

①スライド2を選択します。
②箇条書きのプレースホルダーを選択します。
③《ホーム》タブ→《段落》グループの（SmartArtグラフィックに変換）→《その他のSmartArtグラフィック》をクリックします。
④左側の一覧から《リスト》を選択します。
⑤中央の一覧から《線区切りリスト》を選択します。
⑥《OK》をクリックします。

問題(2) 📖 P.107

①スライド6を選択します。
②《ホーム》タブ→《スライド》グループの（新しいスライド）の→《スライドの再利用》をクリックします。
③《参照》をクリックします。
④デスクトップのフォルダー「FOM Shuppan Documents」のフォルダー「MOS 365-PowerPoint(2)」を開きます。
⑤一覧から「製菓コース」を選択します。
⑥《コンテンツの選択》をクリックします。
※お使いの環境によっては、《開く》と表示される場合があります。
⑦《元の書式を使用する》を□にします。
※お使いの環境によっては、《元の書式を保持する》と表示される場合があります。
⑧スライド1の「製菓コース」をクリックします。
※スライド7が挿入されます。
⑨同様に、スライド2の「和菓子コース」、スライド3の「洋菓子コース」を挿入します。
※スライド8とスライド9が挿入されます。
※《スライドの再利用》作業ウィンドウを閉じておきましょう。

問題(3) 📖 P.146,171

①スライド11を選択します。
②図を選択します。
③《図の形式》タブ→《サイズ》グループの（図形の幅）を「15cm」に設定します。
④《図の形式》タブ→《配置》グループの背面へ移動（背面へ移動)をクリックします。

問題(4) 📖 P.204,206

①スライド3を選択します。
②コンテンツのプレースホルダーの（SmartArtグラフィックの挿入)をクリックします。
③左側の一覧から《リスト》を選択します。
④中央の一覧から《カード型リスト》を選択します。
⑤《OK》をクリックします。
⑥問題文の「料理コース」をクリックして、コピーします。
⑦テキストウィンドウの1行目をクリックして、カーソルを表示します。
※テキストウィンドウが表示されていない場合は、表示しておきましょう。
⑧ Ctrl + V を押して貼り付けます。
※テキストウィンドウに直接入力してもかまいません。
⑨同様に、「製菓コース」を貼り付けます。
⑩「製菓コース」の後ろにカーソルが表示されていることを確認します。
⑪ Delete を3回押します。
⑫《SmartArtのデザイン》タブ→《SmartArtのスタイル》グループの（色の変更)→《アクセント1》の《グラデーション透過-アクセント1》をクリックします。

問題(5) 📖 P.61

①《表示》タブ→《マスター表示》グループの（配布資料マスター表示)をクリックします。
②《配布資料マスター》タブ→《プレースホルダー》グループの《日付》を✔にします。
③《配布資料マスター》タブ→《閉じる》グループの（マスター表示を閉じる)をクリックします。

問題(6) 📖 P.23

①《ファイル》タブを選択します。
②《情報》→《プロパティをすべて表示》をクリックします。
※表示されていない場合は、スクロールして調整します。
③問題文の「2023年度下期」をクリックして、コピーします。
④《コメントの追加》をクリックして、カーソルを表示します。
⑤ Ctrl + V を押して貼り付けます。
※《コメントの追加》に直接入力してもかまいません。
⑥問題文の「コース案内」をクリックして、コピーします。
⑦《分類の追加》をクリックして、カーソルを表示します。
⑧ Ctrl + V を押して貼り付けます。
※《分類の追加》に直接入力してもかまいません。
⑨《分類の追加》以外の場所をクリックします。

●プロジェクト2

問題(1)　📖 P.142

①スライド1を選択します。

②《挿入》タブ→《リンク》グループの [🔍ズーム](ズーム)→《セクションズーム》をクリックします。

※《リンク》グループが折りたたまれている場合は、展開して操作します。

③「セクション2：システムの説明」と「セクション3：ご提案」を ✔ にします。

④《挿入》をクリックします。

⑤サムネイルをドラッグして、タイトルの下側に移動します。

問題(2)　📖 P.243

①スライド3を選択します。

②《アニメーション》タブを選択します。

③現在のアニメーションの再生番号を確認します。

④箇条書きのプレースホルダーを選択します。

⑤《アニメーション》タブ→《アニメーション》グループの [↑効果のオプション](効果のオプション)→《方向》の《左下から》をクリックします。

⑥《アニメーション》タブ→《アニメーション》グループの [↗効果のオプション](効果のオプション)→《連続》の《段落別》をクリックします。

※表示されていない場合は、スクロールして調整します。

問題(3)　📖 P.115

①スライド9を選択します。

②[Shift]を押しながら、スライド10を選択します。

③《スライドショー》タブ→《設定》グループの 非表示スライドをクリックします。

問題(4)　📖 P.105

①スライド12を選択します。

②《ホーム》タブ→《スライド》グループの 新しいスライドの [新しいスライド]→《選択したスライドの複製》をクリックします。

※スライド13が挿入されます。

③問題文の「富士人材派遣株式会社様導入スケジュール」をクリックして、コピーします。

④スライド13のタイトルのプレースホルダーを選択します。

⑤[Ctrl]+[V]を押して貼り付けます。

※プレースホルダーに直接入力してもかまいません。

問題(5)　📖 P.55

①《表示》タブ→《マスター表示》グループの [スライドマスター](スライドマスター表示)をクリックします。

②サムネイルの一覧の一番下のレイアウトを選択します。

③《スライドマスター》タブ→《マスターの編集》グループの レイアウトの挿入をクリックします。

④《スライドマスター》タブ→《マスターレイアウト》グループの コンテンツをクリックします。

⑤始点から終点までドラッグします。

⑥《スライドマスター》タブ→《マスターレイアウト》グループの [プレースホルダーの挿入](コンテンツ)の [プレースホルダーの挿入]→《SmartArt》をクリックします。

⑦始点から終点までドラッグします。

⑧《スライドマスター》タブ→《マスターの編集》グループの [🔲名前の変更](名前の変更)をクリックします。

⑨問題文の「事例」をクリックして、コピーします。

⑩《レイアウト名》の文字列を選択します。

⑪[Ctrl]+[V]を押して貼り付けます。

※《レイアウト名》に直接入力してもかまいません。

⑫《名前の変更》をクリックします。

⑬《スライドマスター》タブ→《閉じる》グループの [×マスター表示を閉じる](マスター表示を閉じる)をクリックします。

問題(6)　📖 P.34

①《スライドショー》タブ→《設定》グループの スライドショーの設定をクリックします。

②《種類》の《発表者として使用する(フルスクリーン表示)》を ⦿ にします。

③《スライドの切り替え》の《クリック時》を ⦿ にします。

④《OK》をクリックします。

●プロジェクト3

問題(1)　📖 P.125

①セクション名「セクション1」をクリックします。

②《ホーム》タブ→《スライド》グループの [📁セクション](セクション)→《セクション名の変更》をクリックします。

③問題文の「表題」をクリックして、コピーします。

④《セクション名》の文字列を選択します。

⑤[Ctrl]+[V]を押して貼り付けます。

※《セクション名》に直接入力してもかまいません。

⑥《名前の変更》をクリックします。

⑦同様に、「セクション2」を「SWOT分析」、「セクション3」を「ABC分析」に変更します。

問題(2)　📖 P.135

①スライド3を選択します。

②箇条書きのプレースホルダーを選択します。

③《ホーム》タブ→《段落》グループの 段落番号の [▼]→《1.2.3.》をクリックします。

模擬試験プログラムの使い方

第1回模擬試験

第2回模擬試験

第3回模擬試験

第4回模擬試験

第5回模擬試験

問題 (3) 📖 P.183,192

①スライド6を選択します。

②コンテンツのプレースホルダーの ⊞ (表の挿入)をクリックします。

③《列数》を「2」に設定します。

④《行数》を「4」に設定します。

⑤《OK》をクリックします。

⑥問題文の「区分」をクリックして、コピーします。

⑦表の1行1列目をクリックして、カーソルを表示します。

⑧ [Ctrl] + [V] を押して貼り付けます。

※セルに直接入力してもかまいません。

⑨同様に、その他のセルに文字列を貼り付けます。

⑩表を選択します。

⑪《テーブルデザイン》タブ→《表のスタイル》グループの ▽ →《淡色》の《スタイル(淡色)3》をクリックします。

問題 (4) 📖 P.233

①スライド2を選択します。

②[Ctrl] を押しながら、スライド5を選択します。

③《画面切り替え》タブ→《画面切り替え》グループの ▽ →《弱》の《プッシュ》をクリックします。

問題 (5) 📖 P.31

①《スライドショー》タブ→《スライドショーの開始》グループの 🖳 (目的別スライドショー)→《目的別スライドショー》をクリックします。

②《新規作成》をクリックします。

③問題文の「SWOT分析」をクリックして、コピーします。

④《スライドショーの名前》の文字列を選択します。

⑤ [Ctrl] + [V] を押して貼り付けます。

※《スライドショーの名前》に直接入力してもかまいません。

⑥《プレゼンテーション中のスライド》の一覧から「1.中堅社員向け　経営戦略セミナー」を ✓ にします。

⑦同様に、「2.SWOT分析とは」「3.SWOT分析は4つの英単語の頭文字」「4.SWOT分析手法」を ✓ にします。

⑧《追加》をクリックします。

⑨《OK》をクリックします。

⑩《閉じる》をクリックします。

● プロジェクト4

問題 (1) 📖 P.173

①スライド3を選択します。

②図形「北京料理」「広東料理」「上海料理」「四川料理」を囲むようにドラッグして、選択します。

③《図形の書式》タブ→《配置》グループの 🖳 (オブジェクトの配置)→《左揃え》をクリックします。

④吹き出しの図形を選択します。

⑤《図形の書式》タブ→《配置》グループの 🖳 (オブジェクトの配置)→《下揃え》をクリックします。

問題 (2) 📖 P.194,202

①スライド4を選択します。

②コンテンツのプレースホルダーの � (グラフの挿入)をクリックします。

③左側の一覧から《縦棒》を選択します。

④右側の一覧から � (集合縦棒)を選択します。

⑤《OK》をクリックします。

⑥表を選択します。

⑦《ホーム》タブ→《クリップボード》グループの ⊡ (コピー)をクリックします。

⑧ワークシートのセル【A1】を右クリックします。

⑨《貼り付けのオプション》の 🖳 (貼り付け先の書式に合わせる)をクリックします。

⑩列番号【C:D】を選択します。

⑪選択した範囲を右クリックします。

⑫《削除》をクリックします。

⑬ワークシートの ⊠ (閉じる)をクリックします。

⑭グラフを選択します。

⑮《グラフのデザイン》タブ→《グラフのレイアウト》グループの 🖳 (グラフ要素を追加)→《グラフタイトル》→《なし》をクリックします。

⑯《グラフのデザイン》タブ→《グラフのレイアウト》グループの 🖳 (グラフ要素を追加)→《凡例》→《なし》をクリックします。

問題 (3) 📖 P.121

①スライド5を選択します。

②スライド6とスライド7の間にドラッグします。

問題 (4) 📖 P.139

①スライド7を選択します。

②「来店予約」を選択します。

③《挿入》タブ→《リンク》グループの ⊚ (リンク)をクリックします。

※《リンク》グループが折りたたまれている場合は、展開して操作します。

④《リンク先》の《ファイル、Webページ》をクリックします。

⑤問題文の「https://www.fomtravelcafe.xx.xx/」をクリックして、コピーします。

⑥《アドレス》をクリックして、カーソルを表示します。

⑦ [Ctrl] + [V] を押して貼り付けます。

※《アドレス》に直接入力してもかまいません。

⑧《OK》をクリックします。

問題 (5) 📖 P.26,28

①《ファイル》タブを選択します。

②《印刷》をクリックします。

③《部数》を「4」に設定します。

④《フルページサイズのスライド》→《配布資料》の《2スライド》を
クリックします。

⑤《部単位で印刷》→《ページ単位で印刷》をクリックします。

※標準の表示に戻しておきましょう。

問題 (6) 📖 P.229

①スライド7を選択します。

②ビデオを選択します。

③《再生》タブ→《編集》グループの [ビデオのトリミング] (ビデオのトリミング)を
クリックします。

④問題文の「00:10」をクリックして、コピーします。

⑤《終了時間》の値を選択します。

⑥ Ctrl + V を押して貼り付けます。

※《終了時間》に直接入力してもかまいません。

⑦《OK》をクリックします。

●プロジェクト5

問題 (1) 📖 P.242

①スライド3を選択します。

②3Dモデルを選択します。

③《アニメーション》タブ→《アニメーション》グループの ▼ →
《3D》の《ジャンプしてターン》をクリックします。

問題 (2) 📖 P.149

①スライド5を選択します。

②図を選択します。

③《図の形式》タブ→《調整》グループの [アート効果 ▾] (アート効
果)→《線画》をクリックします。

④《図の形式》タブ→《図のスタイル》グループの [図の効果 ▾]
(図の効果)→《ぼかし》→《ソフトエッジのバリエーション》の
《10ポイント》をクリックします。

問題 (3) 📖 P.160,165

①スライド6を選択します。

②歯のアイコンを選択します。

③《グラフィックス形式》タブ→《グラフィックのスタイル》グループ
の [グラフィックの塗りつぶし ▾] (グラフィックの塗りつぶし)→《テーマの
色》の《ピンク、アクセント5、白+基本色80%》をクリックします。

④《グラフィックス形式》タブ→《グラフィックのスタイル》グルー
プの [グラフィックの枠線 ▾] (グラフィックの枠線)→《テーマの色》の
《ピンク、アクセント5》をクリックします。

⑤《グラフィックス形式》タブ→《サイズ》グループの [高さ:] (図
形の高さ)を「4cm」に設定します。

⑥《グラフィックス形式》タブ→《サイズ》グループの [幅:] (図
形の幅)が「4cm」になっていることを確認します。

問題 (4) 📖 P.84

①スライド7を選択します。

②《コメント》作業ウィンドウが表示されていることを確認し
ます。

※《コメント》作業ウィンドウが表示されていない場合は、表示してお
きましょう。

③コメントの [⋯] (その他のスレッド操作)→《スレッドの削除》
をクリックします。

※《コメント》作業ウィンドウを閉じておきましょう。

問題 (5) 📖 P.200,201

①スライド7を選択します。

②グラフを選択します。

③《グラフのデザイン》タブ→《種類》グループの [グラフの種類の変更] (グラフの
種類の変更)をクリックします。

④左側の一覧から《円》を選択します。

⑤右側の一覧から《3-D円》を選択します。

⑥《OK》をクリックします。

⑦《グラフのデザイン》タブ→《グラフスタイル》グループの ▼ →
《スタイル6》をクリックします。

⑧スライド6を選択します。

⑨表を選択します。

⑩《レイアウト》タブ→《表のサイズ》グループの [幅:] (幅)が
「21cm」になっていることを確認します。

⑪スライド7を選択します。

⑫グラフを選択します。

⑬《書式》タブ→《サイズ》グループの [図形の幅] (図形の幅)を
「21cm」に設定します。

問題 (6) 📖 P.48

①《表示》タブ→《マスター表示》グループの [スライドマスター] (スライドマス
ター表示)をクリックします。

②サムネイルの一覧から《しずく スライドマスター:スライド1-8
で使用される》(上から1番目)を選択します。

③《スライドマスター》タブ→《マスターレイアウト》グループの
[マスターのレイアウト] (マスターのレイアウト)をクリックします。

④《フッター》を □ にします。

⑤《OK》をクリックします。

⑥スライド番号のプレースホルダーを選択します。

⑦《ホーム》タブ→《フォント》グループの [10 ▾] (フォントサイ
ズ)の ▾ →《18》をクリックします。

⑧《スライドマスター》タブ→《閉じる》グループの [マスター表示を閉じる] (マスター
表示を閉じる)をクリックします。

●プロジェクト6

問題(1)
📖 P.220,226

①スライド1を選択します。

②《挿入》タブ→《メディア》グループの🔊（オーディオの挿入）→《このコンピューター上のオーディオ》をクリックします。

※《メディア》グループが折りたたまれている場合は、展開して操作します。

③デスクトップのフォルダー「FOM Shuppan Documents」のフォルダー「MOS 365-PowerPoint(2)」を開きます。

④一覧から「music」を選択します。

⑤《挿入》をクリックします。

⑥《再生》タブ→《オーディオのオプション》グループの《開始》の🔽→《自動》をクリックします。

問題(2)
📖 P.129,160

①スライド2を選択します。

②テキストボックスを選択します。

③問題文の「8.05cm」をクリックして、コピーします。

④《図形の書式》タブ→《サイズ》グループの🔼（図形の高さ）をクリックして選択します。

※単位まで選択されます。

⑤ Ctrl + V を押して貼り付けます。

※《図形の高さ》に直接入力してもかまいません。

⑥ Enter を押します。

⑦《ホーム》タブ→《フォント》グループの🔼（文字の間隔）→《広く》をクリックします。

問題(3)
📖 P.239

①スライド3を選択します。

②図形を選択します。

③《アニメーション》タブ→《アニメーション》グループの🔽→《強調》の《スピン》をクリックします。

問題(4)
📖 P.110

①スライド3を選択します。

②《ホーム》タブ→《スライド》グループの🔼（新しいスライド）の🔼→《アウトラインからスライド》をクリックします。

③デスクトップのフォルダー「FOM Shuppan Documents」のフォルダー「MOS 365-PowerPoint(2)」を開きます。

④一覧から「レッスン詳細」を選択します。

⑤《挿入》をクリックします。

※スライド4が挿入されます。

問題(5)
📖 P.52

①《表示》タブ→《マスター表示》グループの🔲（スライドマスター表示）をクリックします。

②サムネイルの一覧から《タイトルのみ レイアウト:スライド2で使用される》（上から7番目）を選択します。

③《スライドマスター》タブ→《マスターレイアウト》グループの《フッター》を□にします。

④《スライドマスター》タブ→《背景》グループの[🔲 背景のスタイル ▾]（背景のスタイル）→《背景の書式設定》をクリックします。

⑤《塗りつぶし》の詳細が表示されていることを確認します。

※表示されていない場合は、《塗りつぶし》をクリックします。

⑥《塗りつぶし(単色)》を◉にします。

⑦《色》の[🔲 ▾]（塗りつぶしの色）をクリックし、一覧から《テーマの色》の《オレンジ、アクセント2》を選択します。

※《背景の書式設定》作業ウィンドウを閉じておきましょう。

⑧《スライドマスター》タブ→《閉じる》グループの🔲（マスター表示を閉じる）をクリックします。

●プロジェクト7

問題(1)
📖 P.45,66

①《表示》タブ→《マスター表示》グループの🔲（スライドマスター表示）をクリックします。

②サムネイルの一覧から《イオンボードルーム スライドマスター:スライド1-3で使用される》（上から1番目）を選択します。

③《スライドマスター》タブ→《背景》グループの[🔲 配色 ▾]（テーマの色）→《青》をクリックします。

④《スライドマスター》タブ→《閉じる》グループの🔲（マスター表示を閉じる）をクリックします。

⑤《ファイル》タブを選択します。

⑥《情報》→《プレゼンテーションの保護》→《最終版にする》をクリックします。

⑦《OK》をクリックします。

⑧最終版に関するメッセージが表示される場合は、《OK》をクリックします。

プロジェクト1

理解度チェック

☑☑☑☑☑ 問題(1) あなたは、フィットネスクラブの会員数を増やすための施策についてプレゼンテーションを作成します。
スライド1の「FOMフィットネスクラブ」の下にあるテキストボックスに、「営業企画室」と入力してください。

☑☑☑☑☑ 問題(2) スライド2の矢印の図形のアニメーションが、左から順番に表示されるように変更してください。左から2番目と3番目の矢印は、直前の動作の1秒後に表示されるようにします。

☑☑☑☑☑ 問題(3) スライド3とスライド4の2枚のスライドを、グレースケールで印刷されるように設定してください。

☑☑☑☑☑ 問題(4) スライド3とスライド4のグラフに、グラフスタイル「スタイル2」を適用し、凡例をグラフの右に表示してください。

☑☑☑☑☑ 問題(5) スライド5の矢印の図形の高さと幅を「4cm」に変更し、光彩の効果「光彩：5pt；アクア、アクセントカラー1」を適用してください。

☑☑☑☑☑ 問題(6) スライド1に、デスクトップのフォルダー「FOM Shuppan Documents」のフォルダー「MOS 365-PowerPoint(2)」の3Dモデル「fitness」を挿入し、幅を「8.14cm」に設定してください。3Dモデルは、タイトルの右側に配置します。

 プロジェクト2

理解度チェック

☑☑☑☑☑ 問題(1) あなたは、新しくオープンした店舗を紹介するプレゼンテーションを作成します。
スライド3の表の5行目と6行目を削除してください。

☑☑☑☑☑ 問題(2) スライド4だけにフッター「FCC企画室調べ」を表示してください。

☑☑☑☑☑ 問題(3) スライド2からスライド5までの4枚のスライドに、画面切り替え「図形」を適用してください。

☑☑☑☑☑ 問題(4) ノートマスターのフッターに「首都圏計画」と表示してください。

☑☑☑☑☑ 問題(5) スライドショーの種類を「出席者として閲覧する」に設定し、アニメーションが表示されないようにしてください。

☑☑☑☑☑ 問題(6) プレゼンテーションに挿入されているビデオを、標準（480p）に圧縮してください。

プロジェクト3

模擬試験プログラムの使い方

第1回模擬試験

第2回模擬試験

第3回模擬試験

第4回模擬試験

第5回模擬試験

理解度チェック

☑☑☑☑☑ 問題(1) あなたは、手作りパン教室を紹介するプレゼンテーションを作成します。
アクセシビリティチェックを実行し、代替テキストが設定されていないパンの画像を装飾用に設定してください。

☑☑☑☑☑ 問題(2) スライド「アクセス」の箇条書き「地下鉄みなと線：赤沢駅から徒歩9分」に、下線の色「赤、アクセント2」の「一重線」を設定し、文字の間隔をつめて、幅「0.8pt」に設定してください。

☑☑☑☑☑ 問題(3) スライド「アクセス」にあるMAPの図形と、赤い足あとのアイコンをグループ化してください。

☑☑☑☑☑ 問題(4) スライド「ご入会キャンペーン」のSmartArtグラフィックを、箇条書きに変換してください。

☑☑☑☑☑ 問題(5) スライド「ベーシックコース」の前に、サマリーズームのスライドを挿入してください。スライド「ベーシックコース」とスライド「アレンジコース」へのリンクを作成し、スライドのタイトルは「コース紹介」とします。

☑☑☑☑☑ 問題(6) すべてのスライドの画面切り替えの継続時間を、1.5秒に設定してください。

☑☑☑☑☑ 問題(7) ノートとして2部印刷されるように設定してください。印刷の向きは縦方向にします。

プロジェクト4

理解度チェック

☑☑☑☑☑ 問題(1) あなたは、ふれあいの里のイベントについて紹介するプレゼンテーションを作成します。
スライドのサイズを、幅「29.7cm」、高さ「21.4cm」に変更してください。コンテンツのサイズはスライドに収まるように調整します。

☑☑☑☑☑ 問題(2) スライド「わかば山ふれあいの里」の画像を、雲の図形に合わせてトリミングしてください。

☑☑☑☑☑ 問題(3) スライド「わかば山ビジターセンター」の3Dモデルに、左に回転する「ターンテーブル」のアニメーションを設定してください。

☑☑☑☑☑ 問題(4) スライド「過ごし方」の図形が、上から「Stay」「Enjoy」「Study」の順に重なるように変更してください。

☑☑☑☑☑ 問題(5) 最後のスライドの次に、デスクトップのフォルダー「FOM Shuppan Documents」のフォルダー「MOS 365-PowerPoint（2）」のプレゼンテーション「イベント」のスライドを挿入してください。スライドは、元の書式を使用せずに順番どおりに挿入します。

☑☑☑☑☑ 問題(6) スライド「年間イベント」の前に、セクション「イベント情報」を追加してください。

プロジェクト5

理解度チェック

☑☑☑☑☑ 　**問題(1)**　あなたは、参加しているボランティア活動を報告するプレゼンテーションを作成します。ドキュメント検査を実行し、スライド外のコンテンツだけを削除してください。

☑☑☑☑☑ 　**問題(2)**　スライド1の2つのアイコンに、開始のアニメーション「グローとターン」を設定してください。2つのアイコンのアニメーションはタイトル「ボランティア活動報告」と同時に表示されるようにし、継続時間は「01.25」に設定します。

☑☑☑☑☑ 　**問題(3)**　スライド3の箇条書きの下に、ハートの図形を挿入してください。塗りつぶしの色とサイズは、スライド3にある星の図形と同じにし、枠線はなしに設定します。

☑☑☑☑☑ 　**問題(4)**　スライド4のSmartArtグラフィックの「ペットボトルのフタ」と「古切手」の間に図形を追加し、「アルミ缶」と入力してください。

☑☑☑☑☑ 　**問題(5)**　最後のスライドの次に「タイトルのみ」のスライドを追加し、タイトルに「会員募集」と入力してください。

プロジェクト6

理解度チェック

☑☑☑☑☑ 　**問題(1)**　あなたは、家庭の防災対策について説明するプレゼンテーションを作成します。スライド「防災の日の由来」の2段組みを解除してください。

☑☑☑☑☑ 　**問題(2)**　スライドをグレースケールで表示し、スライド「家庭でできる防災対策」の図形「家具の転倒対策」「食料の備蓄対策」「生活必需品の対策」を「明るいグレースケール」に変更してください。

☑☑☑☑☑ 　**問題(3)**　スライド「家具の転倒対策」の3Dモデルのビューを「左上前面」に変更してください。

☑☑☑☑☑ 　**問題(4)**　スライド「食料・生活必需品の備蓄対策」のヘルメットの図に、アニメーションの軌跡「ターン」を設定してください。

☑☑☑☑☑ 　**問題(5)**　スライド「楓が丘地区防災訓練」の背景に、パターン「点線：50%」を設定してください。

模擬試験プログラムの使い方

第1回模擬試験

第2回模擬試験

第3回模擬試験

第4回模擬試験

第5回模擬試験

●解答は、標準的な操作手順で記載しています。
●📖は、問題を解くために必要な機能を解説しているページを示しています。

●プロジェクト1

問題（1） 📖 P.159

①スライド1を選択します。
②問題文の「**営業企画室**」をクリックして、コピーします。
③テキストボックスを選択します。
④ Ctrl + V を押して貼り付けます。
※テキストボックスに直接入力してもかまいません。

問題（2） 📖 P.241,244,251

①スライド2を選択します。
②《アニメーション》タブを選択します。
③現在のアニメーションの再生番号を確認します。
④図形「**入会者数の伸び悩み**」を選択します。
⑤《アニメーション》タブ→《タイミング》グループの ∧ 順番を前にする（順番を前にする）を2回クリックします。
⑥図形「**退会者数の増加**」を選択します。
⑦《アニメーション》タブ→《タイミング》グループの ∧ 順番を前にする（順番を前にする）をクリックします。
⑧《アニメーション》タブ→《タイミング》グループの《開始》の ⌄ →《直前の動作の後》をクリックします。
⑨《アニメーション》タブ→《タイミング》グループの《遅延》を「**01.00**」に設定します。
⑩《アニメーション》タブ→《アニメーションの詳細設定》グループの ☆ アニメーションのコピー/貼り付け（アニメーションのコピー/貼り付け）をクリックします。
⑪図形「**会員数の著しい減少**」をクリックします。

問題（3） 📖 P.25,27

①《ファイル》タブを選択します。
②《印刷》をクリックします。
③《スライド指定》に「**3-4**」と入力します。
④《フルページサイズのスライド》が選択されていることを確認します。
⑤《カラー》→《グレースケール》をクリックします。
※標準の表示に戻しておきましょう。

問題（4） 📖 P.200,202

①スライド3を選択します。

②グラフを選択します。
③《グラフのデザイン》タブ→《グラフスタイル》グループの ⌄ →《スタイル2》をクリックします。
④《グラフのデザイン》タブ→《グラフのレイアウト》グループの 📊 （グラフ要素を追加）→《凡例》→《右》をクリックします。
⑤同様に、スライド4のグラフにグラフスタイルと凡例を設定します。

問題（5） 📖 P.160,165

①スライド5を選択します。
②図形を選択します。
③《図形の書式》タブ→《サイズ》グループの 🔲 （図形の高さ）を「**4cm**」に設定します。
④《図形の書式》タブ→《サイズ》グループの 🔲 （図形の幅）が「**4cm**」になっていることを確認します。
⑤《図形の書式》タブ→《図形のスタイル》グループの ⬜ 図形の効果 （図形の効果）→《光彩》→《光彩の種類》の《光彩：5pt；アクア、アクセントカラー1》をクリックします。

問題（6） 📖 P.215

①スライド1を選択します。
②《挿入》タブ→《図》グループの 🔷 3D モデル ⌄ （3Dモデル）の ⌄ →《このデバイス》をクリックします。
③デスクトップのフォルダー「**FOM Shuppan Documents**」のフォルダー「**MOS 365-PowerPoint(2)**」を開きます。
④一覧から「**fitness**」を選択します。
⑤《挿入》をクリックします。
⑥問題文の「**8.14cm**」をクリックして、コピーします。
⑦《3Dモデル》タブ→《サイズ》グループの 🔳 幅:（図形の幅）をクリックして選択します。
※単位まで選択されます。
⑧ Ctrl + V を押して貼り付けます。
※《図形の幅》に直接入力してもかまいません。
⑨ Enter を押します。
⑩3Dモデルをドラッグして、タイトルの右側に移動します。

●プロジェクト2

問題（1） 📖 P.190

①スライド3を選択します。
②表の5行目から6行目までを選択します。
③《レイアウト》タブ→《行と列》グループの 🗑 （表の削除）→《行の削除》をクリックします。

問題 (2) 📖 P.119

①スライド4を選択します。

②《挿入》タブ→《テキスト》グループの ⬛（ヘッダーとフッター）をクリックします。

※《テキスト》グループが折りたたまれている場合は、展開して操作します。

③《スライド》タブを選択します。

④問題文の「FCC企画室調べ」をクリックして、コピーします。

⑤《フッター》を ☑ にし、ボックスをクリックしてカーソルを表示します。

⑥ Ctrl + V を押して貼り付けます。

※《フッター》に直接入力してもかまいません。

⑦《適用》をクリックします。

問題 (3) 📖 P.233

①スライド2を選択します。

② Shift を押しながら、スライド5を選択します。

③《画面切り替え》タブ→《画面切り替え》グループの ⬛ →《弱》の《図形》をクリックします。

問題 (4) 📖 P.64

①《表示》タブ→《マスター表示》グループの ⬛（ノートマスター表示）をクリックします。

②問題文の「首都圏計画」をクリックして、コピーします。

③フッターのプレースホルダーを選択します。

④ Ctrl + V を押して貼り付けます。

※プレースホルダーに直接入力してもかまいません。

⑤《ノートマスター》タブ→《閉じる》グループの ⬛（マスター表示を閉じる）をクリックします。

問題 (5) 📖 P.34

①《スライドショー》タブ→《設定》グループの ⬛（スライドショーの設定）をクリックします。

②《種類》の《出席者として閲覧する（ウィンドウ表示）》を ⦿ にします。

③《オプション》の《アニメーションを表示しない》を ☑ にします。

④《OK》をクリックします。

問題 (6) 📖 P.89

①《ファイル》タブを選択します。

②《情報》→《メディアの圧縮》→《標準（480p）》をクリックします。

③《閉じる》をクリックします。

● プロジェクト3

問題 (1) 📖 P.76,170

①《ファイル》タブを選択します。

②《情報》→《問題のチェック》→《アクセシビリティチェック》をクリックします。

③《エラー》の《不足オブジェクトの説明》をクリックします。

④《図8（スライド6）》をクリックします。

⑤スライド6の図が選択されていることを確認します。

⑥《おすすめアクション》の《装飾用にする》をクリックします。

※《アクセシビリティ》作業ウィンドウを閉じておきましょう。

問題 (2) 📖 P.129

①スライド9を選択します。

②箇条書きの「地下鉄みなと線：赤沢駅から徒歩9分」を選択します。

③《ホーム》タブ→《フォント》グループの ⬛（フォント）をクリックします。

④《フォント》タブを選択します。

⑤《下線のスタイル》の ⬛ をクリックし、一覧から ⬛（一重線）を選択します。

⑥ ⬛（下線の色）をクリックし、一覧から《テーマの色》の《赤、アクセント2》を選択します。

⑦《文字幅と間隔》タブを選択します。

⑧《間隔》の ⬛ をクリックし、一覧から《文字間隔をつめる》を選択します。

⑨《幅》を「0.8」ptに設定します。

⑩《OK》をクリックします。

問題 (3) 📖 P.176

①スライド9を選択します。

②MAPの図形を選択します。

③ Shift を押しながら、アイコンを選択します。

④《図形の書式》タブ→《配置》グループの ⬛（オブジェクトのグループ化）→《グループ化》をクリックします。

問題 (4) 📖 P.208

①スライド10を選択します。

②SmartArtグラフィックを選択します。

③《SmartArtのデザイン》タブ→《リセット》グループの ⬛（SmartArtを図形またはテキストに変換）→《テキストに変換》をクリックします。

問題 (5) 📖 P.112

①《挿入》タブ→《リンク》グループの ⬛（ズーム）→《サマリーズーム》をクリックします。

※《リンク》グループが折りたたまれている場合は、展開して操作します。

②「1.手作りパン教室」を ⬛ にします。

③「2.ベーシックコース」と「6.アレンジコース」を ☑ にします。

④《挿入》をクリックします。

※スライド2が挿入されます。

⑤問題文の「コース紹介」をクリックして、コピーします。

⑥タイトルのプレースホルダーを選択します。

⑦ Ctrl + V を押して貼り付けます。

※プレースホルダーに直接入力してもかまいません。

問題 (6)
📖 P.237

①《画面切り替え》タブ→《タイミング》グループの《期間》を「01.50」に設定します。

②《画面切り替え》タブ→《タイミング》グループの すべてに適用 （すべてに適用）をクリックします。

問題 (7)
📖 P.29

①《ファイル》タブを選択します。

②《印刷》をクリックします。

③《部数》を「2」に設定します。

④《フルページサイズのスライド》→《印刷レイアウト》の《ノート》をクリックします。

⑤《横方向》→《縦方向》をクリックします。

● プロジェクト4

問題 (1)
📖 P.17

①《デザイン》タブ→《ユーザー設定》グループの スライドのサイズ （スライドのサイズ）→《ユーザー設定のスライドのサイズ》をクリックします。

②《幅》を「29.7cm」に設定します。

③《高さ》を「21.4cm」に設定します。

④《OK》をクリックします。

⑤《サイズに合わせて調整》をクリックします。

問題 (2)
📖 P.146

①スライド2を選択します。

②図を選択します。

③《図の形式》タブ→《サイズ》グループの トリミング （トリミング）の トリミング →《図形に合わせてトリミング》→《基本図形》の（雲）をクリックします。

問題 (3)
📖 P.242,243

①スライド3を選択します。

②3Dモデルを選択します。

③《アニメーション》タブ→《アニメーション》グループの ▽ →《3D》の《ターンテーブル》をクリックします。

④《アニメーション》タブ→《アニメーション》グループの 効果のオプション （効果のオプション）→《方向》の《左》をクリックします。

問題 (4)
📖 P.171

①スライド4を選択します。

②図形「Stay」を選択します。

③《図形の書式》タブ→《配置》グループの 前面へ移動 ▽ （前面へ移動）の ▽ →《最前面へ移動》をクリックします。

④図形「Study」を選択します。

⑤《図形の書式》タブ→《配置》グループの 背面へ移動 （背面へ移動）をクリックします。

問題 (5)
📖 P.107

①スライド5を選択します。

②《ホーム》タブ→《スライド》グループの 新しいスライド （新しいスライド）の 新しいスライド →《スライドの再利用》をクリックします。

③《参照》をクリックします。

④デスクトップのフォルダー「FOM Shuppan Documents」のフォルダー「MOS PowerPoint-365(2)」を開きます。

⑤一覧から「イベント」を選択します。

⑥《コンテンツの選択》をクリックします。

※お使いの環境によっては、《開く》と表示される場合があります。

⑦《元の書式を使用する》を □ にします。

※お使いの環境によっては、《元の書式を保持する》と表示される場合があります。

⑧スライド1の「親子で化石発掘体験」をクリックします。

※スライド6が挿入されます。

⑨同様に、スライド2の「星空ハイキング」から、スライド5の「森のクリスマス」までを挿入します。

※スライド7からスライド10までが挿入されます。

※《スライドの再利用》作業ウィンドウを閉じておきましょう。

問題 (6)
📖 P.123,125

①スライド5を選択します。

②《ホーム》タブ→《スライド》グループの 🔲 ▽ （セクション）→《セクションの追加》をクリックします。

③問題文の「イベント情報」をクリックして、コピーします。

④《セクション名》の文字列を選択します。

⑤ Ctrl + V を押して貼り付けます。

※《セクション名》に直接入力してもかまいません。

⑥《名前の変更》をクリックします。

● プロジェクト5

問題 (1)
📖 P.74

①《ファイル》タブを選択します。

②《情報》→《問題のチェック》→《ドキュメント検査》をクリックします。

※保存に関するメッセージが表示された場合は、《はい》をクリックしましょう。

③《スライド外のコンテンツ》を ✔ にします。

④《検査》をクリックします。

⑤《スライド外のコンテンツ》の《すべて削除》をクリックします。

⑥《閉じる》をクリックします。

※標準の表示に戻しておきましょう。

模擬試験プログラムの使い方

第1回模擬試験

第2回模擬試験

第3回模擬試験

第4回模擬試験

第5回模擬試験

問題 (2)
📖 P.239,244

① スライド1を選択します。

② 2つのアイコンを囲むようにドラッグして、選択します。

③ 《アニメーション》タブ→《アニメーション》グループの ▽ →《開始》の《グローとターン》をクリックします。

④ 《アニメーション》タブ→《タイミング》グループの《開始》の ▽ →《直前の動作と同時》をクリックします。

⑤ 《アニメーション》タブ→《タイミング》グループの《継続時間》を「01.25」に設定します。

問題 (3)
📖 P.154,160,165

① スライド3を選択します。

② 《挿入》タブ→《図》グループの （図形）→《基本図形》の ♡ (ハート)をクリックします。

③ 始点から終点までドラッグします。

④ 《図形の書式》タブ→《図形のスタイル》グループの 図形の塗りつぶし ▽ (図形の塗りつぶし)→《スポイト》をクリックします。

⑤ 星の図形をクリックします。

※ ポイントすると「RGB (246,191,184) ローズ」と表示されます。

⑥ 《図形の書式》タブ→《図形のスタイル》グループの 図形の枠線 ▽ (図形の枠線)→《枠線なし》をクリックします。

⑦ 星の図形を選択します。

⑧ 《図形の書式》タブ→《サイズ》グループの 🔲 (図形の高さ)と 🔲 (図形の幅)が「3.54cm」になっていることを確認します。

⑨ ハートの図形を選択します。

⑩ 《図形の書式》タブ→《サイズ》グループの 🔲 (図形の高さ)に「3.54cm」と入力します。

⑪ 《図形の書式》タブ→《サイズ》グループの 🔲 (図形の幅)に「3.54cm」と入力します。

問題 (4)
📖 P.210,211

① スライド4を選択します。

② SmartArtグラフィックを選択します。

③ 問題文の「アルミ缶」をクリックして、コピーします。

④ テキストウィンドウの「ペットボトルのフタ」の後ろをクリックして、カーソルを表示します。

※ テキストウィンドウが表示されていない場合は、表示しておきましょう。

⑤ Enter を押して改行します。

⑥ Ctrl + V を押して貼り付けます。

※ テキストウィンドウに直接入力してもかまいません。

問題 (5)
📖 P.101

① スライド5を選択します。

② 《ホーム》タブ→《スライド》グループの 新しいスライド (新しいスライド)の 新しいスライド ▽ →《タイトルのみ》をクリックします。

※ スライド6が挿入されます。

---

③ 問題文の「会員募集」をクリックして、コピーします。

④ スライド6のタイトルのプレースホルダーを選択します。

⑤ Ctrl + V を押して貼り付けます。

※ プレースホルダーに直接入力してもかまいません。

● プロジェクト6

問題 (1)
📖 P.134

① スライド2を選択します。

② 箇条書きのプレースホルダーを選択します。

③ 《ホーム》タブ→《段落》グループの ▦ ▽ (段の追加または削除)→《1段組み》をクリックします。

問題 (2)
📖 P.21

① 《表示》タブ→《カラー/グレースケール》グループの ■ グレースケール (グレースケール)をクリックします。

② スライド3を選択します。

③ 図形「家具の転倒対策」「食料の備蓄対策」「生活必需品の対策」を囲むようにドラッグして、選択します。

④ 《グレースケール》タブ→《選択したオブジェクトの変更》グループの 🔲 (明るいグレースケール)をクリックします。

⑤ 《グレースケール》タブ→《閉じる》グループの 🔲 (カラー表示に戻る)をクリックします。

問題 (3)
📖 P.218

① スライド4を選択します。

② 3Dモデルを選択します。

③ 《3Dモデル》タブ→《3Dモデルビュー》グループの ▽ →《左上前面》をクリックします。

問題 (4)
📖 P.247

① スライド5を選択します。

② ヘルメットの図を選択します。

③ 《アニメーション》タブ→《アニメーション》グループの ▽ →《アニメーションの軌跡》の《ターン》をクリックします。

問題 (5)
📖 P.117

① スライド7を選択します。

② 《デザイン》タブ→《ユーザー設定》グループの 🔲 (背景の書式設定)をクリックします。

③ 《塗りつぶし》の詳細が表示されていることを確認します。

※ 表示されていない場合は、《塗りつぶし》をクリックします。

④ 《塗りつぶし(パターン)》を ⦿ にします。

⑤ 《パターン》の《点線:50%》をクリックします。

※ 《背景の書式設定》作業ウィンドウを閉じておきましょう。

プロジェクト1

理解度チェック

☑ ☑ ☑ ☑ ☑ 　問題（1）　あなたは、賃貸物件を案内するプレゼンテーションを作成します。
　　　　　　　　　　　　すべてのスライドの画面切り替えが、スライドの上から切り替わるように設定してください。

☑ ☑ ☑ ☑ ☑ 　問題（2）　セクション「物件情報（青島駅）」を移動して、2つ目のセクションにしてください。

☑ ☑ ☑ ☑ ☑ 　問題（3）　アクセシビリティチェックを実行し、スライド9の読みにくいテキストのコントラストを修正
　　　　　　　　　　　　してください。おすすめアクションから、図形の塗りつぶしを「インディゴ、アクセント1」
　　　　　　　　　　　　に変更します。

☑ ☑ ☑ ☑ ☑ 　問題（4）　プレゼンテーションのプロパティの会社に「緑山不動産」を設定してください。

☑ ☑ ☑ ☑ ☑ 　問題（5）　スライドショーの種類を「自動プレゼンテーション」に設定してください。スライド2からス
　　　　　　　　　　　　ライド7が表示されるようにします。

☑ ☑ ☑ ☑ ☑ 　問題（6）　プレゼンテーションが常に読み取り専用で開くように設定してください。

プロジェクト2

理解度チェック

☑ ☑ ☑ ☑ ☑ 　問題（1）　あなたは、新生活応援キャンペーンの売上実績を報告するプレゼンテーションを作成し
　　　　　　　　　　　　ます。
　　　　　　　　　　　　スライド2の赤の四角形に、強調のアニメーション「パルス」を設定してください。継続時
　　　　　　　　　　　　間は、1.5秒にします。

☑ ☑ ☑ ☑ ☑ 　問題（2）　スライド3のグラフに、グラフスタイル「スタイル8」を適用してください。次に、フォントサ
　　　　　　　　　　　　イズを「18」に設定してください。

☑ ☑ ☑ ☑ ☑ 　問題（3）　スライド4の「売上1位」の図形を「矢印：下」に変更してください。次に、図形「売上1位」
　　　　　　　　　　　　の幅を「5.5cm」に設定してください。

☑ ☑ ☑ ☑ ☑ 　問題（4）　タイトルスライド以外のすべてのスライドに、スライド番号を挿入してください。

☑ ☑ ☑ ☑ ☑ 　問題（5）　配布資料マスターのヘッダーに「富士山電器株式会社」を設定し、配布資料の向きを横に
　　　　　　　　　　　　変更してください。

プロジェクト3

理解度チェック

☑☑☑☑☑　問題(1)　あなたは、英会話スクールの新規クラスを提案するプレゼンテーションを作成します。スライド「クラスの開設案」にあるグループ化された図形全体を、スライドの水平方向の中央に配置してください。

☑☑☑☑☑　問題(2)　スライド「子供の英語教育調査の実施」の前に、セクション「英語教育調査」を追加してください。スライド「子供の英語教育調査の実施」からスライド「調査結果③」までを含むようにします。

☑☑☑☑☑　問題(3)　スライド「子供の英語教育調査の実施」に、デスクトップのフォルダー「FOM Shuppan Documents」のフォルダー「MOS 365-PowerPoint(2)」の3Dモデル「book」を挿入し、幅を「8cm」に設定してください。3Dモデルは、スライドの右下の空いているスペースに配置します。

☑☑☑☑☑　問題(4)　スライド「子供向けクラス開設のPRについて」の「ABC」の画像に、アニメーションの軌跡「台形」を設定してください。

☑☑☑☑☑　問題(5)　プレゼンテーション全体が、3部印刷されるように設定してください。

プロジェクト4

理解度チェック

☑☑☑☑☑　問題(1)　あなたは、中堅社員研修についてのプレゼンテーションを作成します。スライド2のタイトルの下にあるすべての図形をグループ化してください。

☑☑☑☑☑　問題(2)　スライド3のコンテンツのプレースホルダーに、2列3行の表を挿入してください。1行目の左から「日程」「場所」、2行目の左から「9月21日、22日」「本社大会議室」、3行目の左から「10月18日、19日」「大阪支社第一会議室」と入力します。次に、表にスタイル「中間スタイル1-アクセント6」を適用してください。

☑☑☑☑☑　問題(3)　スライド6のパソコンのアイコンを、図形「総務部サイトから…」の前面に表示してください。アイコンの位置やサイズは変更しないようにします。

☑☑☑☑☑　問題(4)　スライド7のSmartArtグラフィックの図形「年間行動目標の作成」を、図形「目標設定シートの作成」の上に移動してください。

☑☑☑☑☑　問題(5)　スライド7のSmartArtグラフィックに、開始のアニメーション「フロートイン」を適用してください。SmartArtグラフィックの図形が1つずつ表示されるようにします。

☑☑☑☑☑　問題(6)　プレゼンテーションに「中堅社員研修」という名前を付けて、デスクトップのフォルダー「FOM Shuppan Documents」のフォルダー「MOS 365-PowerPoint(2)」に、PDFファイルとして保存してください。発行後にファイルは開かないようにします。

プロジェクト5

理解度チェック

☑ ☑ ☑ ☑ ☑ 　問題(1)　あなたは、ホテルのウェディングプランを紹介するプレゼンテーションを作成します。
スライド1の背景に、デスクトップのフォルダー「FOM Shuppan Documents」のフォルダー「MOS 365-PowerPoint(2)」の画像「花」を挿入してください。画像は透明度を「60%」に変更します。

☑ ☑ ☑ ☑ ☑ 　問題(2)　スライド2に、コメント「フラワーデザイナーの経歴を掲載すること」を挿入してください。

☑ ☑ ☑ ☑ ☑ 　問題(3)　スライド3の一番右側のアイコンに、スタイル「塗りつぶし-アクセント1、枠線のみ-濃色1」を適用し、枠線の色を「白、背景1、黒+基本色50%」、枠線の太さを「2.25pt」に変更してください。

☑ ☑ ☑ ☑ ☑ 　問題(4)　スライド4の箇条書きを2段組みに設定してください。段の幅は「1cm」にします。

☑ ☑ ☑ ☑ ☑ 　問題(5)　スライド5の表に設定されている交互の列の色を解除してください。

☑ ☑ ☑ ☑ ☑ 　問題(6)　スライド6のビデオが、スライドショー実行中に自動的に再生され、再生が終了したら巻き戻るように設定してください。

☑ ☑ ☑ ☑ ☑ 　問題(7)　スライド7の画像に、図のスタイル「透視投影、影付き、白」を適用してください。

プロジェクト6

理解度チェック

☑ ☑ ☑ ☑ ☑ 　問題(1)　あなたは、医療費控除に関するプレゼンテーションを作成します。
スライド「医療費控除とは」「医療費控除の算出方法」だけが、ノートとして印刷されるように設定してください。

☑ ☑ ☑ ☑ ☑ 　問題(2)　タイトルスライドに、スライド「申告方法」とスライド「申告の時期」へリンクするスライドズームを挿入してください。サムネイルは、青の枠内に移動します。サムネイルの並び順は問いません。

☑ ☑ ☑ ☑ ☑ 　問題(3)　スライド「医療費控除とは」にあるテキストボックス「※家計を共にする…」内の文字列「合計が10万円」の下に、「ペン：赤、0.5mm」で線を描画してください。

☑ ☑ ☑ ☑ ☑ 　問題(4)　スライド「申告方法」にある箇条書きの行頭文字を「チェックマークの行頭文字」に変更してください。

☑ ☑ ☑ ☑ ☑ 　問題(5)　スライド「申告方法」に設定されているアニメーションが、上の図形から表示されるように変更してください。

☑ ☑ ☑ ☑ ☑ 　問題(6)　スライド「申告の時期」の後ろに、デスクトップのフォルダー「FOM Shuppan Documents」のフォルダー「MOS 365-PowerPoint(2)」の文書「医療費控除の対象」のアウトラインを使用して、スライドを挿入してください。

第3回｜模擬試験 標準解答

●解答は、標準的な操作手順で記載しています。
●📖は、問題を解くために必要な機能を解説しているページを示しています。

● プロジェクト1

問題（1） 📖 P.235

①《画面切り替え》タブ→《画面切り替え》グループの ■(効果のオプション)→《上から》をクリックします。

②《画面切り替え》タブ→《タイミング》グループの 🔲 すべてに適用 (すべてに適用)をクリックします。

問題（2） 📖 P.126

①セクション名「**物件情報（青島駅）**」を右クリックします。

②《セクションを上へ移動》をクリックします。

問題（3） 📖 P.76

①《ファイル》タブを選択します。

②《情報》→《問題のチェック》→《アクセシビリティチェック》をクリックします。

③《警告》の《読みにくいテキストコントラスト》をクリックします。

④《タイトル1（スライド9)》をクリックします。

⑤スライド9の図形が選択されていることを確認します。

⑥《おすすめアクション》の《図形の塗りつぶし》の > →《テーマの色》の《インディゴ、アクセント1》をクリックします。
※《アクセシビリティ》作業ウィンドウを閉じておきましょう。

問題（4） 📖 P.23

①《ファイル》タブを選択します。

②《情報》→《プロパティをすべて表示》をクリックします。
※表示されていない場合は、スクロールして調整します。

③問題文の「**緑山不動産**」をクリックして、コピーします。

④《会社名の指定》をクリックして、カーソルを表示します。

⑤ Ctrl + V を押して貼り付けます。
※《会社名の指定》に直接入力してもかまいません。

⑥《会社名の指定》以外の場所をクリックします。
※標準の表示に戻しておきましょう。

問題（5） 📖 P.34

①《スライドショー》タブ→《設定》グループの 🖥(スライドショーの設定)をクリックします。

②《種類》の《自動プレゼンテーション（フルスクリーン表示)》を ⦿ にします。

③《スライドの表示》の《スライド指定》を ⦿ にし、「2」から「7」に設定します。

④《OK》をクリックします。

問題（6） 📖 P.68

①《ファイル》タブを選択します。

②《情報》→《プレゼンテーションの保護》→《常に読み取り専用で開く》をクリックします。

● プロジェクト2

問題（1） 📖 P.239,244

①スライド2を選択します。

②図形を選択します。

③《アニメーション》タブ→《アニメーション》グループの ▽ →《強調》の《パルス》をクリックします。

④《アニメーション》タブ→《タイミング》グループの《継続時間》を「01.50」に設定します。

問題（2） 📖 P.200

①スライド3を選択します。

②グラフを選択します。

③《グラフのデザイン》タブ→《グラフスタイル》グループの ▽ →《スタイル8》をクリックします。

④《ホーム》タブ→《フォント》グループの 12 ▽(フォントサイズ)の ▽ →《18》をクリックします。

問題（3） 📖 P.160,169

①スライド4を選択します。

②図形「**売上1位**」を選択します。

③《図形の書式》タブ→《図形の挿入》グループの ⬠▾(図形の編集)→《図形の変更》→《ブロック矢印》の ⬇(矢印：下)をクリックします。

④《図形の書式》タブ→《サイズ》グループの 🔛(図形の幅)を「5.5cm」に設定します。

問題（4） 📖 P.119

①《挿入》タブ→《テキスト》グループの 🗒(ヘッダーとフッター)をクリックします。
※《テキスト》グループが折りたたまれている場合は、展開して操作します。

②《スライド》タブを選択します。

③《スライド番号》を☑にします。

④《タイトルスライドに表示しない》を☑にします。

⑤《すべてに適用》をクリックします。

問題(5) 📖 P.61

①《表示》タブ→《マスター表示》グループの (配布資料マスター表示)をクリックします。

②問題文の「富士山電器株式会社」をクリックして、コピーします。

③ヘッダーのプレースホルダーを選択します。

④ Ctrl + V を押して貼り付けます。

※プレースホルダーに直接入力してもかまいません。

⑤《配布資料マスター》タブ→《ページ設定》グループの (配布資料の向き)→《横》をクリックします。

⑥《配布資料マスター》タブ→《閉じる》グループの (マスター表示を閉じる)をクリックします。

●プロジェクト3

問題(1) 📖 P.173

①スライド3を選択します。

②グループ化された図形を選択します。

③《図形の書式》タブ→《配置》グループの 配置 (オブジェクトの配置)→《左右中央揃え》をクリックします。

問題(2) 📖 P.123,125

①スライド7を選択します。

②《ホーム》タブ→《スライド》グループの (セクション)→《セクションの追加》をクリックします。

③問題文の「英語教育調査」をクリックして、コピーします。

④《セクション名》の文字列を選択します。

⑤ Ctrl + V を押して貼り付けます。

※《セクション名》に直接入力してもかまいません。

⑥《名前の変更》をクリックします。

問題(3) 📖 P.215

①スライド7を選択します。

②《挿入》タブ→《図》グループの 3D モデル (3Dモデル)の →《このデバイス》をクリックします。

③デスクトップのフォルダー「FOM Shuppan Documents」のフォルダー「MOS 365-PowerPoint(2)」を開きます。

④一覧から「book」を選択します。

⑤《挿入》をクリックします。

⑥《3Dモデル》タブ→《サイズ》グループの 幅: (図形の幅)を「8cm」に設定します。

⑦3Dモデルをドラッグして、スライドの右下に移動します。

問題(4) 📖 P.247

①スライド11を選択します。

②「ABC」の図を選択します。

③《アニメーション》タブ→《アニメーション》グループの →《その他のアニメーションの軌跡効果》をクリックします。

④《ベーシック》の《台形》をクリックします。

⑤《OK》をクリックします。

問題(5) 📖 P.25

①《ファイル》タブを選択します。

②《印刷》をクリックします。

③《部数》を「3」に設定します。

④《すべてのスライドを印刷》になっていることを確認します。

●プロジェクト4

問題(1) 📖 P.176

①スライド2を選択します。

②すべての図形を囲むようにドラッグして、選択します。

③《図形の書式》タブ→《配置》グループの グループ化 (オブジェクトのグループ化)→《グループ化》をクリックします。

問題(2) 📖 P.183,192

①スライド3を選択します。

②コンテンツのプレースホルダーの (表の挿入)をクリックします。

③《列数》を「2」に設定します。

④《行数》を「3」に設定します。

⑤《OK》をクリックします。

⑥問題文の「日程」をクリックして、コピーします。

⑦表の1行1列目をクリックして、カーソルを表示します。

⑧ Ctrl + V を押して貼り付けます。

※セルに直接入力してもかまいません。

⑨同様に、その他のセルに文字列を貼り付けます。

⑩表を選択します。

⑪《テーブルデザイン》タブ→《表のスタイル》グループの →《中間》の《中間スタイル1-アクセント6》をクリックします。

模擬試験プログラムの使い方

第1回模擬試験

第2回模擬試験

第3回模擬試験

第4回模擬試験

第5回模擬試験

問題（3） P.171

①スライド6を選択します。

②アイコンを選択します。

③《グラフィックス形式》タブ→《配置》グループの（前面へ移動）をクリックします。

問題（4） P.214

①スライド7を選択します。

②図形「年間行動目標の作成」を選択します。

③《SmartArtのデザイン》タブ→《グラフィックの作成》グループの 上へ移動（選択したアイテムを上へ移動）をクリックします。

問題（5） P.239,243

①スライド7を選択します。

②SmartArtグラフィックを選択します。

③《アニメーション》タブ→《アニメーション》グループの →《開始》の《フロートイン》をクリックします。

④《アニメーション》タブ→《アニメーション》グループの（効果のオプション）→《連続》の《個別》をクリックします。

問題（6） P.93

①《ファイル》タブを選択します。

②《エクスポート》→《PDF/XPSドキュメントの作成》→《PDF/XPSの作成》をクリックします。

③デスクトップのフォルダー「FOM Shuppan Documents」のフォルダー「MOS 365-PowerPoint(2)」を開きます。

④問題文の「中堅社員研修」をクリックして、コピーします。

⑤《ファイル名》の文字列を選択します。

⑥ Ctrl + V を押して貼り付けます。
※《ファイル名》に直接入力してもかまいません。

⑦《ファイルの種類》の をクリックし、一覧から《PDF》を選択します。

⑧《発行後にファイルを開く》を にします。

⑨《発行》をクリックします。

●プロジェクト5

問題（1） P.117

①スライド1を選択します。

②《デザイン》タブ→《ユーザー設定》グループの（背景の書式設定）をクリックします。

③《塗りつぶし》の詳細が表示されていることを確認します。
※表示されていない場合は、《塗りつぶし》をクリックします。

④《塗りつぶし（図またはテクスチャ）》を にします。

⑤《画像ソース》の《挿入する》をクリックします。

⑥《ファイルから》をクリックします。

⑦デスクトップのフォルダー「FOM Shuppan Documents」のフォルダー「MOS 365-PowerPoint(2)」を開きます。

⑧一覧から「花」を選択します。

⑨《挿入》をクリックします。

⑩《透明度》を「60%」に設定します。
※《背景の書式設定》作業ウィンドウを閉じておきましょう。

問題（2） P.82

①スライド2を選択します。

②《校閲》タブ→《コメント》グループの（コメントの挿入）をクリックします。

③問題文の「フラワーデザイナーの経歴を掲載すること」をクリックして、コピーします。

④コメントの《会話を始める》をクリックして、カーソルを表示します。

⑤ Ctrl + V を押して貼り付けます。
※コメントに直接入力してもかまいません。

⑥ （コメントを投稿する）をクリックします。
※《コメント》作業ウィンドウを閉じておきましょう。

問題（3） P.163,165

①スライド3を選択します。

②一番右側のアイコンを選択します。

③《グラフィックス形式》タブ→《グラフィックのスタイル》グループの →《塗りつぶし-アクセント1、枠線のみ-濃色1》をクリックします。

④《グラフィックス形式》タブ→《グラフィックのスタイル》グループの グラフィックの枠線（グラフィックの枠線）→《テーマの色》の《白、背景1、黒+基本色50%》をクリックします。

⑤《グラフィックス形式》タブ→《グラフィックのスタイル》グループの グラフィックの枠線（グラフィックの枠線）→《太さ》→《2.25pt》をクリックします。

問題（4） P.133

①スライド4を選択します。

②箇条書きのプレースホルダーを選択します。

③《ホーム》タブ→《段落》グループの （段の追加または削除）→《段組みの詳細設定》をクリックします。

④《数》を「2」に設定します。

⑤《間隔》を「1cm」に設定します。

⑥《OK》をクリックします。

問題（5） P.192

①スライド5を選択します。

②表を選択します。

③《テーブルデザイン》タブ→《表スタイルのオプション》グループの《縞模様（列）》を にします。

問題 (6)

📖 P.226,227

①スライド6を選択します。

②ビデオを選択します。

③《再生》タブ→《ビデオのオプション》グループの《開始》の ▽ →《自動》をクリックします。

④《再生》タブ→《ビデオのオプション》グループの《再生が終了したら巻き戻す》を ✔ にします。

問題 (7)

📖 P.149

①スライド7を選択します。

②図を選択します。

③《図の形式》タブ→《図のスタイル》グループの ▽ →《透視投影、影付き、白》をクリックします。

● プロジェクト6

問題 (1)

📖 P.25,29

①《ファイル》タブを選択します。

②《印刷》をクリックします。

③《スライド指定》に「2-3」と入力します。

④《フルページサイズのスライド》→《印刷レイアウト》の《ノート》をクリックします。

※標準の表示に戻しておきましょう。

問題 (2)

📖 P.142

①スライド1を選択します。

②《挿入》タブ→《リンク》グループの ズーム（ズーム）→《スライドズーム》をクリックします。

※《リンク》グループが折りたたまれている場合は、展開して操作します。

③「4.申告方法」と「5.申告の時期」を ✔ にします。

④《挿入》をクリックします。

⑤サムネイルをドラッグして、青の枠内に移動します。

問題 (3)

📖 P.158

①スライド2を選択します。

②《描画》タブ→《描画ツール》グループの ▮（ペン：赤、0.5mm）をクリックします。

※《描画ツール》グループに《ペン：赤、0.5mm》が表示されていない場合は、任意のペンを選択→右下の ▽ →《太さ》の《0.5mm》、《色》の《赤》をクリックします。

③「合計が10万円」の下側をドラッグします。

④ Esc を押します。

問題 (4)

📖 P.135

①スライド4を選択します。

②箇条書きのプレースホルダーを選択します。

③《ホーム》タブ→《段落》グループの ☰ ▽（箇条書き）の ▽ →《チェックマークの行頭文字》をクリックします。

問題 (5)

📖 P.251

①スライド4を選択します。

②《アニメーション》タブを選択します。

③現在のアニメーションの再生番号を確認します。

④上の図形を選択します。

⑤《アニメーション》タブ→《タイミング》グループの ∧ 順番を前にする （順番を前にする）をクリックします。

問題 (6)

📖 P.110

①スライド5を選択します。

②《ホーム》タブ→《スライド》グループの 新しいスライド（新しいスライド）の 新しいスライド ▽ →《アウトラインからスライド》をクリックします。

③デスクトップのフォルダー「FOM Shuppan Documents」のフォルダー「MOS 365-PowerPoint(2)」を開きます。

④一覧から「医療費控除の対象」を選択します。

⑤《挿入》をクリックします。

※スライド6からスライド8までが挿入されます。

模擬試験プログラムの使い方

第 1 回模擬試験

第 2 回模擬試験

第 3 回模擬試験

第 4 回模擬試験

第 5 回模擬試験

310

プロジェクト1

理解度チェック

☑☑☑☑☑ 問題(1) あなたは、中国茶セミナーのプレゼンテーションを作成します。
スライドにガイドを表示し、垂直方向のガイドを中心から右に「13.00」、水平方向のガイ
ドを中心から下に「7.00」の位置に移動してください。次に、スライド「中国茶の種類と
入れ方」の急須のアイコンの右側と下側が、ガイドに合うように移動してください。操作
後、ガイドは非表示にします。

☑☑☑☑☑ 問題(2) スライド「中国茶の産地」を非表示スライドに設定してください。

☑☑☑☑☑ 問題(3) スライド「おいしいお茶の入れ方 2」の箇条書きに、開始のアニメーション「スライドイン」
を設定してください。左方向から表示されるようにします。

☑☑☑☑☑ 問題(4) スライド「中国茶を購入できるお店」の画像に、面取りの効果「丸」を適用してください。

☑☑☑☑☑ 問題(5) スライド1、3、5、7、8を選択して、「短時間用」という名前の目的別スライドショーを作成
してください。スライドショーは実行しないでください。

☑☑☑☑☑ 問題(6) スライド「中国茶の入れ方のポイント」に、デスクトップのフォルダー「FOM Shuppan
Documents」のフォルダー「MOS 365-PowerPoint(2)」のビデオ「tea」を挿入し、高さ
を「6cm」に設定してください。ビデオは表の右側に移動します。

プロジェクト2

理解度チェック

☑☑☑☑☑ 問題(1) あなたは、情報資産の管理についてのプレゼンテーションを作成します。
ノートマスターの日付のフォントを太字に変更してください。

☑☑☑☑☑ 問題(2) スライド「情報資産」のレイアウトを「2つのコンテンツ」に変更してください。次に、左側の
プレースホルダーの2つ目の箇条書きを、右側のプレースホルダーに移動してください。

☑☑☑☑☑ 問題(3) スライド「情報資産台帳への記載」の箇条書きの下側に、図形「四角形：角を丸くする」
を挿入し、「常に最新の状態にすることが重要」と入力してください。図形には、図形
のスタイル「グラデーション-赤、アクセント6」を適用します。次に、高さを「2cm」、幅を
「24cm」に変更し、スライドの左右中央に配置してください。

☑☑☑☑☑ 問題(4) スライド「情報資産のライフサイクル」の箇条書きを、SmartArtグラフィック「連続性強調
循環」に変換し、「保管・バックアップ」の後ろに「利用」を追加してください。

☑☑☑☑☑ 問題(5) スライド「可搬媒体の管理」の吹き出しの図形が最後に表示されるように、アニメー
ションの順序を変更してください。

プロジェクト3

理解度チェック

☑☑☑☑☑ 問題(1) あなたは、あおい大学の生涯学習講座を紹介するプレゼンテーションを作成します。
スライド2の左下にある水彩スケッチの画像の高さを「6.5cm」に設定し、テキストボックス「水彩スケッチ」の下側に移動してください。

☑☑☑☑☑ 問題(2) スライド4からスライド6までの3枚のスライドに、現在の日付を追加してください。自動的に更新されるようにします。

☑☑☑☑☑ 問題(3) スライド8のグラフを「100%積み上げ横棒」に変更してください。その他の項目は変更しないようにします。

☑☑☑☑☑ 問題(4) スライド8にあるメモの図形に「すべての講座で高い満足度」と入力し、太字を設定してください。

☑☑☑☑☑ 問題(5) スライド9だけに画面切り替え「時計」を適用してください。

☑☑☑☑☑ 問題(6) アクセシビリティチェックを実行し、エラーを修正してください。おすすめアクションから、代替テキスト「ピアノ」を設定します。

 プロジェクト4

理解度チェック

☑☑☑☑☑ 問題(1) あなたは、ジャムづくり体験会の参加者募集のプレゼンテーションを作成します。
スライドのサイズを「画面に合わせる(16:10)」に変更してください。次に、スライドマスターにテーマ「イオン」を適用してください。

プロジェクト5

理解度チェック

☑☑☑☑☑ 問題(1) あなたは、自然に親しむ会のイベント案内のプレゼンテーションを作成します。
スライドマスターに、背景のスタイル「スタイル2」を適用してください。次に、「タイトルスライド」レイアウトの背景のグラフィックを非表示にしてください。

☑☑☑☑☑ 問題(2) スライド2の3Dモデルのビューを「右」に変更し、「フェードイン」のアニメーションを設定してください。

☑☑☑☑☑ 問題(3) スライド3のテキストボックス「歩行距離　約7km」に、図形のスタイル「光沢-青、アクセント2」を適用してください。次に、影の効果を「オフセット：左下」に変更してください。

☑☑☑☑☑ 問題(4) スライド4の上の画像を、下の画像の前面に表示してください。

☑☑☑☑☑ 問題(5) スライド5の表の「9月28日(土)」と「12月22日(日)」の間に1行追加してください。追加した行には、1列目に「12月15日(日)」、2列目に「みなと市工場夜景バスツアー」と入力します。

☑☑☑☑☑ 問題(6) プレゼンテーションに「イベント案内」という名前を付けて、デスクトップのフォルダー「FOM Shuppan Documents」のフォルダー「MOS 365-PowerPoint(2)」に、PDFファイルとして保存してください。発行後にファイルは開かないようにします。

プロジェクト6

理解度チェック

☑☑☑☑☑ 問題(1) あなたは、FOM教育大学のフォト川柳の会の会員を募集するプレゼンテーションを作成します。
スライド「2024年度会員募集のご案内」のオーディオのフェードインを「00.50」に設定してください。スライド切り替え後も再生するようにします。

☑☑☑☑☑ 問題(2) スライド「フォト川柳とは」の「何気ない日常の中に新しい発見がある!」に、太字、文字の影、フォントの色「ラベンダー、アクセント4、黒+基本色25%」を設定してください。

☑☑☑☑☑ 問題(3) スライド「会員構成」のコンテンツのプレースホルダーに、「積み上げ縦棒」グラフを挿入してください。グラフのデータは、スライド「会員数」の表の合計以外のデータをもとにし、グラフタイトルは非表示にします。グラフのデータは、スライドの表を利用しても、直接セルに入力してもかまいません。

☑☑☑☑☑ 問題(4) 表スタイルのオプションを設定して、スライド「年間活動予定」の表のタイトル行を強調してください。

☑☑☑☑☑ 問題(5) スライドマスターの「タイトルとコンテンツ」レイアウトのタイトルの文字の配置を、中央揃えに設定してください。

☑☑☑☑☑ 問題(6) スライド「フォト川柳とは」の「作品例」に、デスクトップのフォルダー「FOM Shuppan Documents」のフォルダー「MOS 365-PowerPoint(2)」のプレゼンテーション「春夏秋冬の句」を表示するハイパーリンクを挿入してください。

プロジェクト7

理解度チェック

☑☑☑☑☑ 問題(1) あなたは、グループ会社の概要を紹介するプレゼンテーションを作成します。
スライド「事業紹介」にセクションズームを挿入し、セクション「FOOD」とセクション「FASHION」にリンクを作成してください。FOODの枠内に「FOOD」、FASHIONの枠内に「FASHION」のサムネイルを配置します。

☑☑☑☑☑ 問題(2) スライド「グループコンセプト」に、SmartArtグラフィック「ターゲットリスト」を挿入し、上からレベル1の項目として、「自然との調和」「自然なリズム」「自然の美」と入力してください。レベル2の項目はすべて削除し、SmartArtグラフィックの色は「カラフル-アクセント3から4」に変更します。

☑☑☑☑☑ 問題(3) スライド「グループ会社一覧-FOOD-」をノート表示に切り替えて、本文のフォントの色を「赤」に変更してください。

☑☑☑☑☑ 問題(4) スライド「カフェ」とスライド「レストラン」を入れ替えてください。

☑☑☑☑☑ 問題(5) クリックしたときに画面が切り替わるように、すべてのスライドを設定してください。

- 解答は、標準的な操作手順で記載しています。
- 📖は、問題を解くために必要な機能を解説しているページを示しています。

● プロジェクト1

問題 (1) 📖 P.177

①《表示》タブ→《表示》グループの《ガイド》を☑にします。
②垂直方向のガイドを「13.00」の位置まで、右方向にドラッグします。
③水平方向のガイドを「7.00」の位置まで、下方向にドラッグします。
④スライド2を選択します。
⑤アイコンをドラッグして、移動します。
⑥《表示》タブ→《表示》グループの《ガイド》を☐にします。

問題 (2) 📖 P.115

①スライド4を選択します。
②《スライドショー》タブ→《設定》グループの（非表示スライド）をクリックします。

問題 (3) 📖 P.239,243

①スライド8を選択します。
②箇条書きのプレースホルダーを選択します。
③《アニメーション》タブ→《アニメーション》グループの▽→《開始》の《スライドイン》をクリックします。
④《アニメーション》タブ→《アニメーション》グループの（効果のオプション）→《方向》の《左から》をクリックします。

問題 (4) 📖 P.149

①スライド12を選択します。
②図を選択します。
③《図の形式》タブ→《図のスタイル》グループの（図の効果）→《面取り》→《面取り》の《丸》をクリックします。

問題 (5) 📖 P.31

①《スライドショー》タブ→《スライドショーの開始》グループの（目的別スライドショー）→《目的別スライドショー》をクリックします。
②《新規作成》をクリックします。
③問題文の「短時間用」をクリックして、コピーします。
④《スライドショーの名前》の文字列を選択します。
⑤ Ctrl + V を押して貼り付けます。
※《スライドショーの名前》に直接入力してもかまいません。
⑥《プレゼンテーション中のスライド》の一覧から「1.中国茶を楽しもう」を☑にします。
⑦同様に、スライド3、5、7、8を☑にします。
⑧《追加》をクリックします。
⑨《OK》をクリックします。
⑩《閉じる》をクリックします。

問題 (6) 📖 P.220

①スライド6を選択します。
②《挿入》タブ→《メディア》グループの（ビデオの挿入）→《このデバイス》をクリックします。
※《メディア》グループが折りたたまれている場合は、展開して操作します。
③デスクトップのフォルダー「FOM Shuppan Documents」のフォルダー「MOS 365-PowerPoint(2)」を開きます。
④一覧から「tea」を選択します。
⑤《挿入》をクリックします。
⑥《ビデオ形式》タブ→《サイズ》グループの（ビデオの縦）を「6cm」に設定します。
⑦ビデオをドラッグして、表の右側に移動します。

● プロジェクト2

問題 (1) 📖 P.64

①《表示》タブ→《マスター表示》グループの（ノートマスター表示）をクリックします。
②日付のプレースホルダーを選択します。
③《ホーム》タブ→《フォント》グループの B （太字）をクリックします。
④《ノートマスター》タブ→《閉じる》グループの（マスター表示を閉じる）をクリックします。

問題 (2) 📖 P.103

①スライド2を選択します。

②《ホーム》タブ→《スライド》グループの □▾ (スライドのレイアウト)→《2つのコンテンツ》をクリックします。

③2つ目の箇条書き「情報資産は、…」を選択します。

④《ホーム》タブ→《クリップボード》グループの ✂ (切り取り)をクリックします。

⑤右側のプレースホルダーを選択します。

⑥《ホーム》タブ→《クリップボード》グループの 📋 (貼り付け)をクリックします。

問題 (3) 📖 P.154,159,160,173

①スライド6を選択します。

②《挿入》タブ→《図》グループの (図形)→《四角形》の □ (四角形:角を丸くする)をクリックします。

③始点から終点までドラッグします。

④問題文の「常に最新の状態にすることが重要」をクリックして、コピーします。

⑤図形を選択します。

⑥ Ctrl + V を押して貼り付けます。
※図形に直接入力してもかまいません。

⑦《図形の書式》タブ→《図形のスタイル》グループの ▾ →《テーマスタイル》の《グラデーション-赤、アクセント6》をクリックします。

⑧《図形の書式》タブ→《サイズ》グループの (図形の高さ)を「2cm」に設定します。

⑨《図形の書式》タブ→《サイズ》グループの (図形の幅)を「24cm」に設定します。

⑩《図形の書式》タブ→《配置》グループの 配置▾ (オブジェクトの配置)→《左右中央揃え》をクリックします。

問題 (4) 📖 P.208,210,211

①スライド7を選択します。

②箇条書きのプレースホルダーを選択します。

③《ホーム》タブ→《段落》グループの (SmartArtグラフィックに変換)→《その他のSmartArtグラフィック》をクリックします。

④左側の一覧から《循環》を選択します。

⑤中央の一覧から《連続性強調循環》を選択します。

⑥《OK》をクリックします。

⑦問題文の「利用」をクリックして、コピーします。

⑧テキストウィンドウの「保管・バックアップ」の後ろをクリックして、カーソルを表示します。
※テキストウィンドウが表示されていない場合は、表示しておきましょう。

⑨ Enter を押して改行します。

⑩ Ctrl + V を押して貼り付けます。
※テキストウィンドウに直接入力してもかまいません。

問題 (5) 📖 P.251

①スライド8を選択します。

②《アニメーション》タブを選択します。

③現在のアニメーションの再生番号を確認します。

④図形「ルールを守って使いましょう！」を選択します。

⑤《アニメーション》タブ→《タイミング》グループの 順番を後にする (順番を後にする)を4回クリックします。

● プロジェクト3

問題 (1) 📖 P.146

①スライド2を選択します。

②左下の図を選択します。

③《図の形式》タブ→《サイズ》グループの (図形の高さ)を「6.5cm」に設定します。

④図をドラッグして、テキストボックスの下側に移動します。

問題 (2) 📖 P.119

①スライド4を選択します。

② Shift を押しながら、スライド6を選択します。

③《挿入》タブ→《テキスト》グループの (日付と時刻)をクリックします。
※《テキスト》グループが折りたたまれている場合は、展開して操作します。

④《スライド》タブを選択します。

⑤《日付と時刻》を ✔ にします。

⑥《自動更新》が ⦿ になっていることを確認します。

⑦《適用》をクリックします。

問題 (3) 📖 P.200

①スライド8を選択します。

②グラフを選択します。

③《グラフのデザイン》タブ→《種類》グループの (グラフの種類の変更)をクリックします。

④左側の一覧から《横棒》を選択します。

⑤右側の一覧から (100%積み上げ横棒)を選択します。

⑥《OK》をクリックします。

問題 (4) 📖 P.129,159

①スライド8を選択します。

②問題文の「すべての講座で高い満足度」をクリックして、コピーします。

③図形を選択します。

④ Ctrl + V を押して貼り付けます。
※図形に直接入力してもかまいません。

⑤図形が選択されていることを確認します。

⑥《ホーム》タブ→《フォント》グループの B （太字）をクリックします。

問題（5）　📖 P.233

①スライド9を選択します。

②《画面切り替え》タブ→《画面切り替え》グループの ▽ →《はなやか》の《時計》をクリックします。

問題（6）　📖 P.76

①《ファイル》タブを選択します。

②《情報》→《問題のチェック》→《アクセシビリティチェック》をクリックします。

③《エラー》の《不足オブジェクトの説明》をクリックします。

④《図4（スライド2）》をクリックします。

⑤スライド2の上の図が選択されていることを確認します。

⑥《おすすめアクション》の《説明を追加》をクリックします。

⑦問題文の「ピアノ」をクリックして、コピーします。

⑧《代替テキスト》作業ウィンドウのボックスをクリックして、カーソルを表示します。

⑨ Ctrl + V を押して貼り付けます。

※ボックスに直接入力してもかまいません。

※《代替テキスト》と《アクセシビリティ》作業ウィンドウを閉じておきましょう。

● プロジェクト4

問題（1）　📖 P.17,45

①《デザイン》タブ→《ユーザー設定》グループの （スライドのサイズ）→《ユーザー設定のスライドのサイズ》をクリックします。

②《スライドのサイズ指定》の ▽ をクリックし、一覧から《画面に合わせる（16:10）》を選択します。

③《OK》をクリックします。

④《表示》タブ→《マスター表示》グループの （スライドマスター表示）をクリックします。

⑤サムネイルの一覧から《マディソン スライドマスター：スライド1-3で使用される》（上から1番目）を選択します。

⑥《スライドマスター》タブ→《テーマの編集》グループの （テーマ）→《Office》の《イオン》をクリックします。

※一覧に《イオン》が複数表示されている場合は、どちらを選択してもかまいません。

⑦《スライドマスター》タブ→《閉じる》グループの （マスター表示を閉じる）をクリックします。

● プロジェクト5

問題（1）　📖 P.45,52

①《表示》タブ→《マスター表示》グループの （スライドマスター表示）をクリックします。

②サムネイルの一覧から《イオン スライドマスター：スライド1-5で使用される》（上から1番目）を選択します。

③《スライドマスター》タブ→《背景》グループの 背景のスタイル ▽ （背景のスタイル）→《スタイル2》をクリックします。

④サムネイルの一覧から《タイトルスライド レイアウト：スライド1で使用される》（上から2番目）を選択します。

⑤《スライドマスター》タブ→《背景》グループの《背景を非表示》を ✓ にします。

⑥《スライドマスター》タブ→《閉じる》グループの （マスター表示を閉じる）をクリックします。

問題（2）　📖 P.218,242

①スライド2を選択します。

②3Dモデルを選択します。

③《3Dモデル》タブ→《3Dモデルビュー》グループの ▽ →《右》をクリックします。

④《アニメーション》タブ→《アニメーション》グループの ▽ →《3D》の《フェードイン》をクリックします。

問題（3）　📖 P.163,165

①スライド3を選択します。

②テキストボックス「歩行距離　約7km」を選択します。

③《図形の書式》タブ→《図形のスタイル》グループの ▽ →《テーマスタイル》の《光沢-青、アクセント2》をクリックします。

④《図形の書式》タブ→《図形のスタイル》グループの 図形の効果 ▽ （図形の効果）→《影》→《外側》の《オフセット：左下》をクリックします。

問題（4）　📖 P.171

①スライド4を選択します。

②上の図を選択します。

③《図の形式》タブ→《配置》グループの 前面へ移動 （前面へ移動）をクリックします。

問題（5）　📖 P.190

①スライド5を選択します。

②表の5行目のセルをクリックして、カーソルを表示します。

※5行目であれば、どこでもかまいません。

③《レイアウト》タブ→《行と列》グループの 下に行を挿入 （下に行を挿入）をクリックします。

④問題文の「12月15日（日）」をクリックして、コピーします。

⑤表の6行1列目のセルをクリックして、カーソルを表示します。

⑥ Ctrl + V を押して貼り付けます。

※セルに直接入力してもかまいません。

⑦同様に、「みなと市工場夜景バスツアー」を貼り付けます。

模擬試験プログラムの使い方

第1回模擬試験

第2回模擬試験

第3回模擬試験

第4回模擬試験

第5回模擬試験

問題 (6)

📖 P.93

①《ファイル》タブを選択します。

②《エクスポート》→《PDF/XPSドキュメントの作成》→《PDF/XPSの作成》をクリックします。

③デスクトップのフォルダー「FOM Shuppan Documents」のフォルダー「MOS 365-PowerPoint(2)」を開きます。

④問題文の「イベント案内」をクリックして、コピーします。

⑤《ファイル名》の文字列を選択します。

⑥ Ctrl + V を押して貼り付けます。

※《ファイル名》に直接入力してもかまいません。

⑦《ファイルの種類》の ∨ をクリックし、一覧から《PDF》を選択します。

⑧《発行後にファイルを開く》を □ にします。

⑨《発行》をクリックします。

● プロジェクト6

問題 (1)

📖 P.227,230

①スライド1を選択します。

②オーディオのアイコンを選択します。

③《再生》タブ→《編集》グループの《フェードイン》を「00.50」に設定します。

④《再生》タブ→《オーディオのオプション》グループの《スライド切り替え後も再生》を ✔ にします。

問題 (2)

📖 P.129

①スライド2を選択します。

②テキストボックス「何気ない日常の…」を選択します。

③《ホーム》タブ→《フォント》グループの B (太字)をクリックします。

④《ホーム》タブ→《フォント》グループの S (文字の影)をクリックします。

⑤《ホーム》タブ→《フォント》グループの A ∨ (フォントの色)の ∨ →《テーマの色》の《ラベンダー、アクセント4、黒+基本色25%》をクリックします。

問題 (3)

📖 P.194,202

①スライド5を選択します。

②コンテンツのプレースホルダーの ▦ (グラフの挿入)をクリックします。

③左側の一覧から《縦棒》を選択します。

④右側の一覧から ▦ (積み上げ縦棒)を選択します。

⑤《OK》をクリックします。

⑥スライド4を選択します。

⑦表の1行1列目から5行3列目までを選択します。

⑧《ホーム》タブ→《クリップボード》グループの 🗐 (コピー)をクリックします。

⑨スライド5を選択します。

⑩ワークシートのセル【A1】を右クリックします。

⑪《貼り付けのオプション》の 📋 (貼り付け先の書式に合わせる)をクリックします。

⑫列番号【D】を右クリックします。

⑬《削除》をクリックします。

⑭ワークシートの ✕ (閉じる)をクリックします。

⑮グラフを選択します。

⑯《グラフのデザイン》タブ→《グラフのレイアウト》グループの 📊 (グラフ要素を追加)→《グラフタイトル》→《なし》をクリックします。

問題 (4)

📖 P.192

①スライド7を選択します。

②表を選択します。

③《テーブルデザイン》タブ→《表スタイルのオプション》グループの《タイトル行》を ✔ にします。

問題 (5)

📖 P.52

①《表示》タブ→《マスター表示》グループの 🗒 (スライドマスター表示)をクリックします。

②サムネイルの一覧から《タイトルとコンテンツ レイアウト:スライド3-7で使用される》(上から3番目)を選択します。

③タイトルのプレースホルダーを選択します。

④《ホーム》タブ→《段落》グループの ≡ (中央揃え)をクリックします。

⑤《スライドマスター》タブ→《閉じる》グループの ✕ (マスター表示を閉じる)をクリックします。

問題 (6)

📖 P.139

①スライド2を選択します。

②「作品例」を選択します。

③《挿入》タブ→《リンク》グループの 🔗 (リンク)をクリックします。

※《リンク》グループが折りたたまれている場合は、展開して操作します。

④《リンク先》の《ファイル、Webページ》をクリックします。

⑤《検索先》が「MOS 365-PowerPoint(2)」になっていることを確認します。

⑥一覧から「春夏秋冬の句」を選択します。

⑦《OK》をクリックします。

●プロジェクト7

問題（1） 📖 P.142

① スライド2を選択します。

②《挿入》タブ→《リンク》グループの （ズーム）→《セクション
ズーム》をクリックします。

※《リンク》グループが折りたたまれている場合は、展開して操作します。

③「**セクション3：FOOD**」と「**セクション4：FASHION**」を ✔ にし
ます。

④《挿入》をクリックします。

⑤ サムネイルをドラッグして、それぞれの枠内に移動します。

問題（2） 📖 P.204,206

① スライド3を選択します。

② コンテンツのプレースホルダーの （SmartArtグラフィッ
クの挿入）をクリックします。

③ 左側の一覧から《**リスト**》を選択します。

④ 中央の一覧から《**ターゲットリスト**》を選択します。

⑤《**OK**》をクリックします。

⑥ 問題文の「**自然との調和**」をクリックして、コピーします。

⑦ テキストウィンドウの1行目をクリックして、カーソルを表示
します。

※ テキストウィンドウが表示されていない場合は、表示しておきましょう。

⑧ Ctrl + V を押して貼り付けます。

※ テキストウィンドウに直接入力してもかまいません。

⑨「**自然との調和**」の後ろにカーソルが表示されていることを
確認します。

⑩ Delete を2回押します。

⑪ 同様に、「**自然なリズム**」と「**自然の美**」を貼り付けて、不要な
行を削除します。

⑫《**SmartArtのデザイン**》タブ→《**SmartArtのスタイル**》グ
ループの （色の変更）→《**カラフル**》の《**カラフル-アクセン
ト3から4**》をクリックします。

問題（3） 📖 P.19

① スライド4を選択します。

②《**表示**》タブ→《**プレゼンテーションの表示**》グループの
（ノート表示）をクリックします。

③ 本文のプレースホルダーを選択します。

④《**ホーム**》タブ→《**フォント**》グループの （フォントの色）
の →《**標準の色**》の《**赤**》をクリックします。

※ 標準の表示に戻しておきましょう。

問題（4） 📖 P.121

① スライド5を選択します。

② スライド6とスライド7の間にドラッグします。

問題（5） 📖 P.237

①《**画面切り替え**》タブ→《**タイミング**》グループの《**クリック時**》
を ✔ にします。

②《**画面切り替え**》タブ→《**タイミング**》グループの すべてに適用
（すべてに適用）をクリックします。

第5回 模擬試験 問題

 プロジェクト1

理解度チェック

☑☑☑☑☑ **問題(1)** あなたは、学習塾の入塾説明会のプレゼンテーションを作成します。
スライド2の箇条書きを3段組みに変更し、段と段の間隔を「0.8cm」に設定してください。

☑☑☑☑☑ **問題(2)** スライド3にある表の「面接」の列を削除してください。

☑☑☑☑☑ **問題(3)** スライド5にある画像のアニメーションが、縦方向に表示されるように効果のオプションを設定してください。

☑☑☑☑☑ **問題(4)** スライド6のグラフの凡例を、グラフの下に表示してください。

☑☑☑☑☑ **問題(5)** スライド7のコメントのスレッドを解決してください。

☑☑☑☑☑ **問題(6)** セクション「スクール」のセクション名を「特徴」に変更してください。

☑☑☑☑☑ **問題(7)** セクション「コース紹介」のスライドだけが印刷されるように設定してください。

プロジェクト2

理解度チェック

☑☑☑☑☑ **問題(1)** あなたは、社内で環境活動を推進するためのプレゼンテーションを作成します。
スライド「具体的施策③」のテキストボックス「リサイクル」と、矢印の図形の中心をそろえてください。

☑☑☑☑☑ **問題(2)** スライドマスターのタイトルのフォントを「MSゴシック」、フォントの色を「アクア、アクセント2」に変更してください。

☑☑☑☑☑ **問題(3)** スライド「具体的施策①」のごみ箱の図形の下に横書きテキストボックスを挿入し、「無駄にしない!」と入力してください。次に、テキストボックスのフォントサイズを「36」、フォントの色を「濃い赤」に変更してください。

☑☑☑☑☑ **問題(4)** スライド「具体的施策①」の図形「×」の枠線の色を「濃い赤」、太さを「3pt」に変更してください。

☑☑☑☑☑ **問題(5)** スライド「具体的施策①」「具体的施策②」「具体的施策③」の背景に、テクスチャ「青い画用紙」を設定してください。

☑☑☑☑☑ **問題(6)** スライド一覧に切り替えて、セクション「具体的施策」の3枚のスライドが、「具体的施策①」「具体的施策②」「具体的施策③」の順になるように移動してください。表示モードはスライド一覧のままにします。

プロジェクト3

理解度チェック

☑☑☑☑☑ 問題(1) あなたは、森の家の施設紹介のプレゼンテーションを作成します。
タイトルスライドの「森の家　ご案内」の文字がすべて見えるように、画像の左側をトリミングしてください。次に、画像に、図のスタイル「角丸四角形、反射付き」、アート効果「パステル：滑らか」を適用してください。

☑☑☑☑☑ 問題(2) スライド「利用概要」に、SmartArtグラフィック「横方向箇条書きリスト」を挿入し、上からレベル1の項目として「利用できる人」、レベル2の項目として「県内在住・在勤・在学の方」、レベル1の項目として「利用申込」、レベル2の項目として「利用月の6か月前から」と入力してください。不要な図形は削除します。

☑☑☑☑☑ 問題(3) スライド「交通のご案内」のバスのアイコンに、終了のアニメーション「スライドアウト」を設定してください。右方向に移動するようにします。

☑☑☑☑☑ 問題(4) 目的別スライドショー「デモンストレーション用」のスライドが、「森の家　ご案内」「施設で行われること」「4月～9月のイベント」「交通のご案内」の順番で表示されるように変更してください。

☑☑☑☑☑ 問題(5) スライド「4月～9月のイベント」を複製してください。複製したスライドは、スライド「4月～9月のイベント」の下に配置し、スライドのタイトルを「10月～3月のイベント」に変更します。表の2行目以降の文字列は削除します。

プロジェクト4

理解度チェック

☑☑☑☑☑ 問題(1) あなたは、みなと図書館の館内で提供するお知らせのプレゼンテーションを作成します。スライドマスターに、背景のスタイル「スタイル11」を適用してください。

☑☑☑☑☑ 問題(2) スライドマスターに、「映画紹介」という名前のレイアウトを作成してください。「図書紹介」レイアウトと同じレイアウトにし、左側のテキストのプレースホルダーの枠線の色を「ゴールド、アクセント1」に変更します。

☑☑☑☑☑ 問題(3) スライド「図書館カレンダー」の前に、サマリーズームのスライドを挿入してください。スライド「図書館カレンダー」「閲覧席のご利用方法」「今月の新着図書（こども）」「スタッフおすすめ図書」へのリンクを作成します。

☑☑☑☑☑ 問題(4) スライド「スタッフおすすめ図書」の画像に、代替テキスト「魔法のいるかの表紙」を設定してください。

☑☑☑☑☑ 問題(5) すべてのスライドに画面切り替え「カバー」を適用し、右下から切り替わるように効果のオプションを設定してください。

プロジェクト5

理解度チェック

☑☑☑☑☑ 問題(1) あなたは、ホームページ制作提案のプレゼンテーションを作成します。
スライド5にある5つの図形を「矢印：五方向」に変更し、図形のスタイル「光沢-緑、アクセント1」を適用してください。

☑☑☑☑☑ 問題(2) スライド6にある表の1行目の塗りつぶしの色を「濃い青緑、アクセント4」に変更してください。

☑☑☑☑☑ 問題(3) すべてのスライドの画面切り替えの継続時間を、2.5秒に設定してください。

☑☑☑☑☑ 問題(4) スライド2の前にセクション「コンセプト」、スライド5の前にセクション「スケジュールと体制」を追加してください。

☑☑☑☑☑ 問題(5) リハーサルを最後まで実行して、スライドショーの切り替えのタイミングを記録してください。切り替え時間は任意とします。

☑☑☑☑☑ 問題(6) ドキュメント検査を実行し、コメント、ドキュメントのプロパティと個人情報を削除してください。その他の項目は削除しないようにします。

プロジェクト6

理解度チェック

☑☑☑☑☑ 問題(1) あなたは、新システムの社内研修用のプレゼンテーションを作成します。
スライド1にある「FOMシステムサービス株式会社」のフォントサイズを「28」、斜体に変更してください。

☑☑☑☑☑ 問題(2) 配布資料として、1ページに4スライドずつ、単純白黒で印刷されるように設定してください。印刷結果に表示されるスライドの順序は、横方向に並ぶように設定します。

☑☑☑☑☑ 問題(3) スライドショー実行中に、スライド5のビデオをクリックすると、全画面で再生されるように設定してください。

☑☑☑☑☑ 問題(4) スライド6に、デスクトップのフォルダー「FOM Shuppan Documents」のフォルダー「MOS 365-PowerPoint(2)」のビデオ「torikeshi」を挿入し、終了時間を「00:09」にトリミングしてください。

☑☑☑☑☑ 問題(5) 最後のスライドの次に「白紙」のスライドを追加し、背景の色を「緑、アクセント1」に変更してください。

☑☑☑☑☑ 問題(6) PowerPointのオプションで、ファイルにフォントが埋め込まれるように設定してください。使用されている文字だけを埋め込むようにします。

- 解答は、標準的な操作手順で記載しています。
- 📖は、問題を解くために必要な機能を解説しているページを示しています。

● プロジェクト1

問題 (1) 📖 P.133

① スライド2を選択します。
② 箇条書きのプレースホルダーを選択します。
③ 《ホーム》タブ→《段落》グループの [≡▾] (段の追加または削除)→《段組みの詳細設定》をクリックします。
④ 《数》を「3」に設定します。
⑤ 《間隔》を「0.8cm」に設定します。
⑥ 《OK》をクリックします。

問題 (2) 📖 P.190

① スライド3を選択します。
② 表の7列目のセルをクリックして、カーソルを表示します。
※ 7列目であれば、どこでもかまいません。
③ 《レイアウト》タブ→《行と列》グループの [🔲] (表の削除)→《列の削除》をクリックします。

問題 (3) 📖 P.243

① スライド5を選択します。
② 図を選択します。
③ 《アニメーション》タブ→《アニメーション》グループの [⭐] (効果のオプション)→《縦》をクリックします。

問題 (4) 📖 P.202

① スライド6を選択します。
② グラフを選択します。
③ 《グラフのデザイン》タブ→《グラフのレイアウト》グループの [📊] (グラフ要素を追加)→《凡例》→《下》をクリックします。

問題 (5) 📖 P.84

① スライド7を選択します。
② 《コメント》作業ウィンドウが表示されていることを確認します。
※ 《コメント》作業ウィンドウが表示されていない場合は、表示しておきましょう。
③ コメントの [⋯] (その他のスレッド操作)→《スレッドを解決する》をクリックします。
※ 《コメント》作業ウィンドウを閉じておきましょう。

問題 (6) 📖 P.125

① セクション名「スクール」をクリックします。

② 《ホーム》タブ→《スライド》グループの [▤▾] (セクション)→《セクション名の変更》をクリックします。
③ 問題文の「特徴」をクリックして、コピーします。
④ 《セクション名》の文字列を選択します。
⑤ [Ctrl] + [V] を押して貼り付けます。
※ 《セクション名》に直接入力してもかまいません。
⑥ 《名前の変更》をクリックします。

問題 (7) 📖 P.25

① 《ファイル》タブを選択します。
② 《印刷》→《すべてのスライドを印刷》→《セクション》の「コース紹介」をクリックします。
③ 《フルページサイズのスライド》が選択されていることを確認します。

● プロジェクト2

問題 (1) 📖 P.173

① スライド4を選択します。
② テキストボックス「リサイクル」を選択します。
③ [Shift] を押しながら、矢印の図形を選択します。
④ 《図形の書式》タブ→《配置》グループの [⯒ 配置▾] (オブジェクトの配置)→《左右中央揃え》をクリックします。
⑤ 《図形の書式》タブ→《配置》グループの [⯒ 配置▾] (オブジェクトの配置)→《上下中央揃え》をクリックします。

問題 (2) 📖 P.48

① 《表示》タブ→《マスター表示》グループの [🗖] (スライドマスター表示)をクリックします。
② サムネイルの一覧から《インテグラル スライドマスター:スライド1-7で使用される》(上から1番目)を選択します。
③ タイトルのプレースホルダーを選択します。
④ 《ホーム》タブ→《フォント》グループの [MS Pゴシック 見出し] (フォント)の [▾]→《MSゴシック》をクリックします。
⑤ 《ホーム》タブ→《フォント》グループの [A▾] (フォントの色)の [▾]→《テーマの色》の《アクア、アクセント2》をクリックします。
⑥ 《スライドマスター》タブ→《閉じる》グループの [🗙] (マスター表示を閉じる)をクリックします。

問題 (3) 📖 P.154

① スライド6を選択します。
② 問題文の文字列「無駄にしない！」をクリックして、コピーします。
③ 《挿入》タブ→《テキスト》グループの [A] (横書きテキストボックスの描画)をクリックします。
※ 《テキスト》グループが折りたたまれている場合は、展開して操作します。

模擬試験プログラムの使い方

第1回模擬試験

第2回模擬試験

第3回模擬試験

第4回模擬試験

第5回模擬試験

④始点をクリックします。

⑤　Ctrl　+　V　を押して貼り付けます。

※テキストボックスに直接入力してもかまいません。

⑥テキストボックスを選択します。

⑦《ホーム》タブ→《フォント》グループの　18　（フォントサイズ）の　→《36》をクリックします。

⑧《ホーム》タブ→《フォント》グループの　A　（フォントの色）の　→《標準の色》の《濃い赤》をクリックします。

問題（4）　📖 P.165

①スライド6を選択します。

②「×」の図形を選択します。

③《図形の書式》タブ→《図形のスタイル》グループの　図形の枠線　（図形の枠線）→《標準の色》の《濃い赤》をクリックします。

④《図形の書式》タブ→《図形のスタイル》グループの　図形の枠線　（図形の枠線）→《太さ》→《3pt》をクリックします。

問題（5）　📖 P.117

①セクション名「具体的施策」をクリックします。

※スライド「具体的施策①」「具体的施策②」「具体的施策③」が選択されます。

②《デザイン》タブ→《ユーザー設定》グループの　背景の書式設定　（背景の書式設定）をクリックします。

③《塗りつぶし》の詳細が表示されていることを確認します。

※表示されていない場合は、《塗りつぶし》をクリックします。

④《塗りつぶし(図またはテクスチャ)》を　◉　にします。

⑤《テクスチャ》の　（テクスチャ）をクリックし、一覧から《青い画用紙》を選択します。

※《背景の書式設定》作業ウィンドウを閉じておきましょう。

問題（6）　📖 P.121

①ステータスバーの　品　（スライド一覧）をクリックします。

②スライド6を、スライド4の左側にドラッグします。

③スライド6を、スライド4とスライド5の間にドラッグします。

●プロジェクト3

問題（1）　📖 P.146,149

①スライド1を選択します。

②図を選択します。

③《図の形式》タブ→《サイズ》グループの　（トリミング）をクリックします。

④図の左側の　｜　を右方向にドラッグします。

⑤図以外の場所をクリックします。

⑥図を選択します。

⑦《図の形式》タブ→《図のスタイル》グループの　→《角丸四角形、反射付き》をクリックします。

⑧《図の形式》タブ→《調整》グループの　アート効果　（アート効果）→《パステル:滑らか》をクリックします。

問題（2）　📖 P.204

①スライド2を選択します。

②コンテンツのプレースホルダーの　（SmartArtグラフィックの挿入）をクリックします。

③左側の一覧から《リスト》を選択します。

④中央の一覧から《横方向箇条書きリスト》を選択します。

⑤《OK》をクリックします。

⑥問題文の「利用できる人」をクリックして、コピーします。

⑦テキストウィンドウの1行目をクリックして、カーソルを表示します。

※テキストウィンドウが表示されていない場合は、表示しておきましょう。

⑧　Ctrl　+　V　を押して貼り付けます。

※テキストウィンドウに直接入力してもかまいません。

⑨問題文の「県内在住・在勤・在学の方」をクリックして、コピーします。

⑩テキストウィンドウの2行目にカーソルを移動します。

⑪　Ctrl　+　V　を押して貼り付けます。

⑫「県内在住・在勤・在学の方」の後ろにカーソルが表示されていることを確認します。

⑬　Delete　を押します。

⑭同様に、「利用申込」と「利用月の6か月前から」を貼り付けて、不要な行を削除します。

問題（3）　📖 P.239,243

①スライド6を選択します。

②アイコンを選択します。

③《アニメーション》タブ→《アニメーション》グループの　→《終了》の《スライドアウト》をクリックします。

④《アニメーション》タブ→《アニメーション》グループの　効果のオプション　（効果のオプション）→《方向》の《右へ》をクリックします。

問題（4）　📖 P.31

①《スライドショー》タブ→《スライドショーの開始》グループの　目的別スライドショー　（目的別スライドショー）→《目的別スライドショー》をクリックします。

②一覧から「デモンストレーション用」を選択します。

③《編集》をクリックします。

④《目的別スライドショーのスライド》の一覧から「3.施設で行われること」を選択します。

⑤《上へ》をクリックします。

⑥《OK》をクリックします。

⑦《閉じる》をクリックします。

問題（5）　📖 P.105

①スライド5を選択します。

②《ホーム》タブ→《スライド》グループの　新しいスライド　（新しいスライド）の　新しいスライド　→《選択したスライドの複製》をクリックします。

※スライド6が挿入されます。

③問題文の「10月~3月のイベント」をクリックして、コピーします。

④スライド6のタイトルのプレースホルダーを選択します。

⑤ Ctrl + V を押して貼り付けます。

※プレースホルダーに直接入力してもかまいません。

⑥表の2行目から10行目までを選択します。

⑦ Delete を押します。

●プロジェクト4

問題(1)

①《表示》タブ→《マスター表示》グループの[📄](スライドマスター表示)をクリックします。

②サムネイルの一覧から《縞模様 スライドマスター:スライド1-7で使用される》(上から1番目)を選択します。

③《スライドマスター》タブ→《背景》グループの[背景のスタイル ~]（背景のスタイル)→《スタイル11》をクリックします。

④《スライドマスター》タブ→《閉じる》グループの[❌](マスター表示を閉じる)をクリックします。

問題(2)
P.59

①《表示》タブ→《マスター表示》グループの[📄](スライドマスター表示)をクリックします。

②サムネイルの一覧から《図書紹介 レイアウト:どのスライドでも使用されない》(上から13番目)を右クリックします。

③《レイアウトの複製》をクリックします。

④左側のテキストのプレースホルダーを選択します。

⑤《図形の書式》タブ→《図形のスタイル》グループの[図形の枠線 ~]（図形の枠線)→《テーマの色》の《ゴールド、アクセント1》をクリックします。

⑥《スライドマスター》タブ→《マスターの編集》グループの[📋 名前の変更]（名前の変更)をクリックします。

⑦問題文の「映画紹介」をクリックして、コピーします。

⑧《レイアウト名》の文字列を選択します。

⑨ Ctrl + V を押して貼り付けます。

※《レイアウト名》に直接入力してもかまいません。

⑩《名前の変更》をクリックします。

⑪《スライドマスター》タブ→《閉じる》グループの[❌](マスター表示を閉じる)をクリックします。

問題(3)
P.112

①《挿入》タブ→《リンク》グループの[🔍ズーム](ズーム)→《サマリーズーム》をクリックします。

※《リンク》グループが折りたたまれている場合は、展開して操作します。

②「2.図書館カレンダー」「3.閲覧席のご利用方法」「5.今月の新着図書(こども)」「7.スタッフおすすめ図書」を[✓]にします。

③《挿入》をクリックします。

※スライド2が挿入されます。

問題(4)
P.170

①スライド8を選択します。

②図を選択します。

③《図の形式》タブ→《アクセシビリティ》グループの[🖼代替テキスト](代替テキストウィンドウを表示します)をクリックします。

④問題文の「魔法のいるかの表紙」をクリックして、コピーします。

⑤《代替テキスト》作業ウィンドウのボックスをクリックして、カーソルを表示します。

⑥ Ctrl + V を押して貼り付けます。

※ボックスに直接入力してもかまいません。

※《代替テキスト》作業ウィンドウを閉じておきましょう。

問題(5)
P.233,235

①《画面切り替え》タブ→《画面切り替え》グループの[▼]→《弱》の《カバー》をクリックします。

②《画面切り替え》タブ→《画面切り替え》グループの[🖼効果のオプション](効果のオプション)→《右下から》をクリックします。

③《画面切り替え》タブ→《タイミング》グループの[🖺 すべてに適用]（すべてに適用)をクリックします。

●プロジェクト5

問題(1)
P.163,169

①スライド5を選択します。

②図形を選択します。

③ Shift を押しながら、残りの4つの図形を選択します。

④《図形の書式》タブ→《図形の挿入》グループの[🖊~](図形の編集)→《図形の変更》→《ブロック矢印》の[▷]（矢印:五方向)をクリックします。

⑤《図形の書式》タブ→《図形のスタイル》グループの[▼]→《テーマスタイル》の《光沢-緑、アクセント1》をクリックします。

問題(2)
P.193

①スライド6を選択します。

②表の1行目を選択します。

③《テーブルデザイン》タブ→《表のスタイル》グループの[塗りつぶし ~]（塗りつぶし)→《テーマの色》の《濃い青緑、アクセント4》をクリックします。

問題(3)
P.237

①《画面切り替え》タブ→《タイミング》グループの《期間》を「02.50」に設定します。

②《画面切り替え》タブ→《タイミング》グループの[🖺 すべてに適用]（すべてに適用)をクリックします。

問題(4)
P.123,125

①スライド2を選択します。

②《ホーム》タブ→《スライド》グループの[🗐~](セクション)→《セクションの追加》をクリックします。

③問題文の「コンセプト」をクリックして、コピーします。

④《セクション名》の文字列を選択します。

模擬試験プログラムの使い方

第1回模擬試験

第2回模擬試験

第3回模擬試験

第4回模擬試験

第5回模擬試験

⑤ [Ctrl]＋[V]を押して貼り付けます。

※《セクション名》に直接入力してもかまいません。

⑥《名前の変更》をクリックします。

⑦スライド5を選択します。

⑧《ホーム》タブ→《スライド》グループの（セクション）→《セクションの追加》をクリックします。

⑨問題文の「スケジュールと体制」をクリックして、コピーします。

⑩《セクション名》の文字列を選択します。

⑪ [Ctrl]＋[V]を押して貼り付けます。

※《セクション名》に直接入力してもかまいません。

⑫《名前の変更》をクリックします。

問題 (5)　　　📖 P.35

①《スライドショー》タブ→《設定》グループの（リハーサル）をクリックします。

②任意の時間が経過したらクリックして、スライドショーを最後まで進めます。

③メッセージを確認し、《はい》をクリックします。

問題 (6)　　　📖 P.74

①《ファイル》タブを選択します。

②《情報》→《問題のチェック》→《ドキュメント検査》をクリックします。

※保存に関するメッセージが表示された場合は、《はい》をクリックしましょう。

③《コメント》が✔になっていることを確認します。

④《ドキュメントのプロパティと個人情報》が✔になっていることを確認します。

⑤《検査》をクリックします。

⑥《コメント》の《すべて削除》をクリックします。

⑦《ドキュメントのプロパティと個人情報》の《すべて削除》をクリックします。

⑧《閉じる》をクリックします。

● プロジェクト6

問題 (1)　　　📖 P.129

①スライド1を選択します。

②「FOMシステムサービス株式会社」のプレースホルダーを選択します。

③《ホーム》タブ→《フォント》グループの [20 ▼]（フォントサイズ）の▼→《28》をクリックします。

④《ホーム》タブ→《フォント》グループの[I]（斜体）をクリックします。

問題 (2)　　　📖 P.27,28

①《ファイル》タブを選択します。

②《印刷》→《フルページサイズのスライド》→《配布資料》の《4スライド(横)》をクリックします。

③《カラー》→《単純白黒》をクリックします。

※標準の表示に戻しておきましょう。

問題 (3)　　　📖 P.226,227

①スライド5を選択します。

②ビデオを選択します。

③《再生》タブ→《ビデオのオプション》グループの《開始》の▼→《クリック時》をクリックします。

④《再生》タブ→《ビデオのオプション》グループの《全画面再生》を✔にします。

問題 (4)　　　📖 P.222,229

①スライド6を選択します。

②コンテンツのプレースホルダーの（ビデオの挿入）をクリックします。

※お使いの環境によっては、と表示される場合があります。

③デスクトップのフォルダー「FOM Shuppan Documents」のフォルダー「MOS 365-PowerPoint(2)」を開きます。

④一覧から「torikeshi」を選択します。

⑤《挿入》をクリックします。

※《デザイナー》作業ウィンドウが表示された場合は、閉じておきましょう。

⑥《再生》タブ→《編集》グループの（ビデオのトリミング）をクリックします。

⑦問題文の「00:09」をクリックして、コピーします。

⑧《終了時間》の値を選択します。

⑨ [Ctrl]＋[V]を押して貼り付けます。

※《終了時間》に直接入力してもかまいません。

⑩《OK》をクリックします。

問題 (5)　　　📖 P.101,117

①スライド11を選択します。

②《ホーム》タブ→《スライド》グループの（新しいスライド）の→《白紙》をクリックします。

※スライド12が挿入されます。

③スライド12を選択します。

④《デザイン》タブ→《ユーザー設定》グループの（背景の書式設定）をクリックします。

⑤《塗りつぶし》の詳細が表示されていることを確認します。

※表示されていない場合は、《塗りつぶし》をクリックします。

⑥《塗りつぶし(単色)》を⦿にします。

⑦《色》の（塗りつぶしの色）をクリックし、一覧から《テーマの色》の《緑、アクセント1》を選択します。

※《背景の書式設定》作業ウィンドウを閉じておきましょう。

問題 (6)　　　📖 P.91

①《ファイル》タブを選択します。

②《オプション》をクリックします。

③左側の一覧から《保存》を選択します。

④《ファイルにフォントを埋め込む》を✔にします。

⑤《使用されている文字だけを埋め込む(ファイルサイズを縮小する場合)》を⦿にします。

⑥《OK》をクリックします。

MOS PowerPoint 365

MOS 365
攻略ポイント

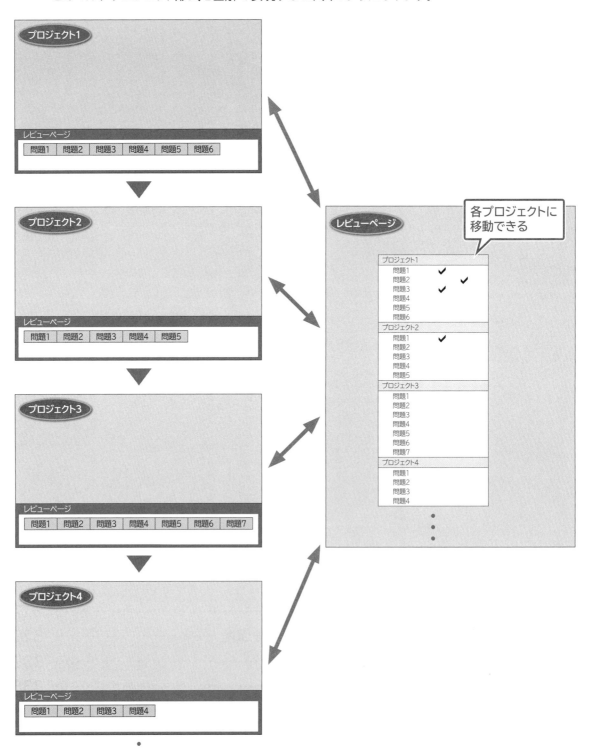

1 | MOS 365の試験形式

PowerPointの機能や操作方法をマスターするだけでなく、試験そのものについても理解を深めておきましょう。

1 | マルチプロジェクト形式とは

MOS 365は、「**マルチプロジェクト形式**」という試験形式で実施されます。
このマルチプロジェクト形式を図解で表現すると、次のようになります。

■プロジェクト

「マルチプロジェクト」の「マルチ」は"複数"という意味で、「プロジェクト」は"操作すべきファイル"を指しています。マルチプロジェクトは、言い換えると、"操作すべき複数のファイル"となります。
複数のファイルを操作して、すべて完成させていく試験、それがMOS 365の試験形式です。
1回の試験で出題されるプロジェクト数、つまりファイル数は、5～10個程度です。各プロジェクトはそれぞれ独立しており、1つ目のプロジェクトで行った操作が、2つ目以降のプロジェクトに影響することはありません。

また、1つのプロジェクトには、1～7個程度の問題（タスク）が用意されています。問題には、ファイルに対してどのような操作を行うのか、具体的な指示が記述されています。

■レビューページ

すべてのプロジェクトから、「レビューページ」と呼ばれるプロジェクトの一覧に移動できます。レビューページから、未解答の問題や見直したい問題に戻ることができます。

2 | MOS 365の画面構成と試験環境

本試験の画面構成や試験環境について、受験前に不安や疑問を解消しておきましょう。

1 | 本試験の画面構成を確認しよう

MOS 365の試験画面については、模擬試験プログラムと異なる部分を確認しましょう。
本試験は、次のような画面で行われます。

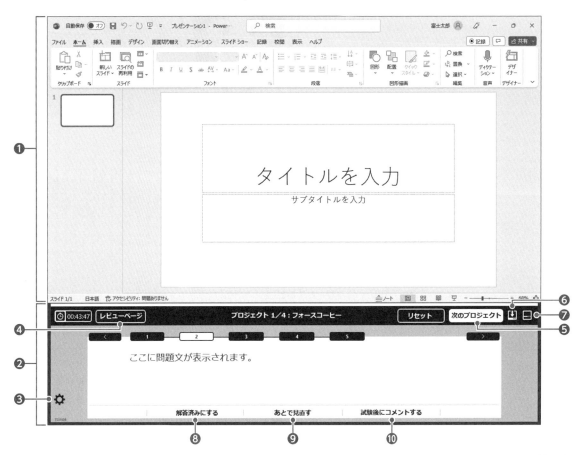

（株式会社オデッセイコミュニケーションズ提供）

❶アプリケーションウィンドウ

実際のアプリケーションが起動するウィンドウです。開いたファイルに対して操作を行います。
アプリケーションウィンドウは、サイズ変更や移動が可能です。

❷試験パネル

解答に必要な指示事項が記載されたウィンドウです。試験パネルは、サイズ変更が可能です。

❸⚙

試験パネルの文字のサイズの変更や、電卓を表示できます。
※文字のサイズは、キーボードからも変更できます。
※模擬試験プログラムでは電卓は表示できません。

❹レビューページ

レビューページに移動できます。
※レビューページに移動する前に確認のメッセージが表示されます。

❺ 次のプロジェクト

次のプロジェクトに移動できます。
※次のプロジェクトに移動する前に確認のメッセージが表示されます。

❻ ⬇️

試験パネルを最小化します。

❼ 🖥️

アプリケーションウィンドウや試験パネルをサイズ変更したり移動したりした場合に、ウィンドウの配置を元に戻します。

❽ 解答済みにする

解答済みの問題にマークを付けることができます。レビューページで、マークの有無を確認できます。

❾ あとで見直す

わからない問題や解答に自信がない問題に、マークを付けることができます。レビューページで、マークの有無を確認できるので、見直す際の目印になります。

❿ 試験後にコメントする

コメントを残したい問題に、マークを付けることができます。試験中に気になる問題があれば、マークを付けておき、試験後にその問題に対するコメントを入力できます。試験主幹元のMicrosoftにコメントが配信されます。
※模擬試験プログラムには、この機能がありません。

本試験の画面について
本試験の画面は、試験システムの変更などで、予告なく変更される可能性があります。本試験を開始すると、問題が出題される前に試験に関する注意事項（チュートリアル）が表示されます。注意事項には、試験画面の操作方法や諸注意などが記載されているので、よく読んで不明な点があれば試験会場の試験官に確認しましょう。
本試験の最新情報については、MOS公式サイト（https://mos.odyssey-com.co.jp/）をご確認ください。

2　本試験の実施環境を確認しよう

普段使い慣れている自分のパソコン環境と、試験のパソコン環境がどれくらい違うのか、受験前に確認しておきましょう。

●コンピューター

本試験では、原則的にデスクトップ型のパソコンが使われます。ノートブック型のパソコンは使われないので、普段ノートブック型を使っている人は注意が必要です。デスクトップ型とノートブック型では、矢印キーや Delete など一部のキーの配列が異なるので、慣れていないと使いにくいと感じるかもしれません。普段から本試験と同じ型のキーボードで練習するとよいでしょう。

●日本語入力システム

本試験の日本語入力システムは、「**Microsoft IME**」が使われます。Windowsには、Microsoft IMEが標準で搭載されているため、多くの人が意識せずにMicrosoft IMEを使い、その入力方法に慣れているはずです。しかし、ATOKなどその他の日本語入力システムを使っている人は、入力方法が異なるので注意が必要です。普段から本試験と同じ日本語入力システムで練習するとよいでしょう。

●キーボード

本試験では、「**109型**」または「**106型**」のキーボードが使われます。自分のキーボードと比べて確認しておきましょう。

109型キーボード

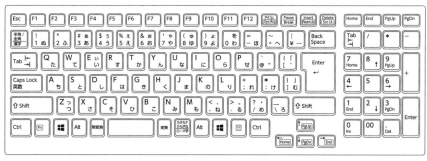

※「106型キーボード」には、⊞と▤のキーがありません。

●ディスプレイ

本試験では、17インチ以上、「**1280×1024ピクセル**」以上の解像度のディスプレイが使われます。ディスプレイの解像度によって変わるのは、リボン内のボタンのサイズや配置です。例えば、「**1280×768ピクセル**」と「**1920×1080ピクセル**」で比較すると、次のようにボタンのサイズや配置が異なります。

1280×768ピクセル

1920×1080ピクセル

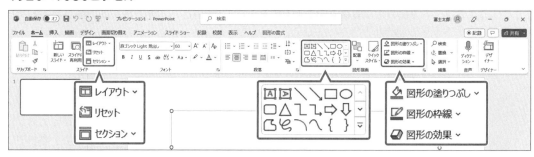

自分のパソコンと試験会場のパソコンのディスプレイの解像度が異なっても、ボタンの配置に大きな変わりはありません。ボタンのサイズが変わっても対処できるように、ボタンの大体の配置を覚えておくようにしましょう。

3 | MOS 365の攻略ポイント

本試験に取り組む際に、どうすれば効果的に解答できるのか、どうすればうっかりミスをなくすことができるのかなど、気を付けたいポイントを確認しましょう。

1 | 全体のプロジェクト数と問題数を確認しよう

試験が始まったら、まず、全体のプロジェクト数と問題数を確認しましょう。
出題されるプロジェクト数は5〜10個程度で、試験パターンによって変わります。また、レビューページを表示すると、プロジェクト内の問題数も確認できます。

2 | 時間配分を考えよう

全体のプロジェクト数を確認したら、適切な時間配分を考えましょう。
タイマーにときどき目をやり、進み具合と残り時間を確認しながら進めましょう。

終盤の問題で焦らないために、40分前後ですべての問題に解答できるようにトレーニングしておくとよいでしょう。残った時間を見直しに充てるようにすると、気持ちが楽になります。

【例】
全体のプロジェクト数が6個の場合

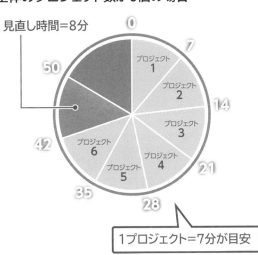

1プロジェクト=7分が目安

【例】
全体のプロジェクト数が8個の場合

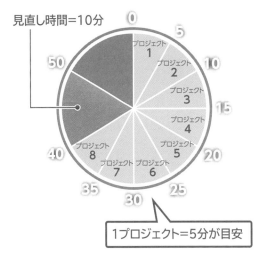

1プロジェクト=5分が目安

3 問題をよく読もう

問題をよく読み、指示されている操作だけを行います。

操作に精通していると過信している人は、問題をよく読まずに先走ったり、指示されている以上の操作までしてしまったり、という過ちをおかしがちです。指示されていない余分な操作をしてはいけません。

また、コマンド名が明示されていない問題も出題されます。問題をしっかり読んでどのコマンドを使うのか判断しましょう。

4 問題の文字をコピーしよう

問題の一部には下線の付いた文字があります。この文字はクリックするとコピーされ、アプリケーションウィンドウ内に貼り付けることができます。

操作が正しくても、入力した文字が間違っていたら不正解になります。

入力ミスを防ぎ、効率よく解答するためにも、問題の文字のコピーを利用しましょう。

5 スライドの操作に注意しよう

PowerPointのプレゼンテーションは複数のスライドで構成されています。操作の対象となるスライドは、スライド番号やスライドのタイトルで指示されるので、異なるスライドで操作しないように気を付けましょう。スライドのタイトルは、サムネイルペインでスライドをポイントしたときに表示されるポップヒントで確認できます。

また、指示なくスライドを削除したり、追加したりなどすると、採点に影響が出る場合があります。指示されていない操作は行わないようにしましょう。

6 レビューページを活用しよう

試験パネルには《レビューページ》のボタンがあり、クリックするとレビューページに移動できます。また、最後のプロジェクトで《次のプロジェクト》をクリックしても、レビューページが表示されます。例えば、「**プロジェクト1**」から「**プロジェクト2**」に移動したあとで、「**プロジェクト1**」での操作ミスに気付いたときなどに、レビューページを使って「**プロジェクト1**」に戻り、操作をやり直すことが可能です。レビューページから前のプロジェクトに戻った場合、自分の解答済みのファイルが保持されています。

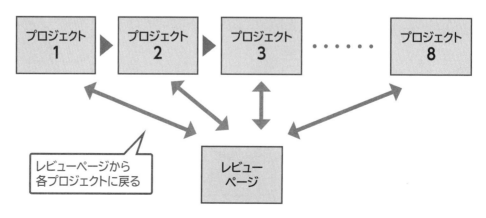

7   わかる問題から解答しよう

レビューページから各プロジェクトに戻ることができるので、わからない問題にはあとから取り組むようにしましょう。前半でわからない問題に時間をかけすぎると、後半で時間不足に陥ってしまいます。時間がなくなると、焦ってしまい、冷静に考えれば解ける問題にも対処できなくなります。わかる問題をひととおり解いて確実に得点を積み上げましょう。

解答できなかった問題には《あとで見直す》のマークを付けておき、見直す際の目印にしましょう。

8   リセットに注意しよう

《リセット》をクリックすると、現在表示されているプロジェクトのファイルが初期状態に戻ります。プロジェクトに対して行ったすべての操作がクリアされるので、注意しましょう。

例えば、問題1と問題2を解答し、問題3で操作ミスをしてリセットすると、問題1や問題2の結果もクリアされます。問題1や問題2の結果を残しておきたい場合には、リセットしてはいけません。

直前の操作を取り消したい場合には、PowerPointの $\boxed{\supset}$ （元に戻す）を使うとよいでしょう。ただし、元に戻らない機能もあるので、頼りすぎるのは禁物です。

9   次のプロジェクトに進む前に選択を解除しよう

オブジェクトに文字を入力・編集中の状態や、オブジェクトを選択している状態で次のプロジェクトに進もうとすると、注意を促すメッセージが表示される場合があります。メッセージが表示されている間も試験のタイマーは止まりません。

試験時間を有効に使うためにも、オブジェクトが入力・編集中でないことや選択されていないことを確認してから、《次のプロジェクト》をクリックするとよいでしょう。

4 試験当日の心構え

本試験で緊張したり焦ったりして、本来の実力が発揮できなかった、という話がときどき聞かれます。本試験ではシーンと静まり返った会場に、キーボードをたたく音だけが響き渡り、思った以上に緊張したり焦ったりするものです。ここでは、試験当日に落ち着いて試験に臨むための心構えを解説します。

1 自分のペースで解答しよう

試験会場にはほかの受験者もいますが、他人のことは気にせず自分のペースで解答しましょう。受験者の中にはキー入力がとても速い人、早々に試験を終えて退出する人など様々な人がいますが、他人のスピードで焦ることはありません。30分で試験を終了しても、50分で試験を終了しても採点結果に差はありません。自分のペースを大切にして、試験時間50分を上手に使いましょう。

2 試験日に合わせて体調を整えよう

試験日の体調には、くれぐれも注意しましょう。体の調子が悪くて受験できなかったり、体調不良のまま受験しなければならなかったりすると、それまでの努力が水の泡になってしまいます。試験を受け直すとしても、費用が再度発生してしまいます。試験に向けて無理をせず、計画的に学習を進めましょう。また、前日には十分な睡眠を取り、当日は食事も十分に摂りましょう。

3 早めに試験会場に行こう

事前に試験会場までの行き方や所要時間は調べておき、試験当日に焦ることのないようにしましょう。
受付時間を過ぎると入室禁止になるので、ギリギリの行動はよくありません。早めに試験会場に行って、受付の待合室で復習するくらいの時間的な余裕をみて行動しましょう。

MOS PowerPoint 365

困ったときには

困ったときには

最新のQ&A情報について

最新のQ&A情報については、FOM出版のホームページから「QAサポート」→「よくあるご質問」をご確認ください。

※FOM出版のホームページへのアクセスについては、P.11を参照してください。

Q&A　模擬試験プログラムのアップデート

1　WindowsやOfficeがアップデートされた場合などに、模擬試験プログラムの内容は変更されますか?

模擬試験プログラムはアップデートする可能性があります。最新情報については、FOM出版のホームページをご確認ください。

※FOM出版のホームページへのアクセスについては、P.11を参照してください。

また、模擬試験プログラムから、FOM出版のホームページを表示して、更新プログラムに関する最新情報を確認することもできます。

模擬試験プログラムから更新プログラムに関する最新情報を確認する方法は、次のとおりです。

※インターネットに接続できる環境が必要です。

① 模擬試験プログラムを起動します。
② スタートメニューの《バージョン情報》をクリックします。
③《更新プログラムの確認》をクリックします。
④ ブラウザーが起動し、FOM出版の更新プログラムに関するホームページが表示されます。

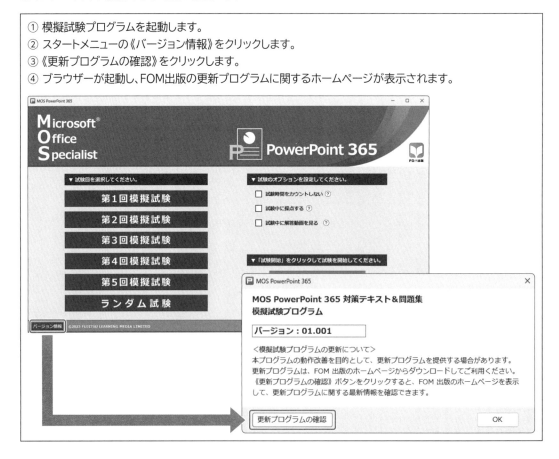

2 模擬試験を開始しようとすると、メッセージが表示され、模擬試験プログラムが起動しません。
どうしたらいいですか？

各メッセージと対処方法は次のとおりです。

メッセージ	対処方法
「MOS PowerPoint 365対策テキスト＆問題集」の模擬試験プログラムをダウンロードしていただき、ありがとうございます。 本プログラムは、「MOS PowerPoint 365対策テキスト＆問題集」の書籍に関する質問（3問）に正解するとご利用いただけます。 《次へ》をクリックして、質問画面を表示してください。	模擬試験プログラムを初めて起動する場合に、このメッセージが表示されます。2回目以降に起動する際には表示されません。 ※模擬試験プログラムの起動方法については、P.268を参照してください。
Excelが起動している場合、模擬試験を起動できません。 Excelを終了してから模擬試験プログラムを起動してください。	模擬試験プログラムを終了して、Excelを終了してください。 Excelが起動している場合、模擬試験プログラムを起動できません。
OneDriveと同期していると、模擬試験プログラムが正常に動作しない可能性があります。 OneDriveの同期を一時停止してから模擬試験プログラムを起動してください。	デスクトップとOneDriveが同期している環境で、模擬試験プログラムを起動しようとすると、このメッセージが表示されます。OneDriveの同期を一時停止してから模擬試験プログラムを起動してください。 一時停止中もメッセージは表示されますが、《OK》をクリックして、模擬試験プログラムをご利用ください。 ※OneDriveとの同期を一時停止する方法については、Q&A20を参照してください。
PowerPointが起動している場合、模擬試験を起動できません。 PowerPointを終了してから模擬試験プログラムを起動してください。	模擬試験プログラムを終了して、PowerPointを終了してください。 PowerPointが起動している場合、模擬試験プログラムを起動できません。
Wordが起動している場合、模擬試験を起動できません。 Wordを終了してから模擬試験プログラムを起動してください。	模擬試験プログラムを終了して、Wordを終了してください。 Wordが起動している場合、模擬試験プログラムを起動できません。
ディスプレイの解像度が動作環境（1280×768px）より小さいためプログラムを起動できません。 ディスプレイの解像度を変更してから模擬試験プログラムを起動してください。	模擬試験プログラムを終了して、ディスプレイの解像度を「1280×768ピクセル」以上に設定してください。 ※ディスプレイの解像度については、Q&A17を参照してください。
パソコンにMicrosoft 365がインストールされていないため、模擬試験を開始できません。プログラムを一旦終了して、パソコンにインストールしてください。	模擬試験プログラムを終了して、Microsoft 365をインストールしてください。 模擬試験を行うためには、Microsoft 365がパソコンにインストールされている必要があります。ほかのバージョンのPowerPointでは模擬試験を行うことはできません。 また、Microsoft 365のライセンス認証を済ませておく必要があります。 ※Microsoft 365がインストールされていないパソコンでも模擬試験プログラムの解答動画は確認できます。動画の視聴には、インターネットに接続できる環境が必要です。
他のアプリケーションソフトが起動しています。模擬試験プログラムを起動できますが、正常に動作しない可能性があります。 このまま処理を続けますか？	任意のアプリケーションが起動している状態で、模擬試験プログラムを起動しようとすると、このメッセージが表示されます。また、セキュリティソフトなどの監視プログラムが常に動作している状態でも、このメッセージが表示されることがあります。 《はい》をクリックすると、アプリケーション起動中でも模擬試験プログラムを起動できます。ただし、その場合には模擬試験プログラムが正しく動作しない可能性がありますので、ご注意ください。 《いいえ》をクリックして、アプリケーションをすべて終了してから、模擬試験プログラムを起動することを推奨します。

MOS 365攻略ポイント

困ったときには

索引

メッセージ	対処方法
保持していた認証コードが異なります。再認証してください。	初めて模擬試験プログラムを起動したときと、お使いのパソコンが異なる場合に表示される可能性があります。認証コードを再入力してください。 ※再入力しても起動しない場合は、認証コードを削除してください。認証コードの削除については、Q&A14を参照してください。
模擬試験プログラムは、すでに起動しています。模擬試験プログラムが起動していないか、または別のユーザーがサインインして模擬試験プログラムを起動していないかを確認してください。	すでに模擬試験プログラムを起動している場合に、このメッセージが表示されます。模擬試験プログラムが起動していないか、または別のユーザーがサインインして模擬試験プログラムを起動していないかを確認してください。1台のパソコンで同時に複数の模擬試験プログラムを起動することはできません。

※メッセージは五十音順に記載しています。

Q&A　模擬試験中のトラブル

3 模擬試験中にダイアログボックスを表示すると、問題ウィンドウのボタンや問題が隠れて見えなくなります。どうしたらいいですか?

ディスプレイの解像度によって、問題ウィンドウのボタンや問題が見えなくなる場合があります。ダイアログボックスのサイズや位置を変更して調整してください。

4 模擬試験の解答動画を表示すると、「接続に失敗しました。ネットワーク環境を確認してください。」と表示されました。どうしたらいいですか?

解答動画を視聴するには、インターネットに接続した環境が必要です。インターネットに接続した状態で、再度、解答動画を表示してください。

5 模擬試験の解答動画で音声が聞こえません。どうしたらいいですか?

次の内容を確認してください。

●音声ボタンがオフになっていませんか?
解答動画の音声が になっている場合は、クリックして にします。

●音量がミュートになっていませんか?
タスクバーの音量を確認し、ミュートになっていないか確認します。

●スピーカーまたはヘッドホンが正しく接続されていますか?
音声を聞くには、スピーカーまたはヘッドホンが必要です。接続や電源を確認します。

6 模擬試験中に解答動画を表示すると、PowerPointウィンドウで操作ができません。どうしたらいいですか?

模擬試験中に解答動画を表示すると、PowerPointウィンドウで操作を行うことはできません。解答動画を終了してから、操作を行ってください。
解答動画を見ながら操作したい場合は、スマートフォンやタブレットで解答動画を表示してください。
※スマートフォンやタブレットで解答動画を表示する方法は、表紙の裏側の「特典のご利用方法」を参照してください。

7 標準解答どおりに操作しても正解にならない箇所があります。なぜですか？

模擬試験プログラムの動作は、2023年8月時点の次の環境で確認しております。
・Windows 11（バージョン22H2　ビルド22621.2134）
・Microsoft 365（バージョン2307　ビルド16.0.16626.20170）

今後のWindowsやMicrosoft 365のアップデートによって機能が更新された場合には、模擬試験プログラムの採点が正しく行われない可能性があります。
※本書の最新情報については、P.11に記載されているFOM出版のホームページにアクセスして確認してください。

Windows 11のバージョンは、次の手順で確認します。

① をクリックします。
②《設定》をクリックします。
③ 左側の一覧から《システム》を選択します。
※ウィンドウを最大化しておきましょう。
④《バージョン情報》をクリックします。

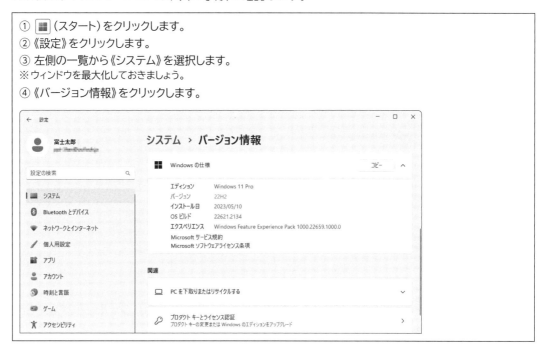

Microsoft 365のバージョンは、次の手順で確認します。

① PowerPointを起動し、プレゼンテーションを表示します。
②《ファイル》タブを選択します。
③《アカウント》をクリックします。
④《PowerPointのバージョン情報》をクリックします。
⑤ 1行目の「Microsoft PowerPoint for Microsoft 365 MSO」の後ろに続く括弧内の数字を確認します。

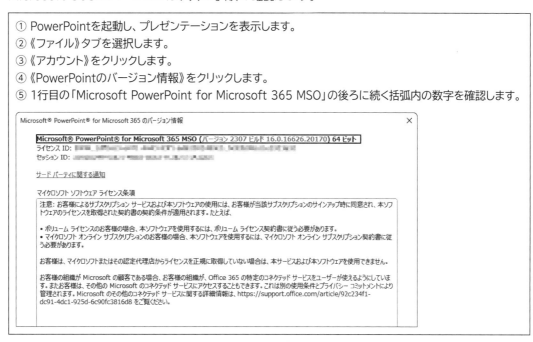

8 模擬試験中に画面が動かなくなりました。どうしたらいいですか？

模擬試験プログラムとPowerPointを次の手順で強制終了します。

---

① $\boxed{\text{Ctrl}}$ + $\boxed{\text{Alt}}$ + $\boxed{\text{Delete}}$ を押します。
②《タスクマネージャー》をクリックします。
③《アプリ》の一覧から《MOS PowerPoint 365 模擬試験プログラム》を選択します。
④《タスクを終了する》をクリックします。
※終了に時間がかかる場合があります。一覧から消えたことを確認してから、次の操作に進んでください。
⑤《アプリ》の一覧から《Microsoft PowerPoint》を選択します。
⑥《タスクを終了する》をクリックします。

強制終了後、模擬試験プログラムを再起動すると、次のようなメッセージが表示されます。
《復元して起動》をクリックすると、ファイルを最後に上書き保存したときの状態から試験を再開できます。また、試験の残り時間は、強制終了した時点からカウントが再開されます。
※ファイルを保存したタイミングや操作していた内容によっては、すべての内容が復元されない場合があります。その場合は、再度、模擬試験を実施してください。

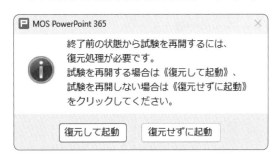

9 模擬試験プログラムを強制終了したら、デスクトップにフォルダー「FOM Shuppan Documents」が作成されていました。このフォルダーは何ですか？

模擬試験プログラムを起動すると、デスクトップに「**FOM Shuppan Documents**」というフォルダーが作成されます。模擬試験中は、そのフォルダーにファイルを保存したり、そのフォルダーからファイルを挿入したりします。模擬試験プログラムを終了すると、自動的にフォルダーは削除されますが、終了時にトラブルがあった場合や強制終了した場合などに、フォルダーを削除する処理が行われないことがあります。
このような場合は、模擬試験プログラムを一旦起動してから再度終了してください。

10 操作ファイルを確認しようとしたら、試験結果画面に《操作ファイルの表示》のボタンがありません。どうしてですか？

試験結果画面に《操作ファイルの表示》のボタンが表示されるのは、試験を採点して終了した直後だけです。

試験履歴画面やスタートメニューなど別の画面に切り替えたり、模擬試験プログラムを終了したりすると、操作ファイルは削除され、《操作ファイルの表示》のボタンも表示されなくなります。

また、試験履歴画面から過去に実施した試験結果を表示した場合も《操作ファイルの表示》のボタンは表示されません。

操作ファイルを保存しておく場合は、試験を採点して試験結果画面が表示されたら、別の画面に切り替える前に、別のフォルダーなどにコピーしておきましょう。

※操作ファイルの保存については、P.282を参照してください。

11 試験結果画面からスタートメニューに切り替えようとしたら、次のメッセージが表示されました。どうしたらいいですか？

操作ファイルを開いたままでは、試験結果画面からスタートメニューや試験履歴画面に切り替えたり、模擬試験プログラムを終了したりすることができません。

《OK》をクリックして試験結果画面に戻り、開いているファイルを閉じてから、再度スタートメニューに切り替えましょう。

Q&A　模擬試験プログラムのアンインストール

12 **模擬試験プログラムをアンインストールするには、どうしたらいいですか？**

模擬試験プログラムは、次の手順でアンインストールします。

---
① ■（スタート）をクリックします。
②《設定》をクリックします。
③ 左側の一覧から《アプリ》を選択します。
※ウィンドウを最大化しておきましょう。
④《インストールされているアプリ》をクリックします。
⑤ 一覧から《MOS PowerPoint 365 模擬試験プログラム》を選択します。
⑥ 右端の … をクリックします。
⑦《アンインストール》をクリックします。
⑧《アンインストール》をクリックします。
⑨ メッセージに従って操作します。

模擬試験プログラムを使用すると、プログラム以外に次のファイルも作成されます。
これらのファイルは模擬試験プログラムをアンインストールしても削除されないため、手動で削除します。

その他のファイル	参照Q&A
模擬試験の履歴	13
認証コード	14

Q&A　ファイルの削除

13 **模擬試験の履歴を削除するにはどうしたらいいですか？**

パソコンに保存されている模擬試験の履歴は、次の手順で削除します。
模擬試験の履歴を管理しているフォルダーは、隠しフォルダーになっています。削除する前に隠しフォルダーを表示しておく必要があります。

---
① タスクバーの ■ （エクスプローラー）をクリックします。
② ■ 表示 ▾ （レイアウトとビューのオプション）→《表示》→《隠しファイル》をクリックします。
※《隠しファイル》がオンの状態にします。
③ 左側の一覧から《PC》をクリックします。
④《ローカルディスク（C：）》をダブルクリックします。
⑤《ユーザー》をダブルクリックします。
⑥ ユーザー名のフォルダーをダブルクリックします。
⑦《AppData》をダブルクリックします。
⑧《Roaming》をダブルクリックします。
⑨《FOM Shuppan History》をダブルクリックします。
⑩ フォルダー「MOS 365-PowerPoint」を右クリックします。
⑪ 回 （削除）をクリックします。

※フォルダーを削除したあと、隠しフォルダーの表示を元の設定に戻しておきましょう。

14 模擬試験プログラムの認証コードを削除するにはどうしたらいいですか？

パソコンに保存されている模擬試験プログラムの認証コードは、次の手順で削除します。
模擬試験プログラムの認証コードを管理しているファイルは、隠しファイルになっています。削除する前に隠しファイルを表示しておく必要があります。

---

① タスクバーの ■（エクスプローラー）をクリックします。
② ≡ 表示 ▾（レイアウトとビューのオプション）→《表示》→《隠しファイル》をクリックします。
※《隠しファイル》がオンの状態にします。
③ 左側の一覧から《PC》をクリックします。
④《ローカルディスク（C：）》をダブルクリックします。
⑤《ProgramData》をダブルクリックします。
⑥《FOM Shuppan Auth》をダブルクリックします。
⑦ フォルダー「MOS 365-PowerPoint」を右クリックします。
⑧ 🗑（削除）をクリックします。

※ファイルを削除したあと、隠しファイルの表示を元の設定に戻しておきましょう。

15 「出題範囲1」から「出題範囲5」の各Lessonと模擬試験の学習ファイルを削除するにはどうしたらいいですか？

次の手順で削除します。

---

① タスクバーの ■（エクスプローラー）をクリックします。
②《ドキュメント》を表示します。
※《ドキュメント》以外の場所に保存した場合は、フォルダーを読み替えてください。
③ フォルダー「MOS 365-PowerPoint（1）」を右クリックします。
④ 🗑（削除）をクリックします。
⑤ フォルダー「MOS 365-PowerPoint（2）」を右クリックします。
⑥ 🗑（削除）をクリックします。

Q&A　パソコンの環境について

16 Windows 11とMicrosoft 365を使っていますが、本書に記載されている操作手順のとおりに操作できない箇所や画面の表示が異なる箇所があります。なぜですか？

Windows 11やMicrosoft 365は自動アップデートによって、定期的に不具合が修正され、機能が向上する仕様となっています。そのため、アップデート後に、コマンドの名称が変更されたり、リボンに新しいボタンが追加されたりといった現象が発生する可能性があります。
本書に記載されている操作方法や模擬試験プログラムの動作は、2023年8月時点の次の環境で確認しております。
・Windows 11（バージョン22H2　ビルド22621.2134）
・Microsoft 365（バージョン2307　ビルド16.0.16626.20170）

WindowsやMicrosoft 365のアップデートによって機能が更新された場合には、模擬試験プログラムの採点が正しく行われない可能性があります。
※Windows 11とMicrosoft 365のバージョンの確認については、Q&A7を参照してください。

17 ディスプレイの解像度と拡大率はどうやって変更したらいいですか？

ディスプレイの解像度と拡大率は、次の手順で変更します。

① デスクトップの空き領域を右クリックします。
②《ディスプレイ設定》をクリックします。
③《ディスプレイの解像度》の ∨ をクリックし、一覧から選択します。
④《拡大/縮小》の ∨ をクリックし、一覧から選択します。

18 パソコンにプリンターが接続されていません。このテキストを使って学習するのに何か支障がありますか？

パソコンにプリンターが物理的に接続されていなくてもかまいませんが、Windows上でプリンターが設定されている必要があります。接続するプリンターがない場合は、「**Microsoft Print to PDF**」を通常使うプリンターに設定して操作してください。

① ■ (スタート) をクリックします。
②《設定》をクリックします。
③ 左側の一覧から《Bluetoothとデバイス》を選択します。
※ウィンドウを最大化しておきましょう。
④《プリンターとスキャナー》をクリックします。
⑤《Windowsで通常使うプリンターを管理する》をオフにします。
⑥ 一覧から《Microsoft Print to PDF》を選択します。
⑦《既定として設定する》をクリックします。

19 パソコンに複数のバージョンのOfficeがインストールされています。模擬試験プログラムを使って学習するのに何か支障がありますか？

複数のバージョンのOfficeが同じパソコンにインストールされている環境では、模擬試験プログラムが正しく動作しない場合があります。Microsft 365以外のOfficeをアンインストールしてMicrosoft 365だけの環境にして模擬試験プログラムをご利用ください。

20 OneDriveの同期を一時停止するにはどうしたらいいですか？

OneDriveの同期を一時停止するには、次の手順で操作します。

① 通知領域の ☁ (OneDrive) をクリックします。
② ⚙ (ヘルプと設定) →《同期の一時停止》をクリックします。
③ 一覧から停止する時間を選択します。

MOS PowerPoint 365

索引

Index 索引

索引

よくわかるマスター
Microsoft® Office Specialist
PowerPoint 365 対策テキスト&問題集
（FPT2304）

2023年10月5日　初版発行
2024年12月12日　初版第2刷発行

著作／制作：株式会社富士通ラーニングメディア

発行者：佐竹　秀彦

発行所：FOM出版（株式会社富士通ラーニングメディア）
　　　　〒212-0014　神奈川県川崎市幸区大宮町1番地5　JR川崎タワー
　　　　https://www.fom.fujitsu.com/goods/

印刷／製本：アベイズム株式会社

●本書は、構成・文章・プログラム・画像・データなどのすべてにおいて、著作権法上の保護を受けています。
　本書の一部あるいは全部について、いかなる方法においても複写・複製など、著作権法上で規定された権利を侵害
　する行為を行うことは禁じられています。
●本書に関するご質問は、ホームページまたはメールにてお寄せください。
　＜ホームページ＞
　上記ホームページ内の「FOM出版」から「QAサポート」にアクセスし、「QAフォームのご案内」からQAフォームを
　選択して、必要事項をご記入の上、送信してください。
　＜メール＞
　FOM-shuppan-QA@cs.jp.fujitsu.com
　なお、次の点に関しては、あらかじめご了承ください。
　・ご質問の内容によっては、回答に日数を要する場合があります。
　・本書の範囲を超えるご質問にはお答えできません。　・電話やFAXによるご質問には一切応じておりません。
●本製品に起因してご使用者に直接または間接的損害が生じても、株式会社富士通ラーニングメディアはいかなる
　責任も負わないものとし、一切の賠償などは行わないものとします。
●本書に記載された内容などは、予告なく変更される場合があります。
●落丁・乱丁はお取り替えいたします。

©2023 Fujitsu Learning Media Limited
Printed in Japan
ISBN978-4-86775-061-2